经略海洋

（2018）

中国侨联特聘专家委员会海洋专业委员会　主编

海洋出版社

2019年·北京

图书在版编目（CIP）数据

经略海洋. 2018/中国侨联特聘专家委员会海洋专业委员会主编. —北京：海洋出版社，2019.2

ISBN 978-7-5210-0314-7

Ⅰ.①经⋯　Ⅱ.①中⋯　Ⅲ.①海洋经济-经济发展-中国②海洋开发-科学技术-中国　Ⅳ.①P74

中国版本图书馆 CIP 数据核字（2019）第 015930 号

责任编辑：方　菁
责任印制：赵麟苏

海洋出版社　出版发行

http://www.oceanpress.com.cn

北京市海淀区大慧寺路 8 号　邮编：100081
北京朝阳印刷厂有限责任公司印刷　新华书店北京发行所经销
2019 年 2 月第 1 版　2019 年 2 月第 1 次印刷
开本：787mm×1092mm　1/16　印张：20.25
字数：330 千字　定价：88.00 元
发行部：62132549　邮购部：68038093　总编室：62114335

海洋版图书印、装错误可随时退换

《经略海洋》（2018）

主　　编：李乃胜

副主编：矫曙光　梁启云　徐承德

编　　委（按姓名拼音排序）：

陈东景　矫曙光　李乃胜　梁启云　梅　宁　马绍赛

孙　松　徐承德　相建海　徐兴永　于洪军

撰稿人（按姓名拼音排序）：

陈东景　陈红霞　陈　尚　杜国英　丁忠军　郭佩芳

贾　颖　刘大海　刘芳明　李京梅　李鲁奇　李乃胜

李载驰　雷仲敏　牟海津　梅　宁　马绍赛　马学广

聂　鑫　任大川　孙坤元　孙　松　史先鹏　王本洪

王　芳　王　敏　王　炜　徐承德　相建海　夏　涛

徐兴永　于洪军　袁　瀚　张朝晖　钟海钥　张坤珵

赵林林　赵庆新　曾志刚

参编人员：荆　涛　冉　茂　尹丽萍

前　言

党的十九大报告提出，要坚持陆海统筹，加快建设海洋强国。习近平总书记在参加山东代表团审议时强调，山东要更加注重经略海洋，努力在发展海洋经济上走在前列，加快建设世界一流的海洋港口、完善的现代海洋产业体系、绿色可持续的海洋生态环境，为海洋强国建设做出贡献。

要建设海洋强国，必须首先建设好一支"耕海探洋"、攻坚克难的海洋战略科技队伍。党的十八大以来，我国海洋科技事业实现了超常规发展，进入了最辉煌的时期，特别是海洋科技队伍呈"指数式"发展壮大。短短几年，我国整建制的"海洋大学"超过 10 所，二级"海洋学院"近 50 个，隶属于中央各大系统的涉海科研机构约 100 个，大致估算，全职海洋科技人员超过 15 万人。而且，我们已经拥有了世界一流的海洋科学考察船队，也拥有了国际水平的深潜装备集群。当前，这支海洋科技队伍基本达到了人员数量世界第一，科研装备世界一流，但最亟待解决的问题是缺少战略科学家。

正因为缺少战略研究的超期谋划引领，缺乏战略科技人才的前瞻性运筹支撑，我国海洋科技事业在突飞猛进的同时，一批新的重大问题逐渐浮出水面：一是海洋科技投入越来越大，但有效科研产出不理想。我们在海洋领域的论文、专著、专利数量增长很快，但质量水平和国际影响力远远不够；二是海洋科研装备越来越好，但重大科学发现不理想。我国拥有规模庞大的海洋科考船队，拥有数量可观的深潜装备，我们完成的环球调查航次越来越多，但缺少"世界级"的重大科学发现；三是学科分支越来越细，从业人员越来越多，但重要规律性的科学认识不理想。海洋科研成绩众多，遍地开花，但没有真正竖起海洋科学的"大旗"，远没有达到整体上"国际领先"的水平，更没有奠定整体上"国际领跑"的地位。

古人云：不谋万世者，不足谋一时；不谋全局者，不足谋一域。我国海洋科技人才辈出，其中不乏占山为王的科技"将才"，但我们亟需运筹帷幄、布局未来、把握大局的战略科学家。海洋科学面对的是一个地球上最复杂、最庞大、最特殊的自然系统，如果我们在学科分支越来越细的道路上越走越远，很容易造成"一叶障目不见泰山"的结果，如果善于从战略层面、全局层面、宏观层面经略海洋，就会"登泰山而小天下"。

"中国侨联特聘专家委员会海洋专业委员会"作为凝聚海洋领域侨界高层次专家的平台，自成立以来，充分发挥海洋领域"海归"专家的智力优势，把握国际海洋技术前沿、瞄准国家海洋科技发展目标、突出地方海洋科技特色、聚焦海洋战略研究，在服务海洋强国和"海上丝绸之路"建设、引领蓝色经济发展、支撑海洋科技创新等方面撰文立说、建言献策，为推动我国海洋事业的发展贡献了侨界专家的智慧和力量。

在中国侨联的领导下，在青岛市侨联的帮助下，在自然资源部第一海洋研究所的支持下，以海洋领域的中侨联特聘专家为主体，围绕海洋强国建设、海洋科技创新和蓝色经济发展，我们编纂了这部研究专著，以期把脉海洋发展态势，建言海洋科技创新，助推蓝色经济发展。

本书是自 2015 年以来连续编辑出版的第四辑，作为经略海洋的专著，旨在统筹海洋专业委员会特聘专家的战略研究成果，并吸纳部分同行专家对国内外海洋战略、海洋经济、海洋科技和蓝色产业的最新研究成果，以期海洋强国建设贡献绵薄之力。但水平所限，纰漏之处在所难免，恳请各方有识之士雅正。

世界上的海洋是联通的，海水是流动的，全人类拥有同一片海洋。海洋科技事业特别需要谋大局的战略科学家，特别需要战略研究的指导引领，特别需要全人类的共同努力。只有实现真正意义上的人-海和谐，才能真正维护海洋的健康，才是真正打造人类命运共同体！

李乃胜

2018 年冬于青岛

目　次

第三篇　海洋产业发展

第一篇　海洋强国建设

发挥侨界海归专家作用 为海上丝路建设做出新的科技贡献

青岛市侨联

向海而兴，背海而衰，是一条亘古不变的铁律，中华民族要实现伟大复兴，必须义无反顾地走向海洋、经略海洋；坚定不移地走以海富国、以海强国的和平发展之路。党的十八大以来，以习近平同志为核心的新一代党中央领导集体提出了"海洋强国"战略思想，又以打造"人类命运共同体"的博大胸襟，发出了"一带一路"的宏伟倡议，党的十九大又做出了"坚持陆海统筹，加快建设海洋强国"的战略部署，为推进新时代国家海洋事业发展提供了理论遵循和行动指南。

丰富的人才智力资源是支撑国家海洋事业发展的重要保障，侨界高层次人才是国家人才资源的重要组成部分，青岛作为我国乃至世界范围内重要的海洋科技城，汇集了堪称"国家队"的海洋科研机构和海洋人才队伍，集聚了包括海洋国家实验室、国家深海基地在内的全国三分之一的海洋科研机构，一半以上的海洋高层次人才，70%的涉海两院院士，具备较强的海洋综合实力，为凝聚海洋领域侨界专家打下了良好的基础。近年来，青岛市侨联深入贯彻落实中国侨联"拓展新侨工作、拓展海外工作"方针，充分发挥海洋领域侨界专家层次高端、智力密集、联系广泛的优势，搭建沟通交流平台，畅通建言献策渠道，积极引导海洋领域侨界专家围绕应对国家海洋事业发展中面临的重大挑战和建设海洋强国过程中的"瓶颈"问题，聚焦国家目标和区域需求，把握海洋决策动向，瞄准海洋科技前沿，紧跟海洋产业动态，为党和政府提供及时准确的各类信息和科学的决策建议，为维护国家海洋权益、实施海洋强国战略、服务"21世纪海上丝绸之路"建设提供智力支持，有效地发挥了"智囊团"和参谋助手作用，为国家海洋事业和地方经济社会发展做出了积极贡献，充分展现出侨界在新时期"围绕中心，服务大局"中的新作为。

1 汇聚侨界人才资源，打造海洋特色高端智库

立足青岛在海洋科技、人才方面的独特优势，2016年青岛市侨联积极争取中国侨联在青岛成立中侨联特聘专家委员会海洋专业委员会，此项工作得到了中国侨联领导的充分认可，时任中国侨联主席林军作出重要批示："祝贺特聘专家委员会又增加了一支重要力量。"时任市委副书记杨军作出批示肯定："市侨联发挥侨界资源优势、主动服务海洋发展战略的做法很好，望精心打造侨界专家智库服务地方创新发展的'青岛模式'。"

1.1 委员会紧扣国家战略目标需求，充分彰显自身专业人才优势，是侨界专家智库模式的实践创新

在中国侨联的高度重视和大力支持下，作为中国侨联特聘专家委员会7个专业委员会中唯一一个设在地方的专业委员会，海洋专业委员会在成立伊始，就提出了紧扣国家海洋强国战略和"一带一路"建设倡议，将专业委员会着力打造成一个有组织、有固定办公场所、有后续科研经费支持、有具体的工作任务规划、有每年的专业工作成果报告中国侨联和上级有关部门的侨界专家特色智库。海洋专业委员会工作思路和目标的提出得到了中国侨联领导的充分认可并寄予厚望，提出希望打造出"青岛模式"，为今后其他专业委员会提供可学习借鉴的模式，同时也得到了专业委员会30位专家的积极支持响应，为委员会助力国家海洋战略、服务国家海洋事业发展打下坚实基础。

1.2 委员会海洋专业人才济济，层次高端，研究领域广泛，是建言国家海洋事业发展的侨界人才高地

海洋专业委员会吸纳了众多海内外高层次海洋领域专家和青岛本地的海洋专家，首批受聘的30位特聘专家分别来自中国海洋大学、武汉大学、厦门大学、中国科学院海洋研究所、自然资源部第一海洋研究所、自然资源部第二海洋研究所、中国水产科学研究院黄海水产研究所、青岛海洋地质研究所、国家深海基地管理中心等国内知名高校和涉海科研院所，其中仅院士就有11人，所占比率达到37%，专家研究领域涵盖物理海洋、海洋生物、海洋地质、海洋化学、海洋工程等不同门类涉海学科，在一些研究领域取得突出的成就，都是

海洋学科领域的领军人物，且具备很强的参政议政和能力，为委员会积极建言献策提供了有力的人才智力支撑。

1.3　委员会立足国际海洋科技前沿，瞄准海洋强国建设目标，着力构建专业型侨界高端智库

海洋专业委员会成立的同时，更将目标定位在发挥专家优势服务国家海洋战略，适时举办了海洋战略研讨会和两场专题分论坛，与会专家向大会提报了12篇极具分量的专题报告并作主旨发言，各位专家直面国家海洋事业发展中面临的重大挑战，立足国际海洋科技前沿，瞄准海洋强国建设目标，为国家海洋战略决策、海洋基础科学研究、海洋产业发展、海洋领域国际合作、海洋多元平台协同创新等提供了极具参考价值的铮言良策。专业委员会将以服务和支撑"海洋强国"战略和"一带一路"倡议为核心，瞄准国家和区域海洋事业发展需要，定期举办学术活动，加强国际合作，着力推进战略研究成果的服务决策和智力支持作用，为国家海洋事业的发展提供智力支持。

2　聚焦海洋科技前沿，发挥侨智服务海洋事业的发展

为充分发挥海洋专业委员会专家的战略决策咨询作用，近年来，青岛市侨联相继策划组织举办了一系列围绕海洋经济、科技、人才等领域的座谈、研讨及专题调研活动，为专家构筑起有效的建言献策渠道，专家的意见和建议引起了广泛的关注和重视，专家们的积极参与也极大提升了活动的权威性和专业性，海洋专业委员会工作多次得到了上级侨联和市委市政府的肯定。

2.1　服务国家战略助力青岛更好融入"一带一路"

举办"聚焦东亚海洋合作　助力青岛更快发展——海内外侨界专家服务一带一路战略研讨会"，邀请包括中国科学院院长白春礼在内的40余位海内外侨界高层次专家和近30位海外侨领侨商代表相聚青岛，会上，多为海洋专业委员会专家围绕"一带一路"主题作主旨发言，共话东亚海洋交流合作，共谋"一带一路"发展，研讨会推出海内外侨界专家主旨发言、青岛与海外项目合作需求发布、合作项目签约、项目考察等活动，多角度探讨国家和青岛"一带一路"的实施，全方位推介青岛参与"一带一路"建设现状和发展规划，大会促成4个合作项目现场签约，深化了青岛与沿线国家的交流合作，取得了显

著的经济社会效益。《人民日报（海外版）》以《青岛问道："侨"界资源咋用》为题予以大篇幅报道。

2.2 推动海洋科技合作创新助力东亚海上丝路建设

分别以"共商共建共享东亚海上丝路"和"科技创新助力合作共赢"为主题，于2017年和2018年连续两年协助举办"东亚海洋高峰论坛"，论坛上，海洋专业委员会专家吴立新、麦康森、胡敦欣、潘德炉、李乃胜等知名海洋领域院士专家围绕东亚海洋经济发展、海洋科技合作、海上互联互通等作大会主旨发言和主持点评，对如何发挥青岛在海洋科技、人才优势，立足海洋科技创新推动东亚地区海洋领域交流合作、服务国家海洋强国战略和"一带一路"建设发表了真知灼见。论坛搭建起青岛与东亚各国交流沟通的平台，进一步拓展了海洋国际科技合作空间，凝聚起海洋事业合作共识，对发挥青岛在海洋科技、人才方面的优势，立足海洋科技创新推动东亚地区海洋领域交流合作、服务国家海洋强国战略和"一带一路"建设贡献了力量。新华社、中央人民广播电台、《大众日报》等媒体以《全球智库专家共话"东亚海上互联互通"》为题对活动累计报道达300余条。

2.3 开展系列座谈调研助力青岛打造蓝色经济升级版

近年来，相继举办"特聘专家服务蓝色经济发展研讨会"、"汇集智力资源　助力海洋强国——海洋战略研究座谈会"、"海洋科技进展回顾与展望——海洋科技界海归座谈会"、侨界蓝色经济领军企业调研、"助力新旧动能转换　侨界专家在行动——侨界特聘专家服务青岛创新发展研讨会"等系列座谈调研活动，海洋专业委员会专家围绕海洋强国战略和融入"一带一路"建设，聚焦蓝色经济、蓝色科技、海洋环保、海洋文化、海洋人才、国际交流等领域发表真知灼见，对如何以科技创新加快海洋产业转型升级、引领海洋领域新旧动能转换等提出宝贵意见建议，为青岛如何更好抢抓历史机遇、进一步加快解放思想、实现高质量发展提供了有益参考。市发改委、市经信委、市科技局、市财政局、市农委、市海洋与渔业局、市商务局等相关市直部门领导多次与会听取专家意见，一些好的建议被相关部门采纳，得到了市委、市政府的充分肯定。

2.4　积极参加上级侨联活动贡献侨界才智力量

海洋专业委员会在立足建言国家战略和青岛本地发展的同时，还积极响应上级侨联号召，多次参加中国侨联和地方侨联举办的各类活动。近年来，我会先后选派 20 余人次的海洋专业委员会专家赴北京、天津、成都、长沙、福州等地，参加中国侨联举办的特聘专家年会及地方的各类创新创业活动。围绕国家和当地经济发展建言献策，并积极推介高新项目，充分展现了海洋专业委员会专家的风采，进一步扩大了海洋专业委员会的知名度和影响力，得到了中国侨联和兄弟地市侨联的一致好评。此外，海洋专业委员会专家还积极向中国侨联申请立项，组织开展了《屯鱼戍边战略体系研究》和《海洋调查船的统筹应用与发展战略》两项海洋战略研究课题，并积极撰写意见和建议，其中多篇意见和建议被中国侨联《侨情专报》采纳，并收入《中国侨联特聘专家建言集》，进一步发挥了海洋专业委员会的海洋战略智库作用，为我国海洋事业的发展提供了重要决策参考。

3　对进一步开展好侨联海洋专业委员会工作的探索与思考

海洋专业委员会工作将专家的专业优势与国家海洋事业发展的需求相结合，准确把握党政关注焦点与社会时事热点，通过精心策划、细致组织，开展的活动既取得了实效，办出了影响力，也赢得了上级侨联、市委市政府和各位专家的充分肯定，充分彰显了海洋领域侨界高端人才服务国家战略和地方经济社会发展的价值。海洋专业委员会今后的工作应以立足国际海洋科技前沿、瞄准海洋强国建设目标、突出海洋科技特色、发挥侨界海洋专家作用，突出专业性、前瞻性、创新性、开放性，聚焦建设"和平海洋"、"互通海洋"、"和谐海洋"、"透明海洋"与"合作海洋"，深入调查研究，积极建言献策，为全面提升我国海洋产业的竞争力，建设 21 世纪海上丝绸之路做出新的科技贡献。

3.1　聚焦国家海洋权益建设"和平海洋"

"和平海洋"是建设 21 世纪海上丝绸之路的前提和基础。目前，海洋呈现"多事之秋"，海上安全是亟待解决的重大问题。应对海盗，靠军舰护航就能奏效，但面对国际上愈演愈烈的新一轮"蓝色圈地"、面对沿海大国掠夺瓜分国际公共海底、面对海域的划界之争不断升级，则需要靠提升对海洋的控制能力来解决。近几年，"蓝色圈地"剑拔弩张，少数发达国家伺机大规模瓜分世界公共海底。譬如，本来《联合国海洋法公约》规定的 200 海里大陆架和专属经济区已经对沿岸国的权利和义务界定得非常清楚，可少数发达国家试图把 200~350 海里的"外大陆架"据为己有，导致了激烈的海域竞争。我国对外宣称拥有 300 万平方千米的蓝色国土，但超过一半的面积存有"争议"，钓鱼岛、南海等海上争端都是建设"和平海洋"需要解决的重大问题。

目前，随着经济地位的提升，在外交上，我们的话语权越来越重，但在国防上，我们对海洋的控制能力亟待提高。13 亿人口的海洋大国首先必须有能力维护自己"家门口"的海洋安全，这就需要经济实力和科技创新能力的支撑，特别是现代化的海洋国防装备，包括海底和水下探测装备、进攻型和防御型的战略装备以及海洋应急处理技术的大幅度提升。

3.2 聚焦港口物流集群建设"互通海洋"

建设 21 世纪海上丝绸之路，关键是"互联互通"。而海上"互联互通"有两个关键要素：一是"船"；二是"港"。目前，现代造船业发展之快超出了人们的想象，海上货物运输已进入了以集装箱为主的"大船经济"新时代。仅以青岛港为例，2010 年，装载能力超过 1 万标箱的靠港船舶仅有 53 艘次，而 2014 年就达到 443 艘次。当前，我国承接世界大船制造订单的能力很强，但还不掌握核心技术。譬如：大功率低转速船用发动机的制造技术，大型船舶的基础设计技术和船舶电子技术集群，这恰恰是我们造船业自主创新的重要方向和任务。

关于港口建设，我国建设速度和吞吐能力名列世界前茅。下一步需要进一步发展港口装备自动化技术集群和港口管理技术集群。特别是矿石、粮食、原盐、煤炭等特种物资的全密封、全自动装卸技术。进一步发展依托"大数据"的港口管理信息技术，着手建设"智慧港口"。所谓"智慧港口"就是运用物联网技术将广布于全球港口的装载设备、船舶、集装箱、车辆、仪表都连接起来，使源头数据的采集效率大大提高，工作人员的劳动负担大大降低，错误率大大减少，港口的管理调度水平大大提高。实现港口管理服务的网络化、自动化，提高物流服务效率；实现港口与船运、铁路、公路、场站、货代、仓储等相关物流服务业的无缝连接；实现港口远程调度，信息自动化采集、优化港口物流流程；实现港口与海关、海事、商检等口岸单位的信息一体化，提高"大通关"效率。

3.3　聚焦科技引领支撑建设"和谐海洋"

以海洋科技创新为支撑，以"人海和谐"为基点，建设"和谐海洋"是21世纪海上丝绸之路的重要内容。海洋是人口、资源、环境协调、可持续发展的最终可利用空间，是环境保护的最后屏障。由于人类过度填海、过度捕捞、过度开发，已使不少地区的海洋环境亮起了红灯。河口污染区、海底荒漠化、赤潮绿潮灾害，已成"常态化"。围绕"和谐海洋"建设，目前应突出发展"洁净海洋、低碳海洋、生态海洋"。

发展洁净海洋，就是要下最大决心保护海洋生态环境，着力推动海洋开发方式向循环利用型转变，全力遏制海洋生态环境不断恶化的趋势，让海洋生态文明成为环境保护的高压线，让人民群众吃上绿色、安全、放心的海产品，享受到阳光、碧海、沙滩的美丽生活。

发展低碳海洋，就是要深入研究二氧化碳从大气到海洋的传输吸收过程，探讨从海洋表层到海底深层的循环机理，查明海洋汇碳、固碳的科学规律和环境容量。通过海水循环的"物理泵"作用，解决"冷水汇碳"和"海底封存"的问题。通过海洋动植物的"生物泵"作用，着手"蓝碳计划"，实施"碳汇渔业"，进一步发挥海洋在碳循环中的特殊作用。

发展生态海洋，就是通过增殖放流、资源修复、海洋牧场、海底鱼礁等一系列技术措施，克服海底荒漠化，维护海洋生物多样性和海洋生态平衡。特别是需要高度关注，因富营养化造成的海洋生态灾害，如：赤潮、浒苔、水母等生物的暴发性生长，严重破坏了海洋食物链，给海洋生态环境造成了巨大影响。

3.4　聚焦国际公共海底建设"透明海洋"

现在的海上丝绸之路，主要聚焦在海洋航运为基础的海洋商业文明，但随着海洋资源的调查勘探，全世界必然会进入以战略性资源开发为基础的海洋工业文明。也就是说21世纪的海上丝绸之路必然面对着从"商业文明"向"工业文明"的转变。人类未来的主要战略性资源蕴藏在4 000多米深的国际公共海底，科学认知程度决定了勘探开发程度，谁调查、谁发现、谁勘探、谁开发，似乎已成为联合国海底筹委会的"潜规则"。

目前，国际上海洋科学调查研究的主流方向是"走向深海"，美国、加拿大等国率先投巨资建设海底观测网络。选择水深 4 000~6 000 米的深海洋底，在数万平方千米的范围内，铺设海底观测网络，进行实时的、连续的、多学科的、网络式的、数字化的海底观测，并通过海底光缆把观测数据传递到陆上。同时结合卫星遥感、水体传感、海底钻探等立体化的观测系统，使海洋从海平面到深海底更进一步透明，实现以"数字海洋"为基础的"透明海洋"。近年来，我国推出了"海洋石油 981"和"海洋石油 201"等为代表的深海石油钻探和开采设备，这标志着中国已经进入了深海油气开发的新时代。我国自行研制的 6 000 米水下自治机器人，"海马"号 4 500 米无人遥控潜水器，"蛟龙"号 7 000 米载人潜水器等一批深海科学装备，标志着我国已具备深海探测的实力。这一切，都是建设"透明海洋"的良好开端。

3.5 聚焦国际海外市场建设"合作海洋"

"合作共赢"是建设 21 世纪海上丝绸之路的重要指导思想。落实到海上，就是建设"合作海洋"。建设"合作海洋"，发展沿海自由贸易区是一个明智的选择。自贸区着眼于货物进出口自由化、金融自由化、利率市场化和人民币国际化，是保税区的全面升级，是更深更广的国际合作。我国已批准上海、广东、天津、福建 4 个沿海自贸区。通过自贸试验区的先行先试，实现强大的聚变、辐射作用，进一步推动我国开放型经济率先转型升级。

建设"合作海洋"必须实施"走出去"战略。其中，近年来推出的"高铁出海"就是一个鲜明的例证。南海周边的"东盟"各国，地中海沿岸的中等发达国家，加勒比海沿岸的发展中国家，都是中国实施"走出去"战略的重要目标。迪拜的棕榈岛建设、马来西亚的槟榔屿与维省的跨海大桥工程，甚至议论中的印度尼西亚爪哇岛与苏门答腊岛之间的跨海大桥，这样的世界级大工程，都是"走出去"战略的具体目标。

建设"合作海洋"需要实现中国人"下北洋"。就是拓展新的北极航道，进一步沟通东亚、北欧。因为北极冰融的加速，使冰雪世界的北冰洋逐渐展现出新的航道资源。以前中国的船只去北欧需走"西南航线"，就是先向南走，经马六甲海峡、苏伊士运河，进入地中海，西出直布罗陀海峡，进入大西洋，然后再转向北。而今天走"东北航线"，就是直接向北走，北穿对马海峡，东出津轻海峡，驶入白令海，经白令海峡进入北冰洋，然后一直西行，即可到达北欧各个港口。笼统地说，东北航线比西南航线缩短航程 7 000~8 000 千米，节省运输成本 30%~40%。这一新航道的开通，不仅大大节省了航行时间，节约了航运成本，而且拓展了新的"走出去"领域。

对我国海洋科学研究战略的认识与思考

孙 松[1,2]，孙晓霞[1,2]

（1. 中国科学院海洋研究所，山东 青岛 266071；
2. 中国科学院大学，北京 100049）

摘要：文章通过对海洋研究中的关键问题以及海洋科学发展现状进行剖析，提出了我国在近海、深海、大洋、海洋装备领域的研究重点。建议在未来海洋战略中加强自动化、智能化、无人化的海洋综合感知体系建设，实现海洋信息的有效传递、处理和应用。提出从海洋系统角度开展海洋研究的理念，加强海洋多圈层相互作用研究。通过科学与技术的协同发展，使我国的海洋科学研究更好地服务于国家海洋战略的实施以及对海洋系统的综合管控。

关键词：海洋研究战略；深海；大洋；近海环境；海洋观测

海洋研究在我国从来没有像现在这样受到教育界和科技界的重视，短短几年时间几十所海洋院校如雨后春笋般建立起来，很多新的海洋院校和科研机构正在建设或筹划，海洋科学考察船和大型海洋探索与研究设施也伴随着新的海洋机构的建设而大批建造，特别是大型现代化综合科学考察船的建造，据统计，总量已经超过欧洲。一系列与海洋相关的科技计划被相继提出，例如，深海空间站、透明海洋、智慧海洋、深渊探索等。在这种海洋研究热情空前高涨的情况下，我们有必要对海洋研究战略进行系统分析，冷静思考海洋科技发展如何才能满足国家海洋战略的需求，我国海洋科技如何部署才能跟上国际海洋研究的步伐，并且逐步在一些领域起到引领作用。

1 对海洋研究中几个关键问题的认识

1.1 变化中的海洋

海洋一直处于变化之中，在很多情况下，海洋的变化速度超出我们对海洋的认知速度，很多海洋现象的发生对于我们来说是"措手不及"的，对于为什么会发生、何时会发生、程度会多大、突发性还是趋势性等这样的基本问题在很多时候难以回答。海洋的这些变化有些我们是能够感受到的，如鱼类种类和数量的剧烈年际变化、赤潮生物的种类与数量的年际变化、浮游动物和底栖生物的数量波动等。有很多变化我们是感受不到的，但是一旦发现就已经很晚了，例如，海洋温度和盐度的变化、温跃层的改变、海水中营养盐要素的变动、海洋基础生产力的变动、海洋生态系统结构与功能的变化等。以澳大利亚大堡礁为代表的珊瑚礁的白化、死亡与破坏情况非常严重，珊瑚礁中长棘海星的暴发对珊瑚礁造成致命的影响，但是为什么长棘海星会暴发却是一个未知之谜[1]；2006 年前后，我国近海海盘车的暴发对近海养殖业造成了很大影响，对于暴发的原因尚不清楚；2007 年之后，江苏和山东沿海浒苔连年暴发，在其暴发机理、浒苔生物学与生态学特性上仍存在许多悬而未决的问题；海洋中水母的暴发、赤潮的暴发以及在一些区域出现的棕囊藻的暴发等一直困扰着企业和管理部门。海洋中发生的很多事情是未知的，例如海洋中有多少种生物？它们分布在哪里？数量有多少？有些海洋生物，在我们认识它们之前就已经消失了，在一些海洋生物物种消失的同时，另一些新的物种也在产生。我们对海洋的了解在很大程度上依赖于我们对海洋的观测与研究，很多海洋事件的发生，如果不是影响到近岸、影响到我们的生活，可能不会引起关注。一个不变的事实是，海洋一直处于变化之中，而且有时变化非常剧烈，这些变化会对整个海洋系统产生影响，从而影响到我们人类或者地球上大部分动物和植物生存所依赖的海洋环境。海洋是地球上所有生物的生命保障系统，海洋环境的改变会影响到整个地球生命保障系统。

对于导致海洋变化的原因，我们不能够将其简单地归结为"全球气候变化和人类活动"几个字，如何了解海洋的变化、理解导致海洋变化的原因并找到应对措施，这是海洋研究的核心问题，同时也是海洋科技工作者所不能回避的问题，因为这些问题直接影响到海洋领域应该研究什么和如何进行研究。

1.2 神秘的海洋

据估测，迄今人类对海洋探测和了解的范围仅仅是 5% 左右，也就是说，有 95% 的区域我们是不了解的，主要是深海。我们对很多海洋现象的了解也非常肤浅，例如，海洋物质能量的传递与气候变化；生态系统结构与功能变动之间的关系；海洋中热量的丢失[2]；海水中溶解氧的变化；海洋酸化；海洋生物多样性的变动；海洋中大型鱼类的消失——数据显示全球海洋中 90% 的大型鱼类已经消失[3]；海洋中胶质类生物，例如，水母和被囊类等的增多[4]；海洋地质过程、深海极端环境与生命、深层海底中的微生物等很多问题都有待于我们进行深入探索与研究，而这些问题与人类的生存与发展关系密切。

2 对海洋科学研究的体会与思考

2.1 近海研究

我国近海存在很多问题，近海环境安全面临严重挑战，赤潮发生的频率和范围有增无减，已经成为一种常态化的现象；自 2007 年开始，浒苔在黄海连年暴发，海洋中水母的数量急剧增多，对渔业资源和沿岸工业设施以及旅游业造成影响；一些海洋生物的暴发对核电设施安全造成严重威胁；渔业资源处于崩溃的边缘。近海资源与环境直接影响到蓝色经济发展和沿海社会稳定问题。近海所发生的问题是海洋研究领域所不能忽视和回避的问题。海岸带和近海低氧可能会对水产养殖造成毁灭性的打击；近海水体中氮的增加所带来的生态问题不亚于海洋酸化所带来的问题。我们对海洋生态系统承载力的研究远不能满足海洋资源环境可持续发展战略的需求。仅仅在近海开展工作可能不足以解析现在海洋中所出现的问题，需要进行邻近大洋与近海的协同研究，这方面的关键问题是黑潮的变动对中国近海的影响——二者是一种什么样的关系，黑潮的年际变异能够产生多大的影响，特别应该加强黑潮对中国近海输入通量方面的研究；我国长江口和苏北浅滩是黄海和东海生态灾害的发源地，但这两个地方的海洋环境非常复杂，既受到陆源物质排放的影响，也受到邻近大洋变化的影响，长期观测数据，特别是连续观测和海洋立体综合观测数据的缺乏使我们对这个区域发生的很多生态问题难以理解。邻近大洋对中国近海的影响以及近海本身的变化相结合才是解开中国近海生态系统演变的关键。海洋立体观测网建设、近海生态环境综合模拟系统的建立、生态系统承载力综合评估模式的发展和渔业资源综合评估模式的建立是近海资源与环境研究的核心问题。近海研究涉及海洋研究评估体系的问题，因为近海研究往往是区域性的问题，加上问题的复杂性，所以近海研究在国际高端杂志发表论文相对困难，这也是很多人回避或不愿意进行近海研究的一个重要原因。因此，近海研究不能仅仅以论文论英雄，重点还在于是否能够解决实际问题。从另一个方面来说，我国近海所出现的问题在很大程度上是管理上的问题，陆源物质排放、过度捕捞、海岸带环境改变等是导致近海资源环境问题的重要因素。近海问题的解决在很大程度上依赖于基于生态系统的综合管理体系的建立。

2.2　深海研究

海洋领域很多关键问题都与神秘的深海关系密切。海洋与气候的问题。海洋中微弱的热量变化就会导致全球气候的剧烈变化，但是对于全球海洋热量的传递和平衡问题我们却知之甚少，其中一个关键问题就是目前我们只对表层海洋的热量变化有所了解，而对深层海洋的了解非常少，缺少观测数据，对于热量的传递速率和不同深度海水温度的变动速率缺乏了解，而这些问题直接影响到我们对海洋与气候相互关系的了解，这些问题不解决也就不可能从根本上解决全球气候变化的问题。

海洋碳循环一直是人们关注的问题。海洋作为最大的碳库，能够吸收多少碳以及海洋碳通量、碳的生物地球化学循环、海洋碳泵与全球气候变化和海洋食物网变动之间的关系等，在这些方面，我们对深层海洋中的情况缺乏了解，对深海知识的缺乏使我们难以从根本上对海洋碳循环问题有一个深入的了解。

海洋领域另一个受关注的问题是海洋酸化问题。海洋在吸收二氧化碳的同时，自身也发生了变化，海水 pH 值的改变就是一个非常重要的现象。我们需要了解海洋在多大深度上受到海洋酸化的影响，海水 pH 值的变化在多大程度上会对海洋生物产生影响。海洋的容量很大，从表层海水到深层海水，海洋酸化的梯度和速率变化是我们需要研究的重要方向。

海水中溶解氧的减少对海洋生态系统造成很大的影响，而深层海水中的溶解氧来自表层海水。深海中溶解氧的数量变动、氧从表层海水向深层海水的传递及其与海洋环境变动的关系也是我们所不清楚的，而海水溶解氧的变动是海洋生态系统变动的最重要的驱动因子之一，与海洋生物多样性、海洋生态系统变动和未来海洋预测等关系密切。

深层海洋中的生物多样性、深海食物网的现状、变动规律、与全球气候变化和人类活动之间的关系，特别是与海底采矿和其他深海活动之间的关系等是亟待解决的问题。对一些海底潜在矿区的生物本底调查是深海生物，特别是海底生物研究的一个重要驱动因素，这方面的研究对于未来海底矿物资源开发利用的环境评估是十分重要的。

在深海研究中，我们应该重点关注的深度也是一个非常重要的问题，对深海概念的不同会导致研究战略的不同。目前，大部分人还是主张将 200 m 水深作为深海的一个标准。因为 200 m 是海水补偿深度，真光层的界限就是在 200 m，所以很多海洋调查和观测的深度定为 200 m。我们对 200 m 水深以下的海洋资料相对很少，也就是说应该加强对 200 m 以深的区域的观测。有很多人主张将深海的深度定在 1 000 m，理由是 1 000 m 深度之后海水温度相对稳定，海水流动减弱，认为超过 1 000 m 才是真正的深海。因为从海洋研究的角度，在很多情况下我们需要对全水层进行观测，而且各个学科甚至针对不同的科学问题对海洋观测深度的要求也是不一样的。海洋研究中最大的挑战在深海，深海中的很多问题属于国际前沿问题。没有对深海的了解，我们就不可能对海洋的问题有一个确切的了解。海洋中大部分未知的事情都发生在深海，很多战略性资源也存在于深海，对深海的探索与研究更多地体现在未来战略层面上，或者说是为我们子孙后代造福。深海研究涉及一个国家疆域的拓展、战略性资源的探索、海洋技术发展和地球科学的发展，是科学与技术有机结合、海洋多学科交叉研究和海洋多圈层研究的理想领域。深海研究也是一个国家科技水平和综合国力的体现，所以未来海洋领域的竞争在很大程度上将体现在深海的探索与研究上。

2.3 海洋装备研发

海洋探索与研究在很大程度上依赖于海洋探测与研究装备的研发。关键是研发满足科学研究的需求和实用装备。科学考察船和深潜器等在海洋探索与研究中发挥了不可替代的作用，但是面对变化中的海洋，从对海洋感知和认识的角度，仅仅依靠科学考察船进行海洋观测是远远不够的，更多的是依赖长期自动观测设备的研发与应用，长距离遥控探测与采样设备的研制将会大大推动对海洋极端环境与生命探索的步伐。目前的热点和"瓶颈"问题是化学传感器和生物传感器的研发，带有化学和生物传感器的深海 Argo、大洋滑翔器、AUV（自主式水下航行器）和智能化海底观测网等是全球海洋观测，特别是深海观测的重点。

3　未来海洋与海洋研究战略

面对变幻莫测的海洋环境、神秘的海底世界和日益严重的海洋资源与环境问题，如何部署海洋研究力量，抓住海洋领域的关键问题，作出有影响力的、突破性的成果，支撑国家海洋经济发展、维护海洋环境安全、海洋防灾减灾、实现海洋资源与环境可持续发展、维持健康的海洋生态系统是我们必须要面对的问题。

3.1　建设自动化、智能化、无人化的海洋综合感知体系

人类不生活在海洋中，我们对海洋的感知和了解在很大程度上依赖于海洋观测和探测技术的进步和装备的研发。海洋声学技术的应用和声学装置的研发对海洋科学的促进作用是技术推动海洋科学发展的一个典型案例。在人们见到或者谈起海洋的时候，首先会想到或提出的一个问题是："海洋有多深?"这个看起来非常普通的问题，其实困扰了人类很长时间，甚至到现在也没有真正弄清楚或者精确测量出海洋的平均深度。因为海洋太大了，我们很难对全球海洋的深度进行非常精确的测量，但是这个问题又非常重要，船舶的航行、水下军事环境、全球海水容积的计算等都需要知道海洋的深度。过去是用绳索测定海洋深度，随着海洋深度的增加，人们发现这种方法很难奏效。因为这种方法会受到海洋中海流等各方面的影响，另外也无法对广阔的海洋进行大规模的测量。因此，人们发明了利用声学原理进行海洋深度测定的装置。当一个球形装置碰到海底时会发出声音，我们可以通过测定声音到达水面所需的时间来测定海洋的深度。1925 年，德国人哈勃在"流星"号考察船上安装了一台"回声探测仪"，希望通过这台新设备获得更多、更详尽的海洋资料。在使用回声探测仪进行测量后，人们惊奇地发现，在大西洋中部的某些海域，不是人们想

象的深海，而是"浅海"，于是发现了"大西洋中脊"的存在。"流星"号总共测量了 7 万多个数据，这对后来的深海和大洋探测起到了重要的推动作用。现在对海底进行测绘的设备也基本都是利用声学原理进行工作的，从这个看起来相对简单的技术问题中，我们可以看出技术的进步对海洋科学的发展有多么重要。

CTD（温盐深仪）的发明和应用使我们对大范围的物理海洋探测成为可能，从而对海洋中的很多动力学问题和物理现象有了全新的认识。有人认为，没有 CTD 的发明就不可能有对大洋环流的认识，也不可能从海盆尺度上开展海洋动力过程的研究，现在海洋观测体系中基本都离不开 CTD；深潜器的发明使我们能够探测深海，发现海底热液生物群落，提高人们对深海极端环境和生命的认识；卫星遥感技术的应用和水色卫星的研制使我们从全球尺度对表层海洋进行观测和研究；海洋浮标和潜标的发明使我们能够对表层和深层海洋有所了解；Argo 浮标的使用使我们能够大范围探测海洋的状态。这些仪器设备的研发都是在海洋研究需求下推动发展起来的，科学与技术的有机结合才能真正发挥作用。

海洋观测对于海洋研究来说无疑是十分重要的。在过去的几十年中，海洋观测受到全球的关注，在观测方法、观测范围、观测技术和观测精度等方面都取得了长足进步，但是主要是物理环境的观测，海洋化学环境和生物环境的观测还非常落后，尤其是生物环境的观测，能够达到实用标准的探测器很少。因此，我们目前对于变化中的全球海洋物理环境相对了解得多一些，因为现在的海洋长期观测网大多是用于物理海洋环境观测的，换句话说，只要有能力投入，海洋物理环境信息的获取是没有问题的。化学传感器和生物传感器是建立海洋长期观测网的"瓶颈"问题。现在的化学环境与生物环境数据大部分来自基于科学考察船的海洋调查。在瞬息万变的海洋环境中，这种观测方式很难满足现代海洋科学发展的需求。人类对生命的探索永无止境。对于宇宙智慧生物的探索和对其他星球上生命的探索开启了深空、宇宙探索的新纪元，对于海洋生命的探索也是如此。分子生物学、基因技术和图像技术的应用、海洋生物芯片的研制、新型传感器技术与生物技术的结合、与海洋无人潜器的嫁接，海洋生命科学与信息科学的有机结合将使我们对海洋生命、神秘的海洋有更加深入的了解，而在这方面仅仅依靠载人潜水器和科学考察船是做不到的。

未来的海洋研究将进入自动化、智能化和无人化时代。在实验室内能够通过远程遥控技术完成对深海极端环境的探测、取样与原位观测，深海将不再神秘。智能化的海洋观测网和自动化的海洋探测体系的建立、海洋模拟器+超级计算机等人工智能技术的结合将使我们对海洋关键过程、海洋环境变化和生态系统结构与功能的变动有更好的了解，基于生态系统的海洋综合管理将成为现实，海洋对于经济社会的支撑作用将进一步显现。

综上所述，未来海洋科学发展的一个核心问题是对海洋的感知，而海洋信息系统的建立是我们感知、认识、了解海洋、综合管控海洋的基础和保障。海洋信息系统的建立包括海洋信息的获取、传输、处理和应用等几个关键环节，我们必须充分认识到海洋环境和海水介质的特殊性、复杂性和数据传输的困难性。有些在陆地、大气和空间探测和观测中已经解决的问题，在海洋观测中却成为"瓶颈"问题。新型海洋探测器的研制，特别是化学和生物探测器的研制，海洋信息的有效传递、处理和应用将是未来海洋科技发展的前沿核心问题。考虑到海洋考察的成本、风险、效率和海洋的广袤性，科学考察船在现代海洋研究中的地位和作用会逐渐减弱，而自动无人探测器、海洋遥感遥测技术和遥控采样技术等将成为未来海洋科学发展的趋势。

3.2 从海洋系统角度开展海洋研究

海洋领域的热点问题很多，从资源、环境到对未知世界的探索，海洋生物资源可持续利用、海洋环境安全、海洋生态系统健康、海洋生物多样性保护、海洋生物地球化学循环、深海极端环境与生命，每一方面都很重要，我们能否在同一个平台上开展系统研究？中国科学院海洋先导专项"热带西太平洋物质能量交换及其影响"在这方面进行了一些探索。海洋科学具有大科学的特点，陆地上有的过程海洋中几乎都有；海洋学科也非常复杂，物理、化学、生物、地质无所不包，海岸带、近海、大洋、深海都很重要。但是从另一个角度看问题，不仅海洋各个部分是连在一起的，海洋各个学科也是相互关联的，例如在海洋生态学的研究中，物理、化学、生物和地质环境缺一不可，所以海洋科学研究是物理海洋学、化学海洋学和生物海洋学以及海洋地质学的综合体现。我们是否能够把这几个学科结合在一起，围绕同一个问题、在同一个平台上开展研究？是否能够将大洋、深海和近海联系在一起，形成一个有机整体开展综合系统研究？什么样的题目能够表达这样的综合研究？在中国科学院海洋先导专项的设计中我们进行了有益的探索（图 1 和图 2）。首先在区域的选择上重点开展热带西太平洋的研究，因为这一区域对我国海洋战略的实施非常重要，同时在科学上也非常重要，主要体现在以下几个方面：①这里是全球海洋表层温度最高的区域，即暖池所在地，这个区域海水温度变动会对东亚乃至全球气候造成影响；②这里是黑潮的发源地，黑潮作为太平洋一支重要的西边界暖流，将热量和物质从低纬度向高纬度输送，黑潮的变异会对中国近海环境产生影响；③西太平洋海底非常活跃，分布着众多的海山、热液和冷泉，对于海洋极端环境与生命的探索、地球科学和海洋科学综合交叉研究具有重要的意义。用什么题目能够把要开展的研究内容和内涵表达出来？我们最终选择了以"热带西太平洋物质能量交换及其影响"为题，热带西太平洋环流与气候的研究、黑潮与中国近海环境之间的关系研究以及深海探索从根本上来讲是对海洋能量与物质交换的研究，能量主要体现在海洋热量的传递与交换上，物质主要体现在海水中颗粒有机物、海洋生物和海洋溶解物质的传递与转移转化上。作为中国科学院 10 个 A 类先导专项之一，海洋先导专项重点开展热带西太平洋海-气相互作用（图 3）、黑潮变异对中国近海生态环境的影响（图 4）、深海极端环境与生命探索与研究（图 5 至图 7）以及基于海洋研究目标需求的海洋设备研发（图 8）。

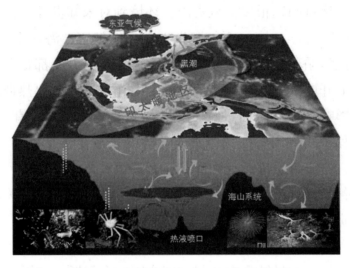

图 1　从海洋系统角度开展海洋研究

涉及的问题：海洋能量与物质的传递、转移、转化；海洋环流对热量和物质的输送作用；海-气相互作用；陆架边缘海与邻近大洋的相互作用；深海海洋与中、上层海洋之间的相互作用关系；深海极端环境与生命探索。

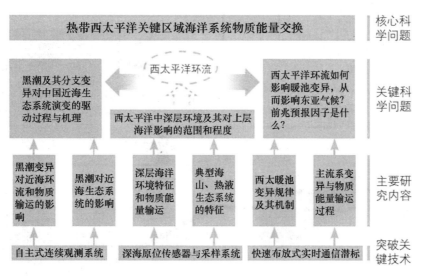

图 2　海洋先导专项设计方案

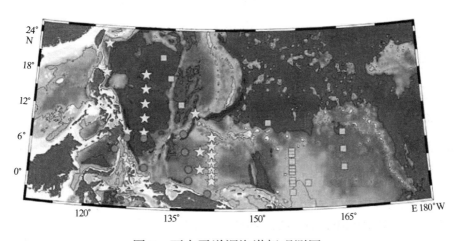

图 3　西太平洋深海潜标观测网

海洋先导专项在西太平洋部署的深海观测潜标网，最深达到 6 000 m。在海底进行 1 周年的连续观测后成功回收并重新进行布放，最近部分潜标实现数据实时传递。图中 ☆ 为本项目布放的潜标；○ 为日本布放的潜标；□ 为韩国布放的潜标

21

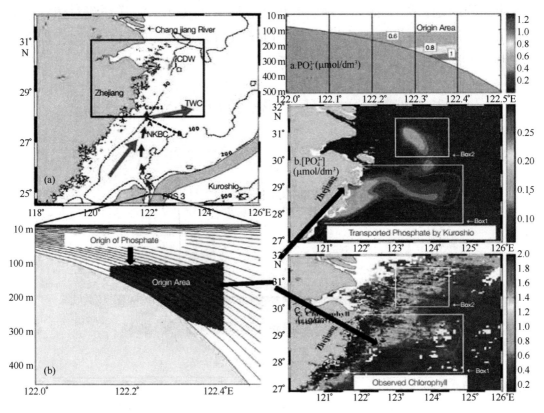

图 4 中国近海环境受到黑潮变异的影响

3.3 重视海洋多圈层相互作用研究

海洋是互相连通的，很多海洋现象的发生都不是孤立的，相互间密切关联，如近海与大洋之间的相互作用、陆海相互作用、海-气相互作用。地球上不同圈层之间的相互作用在海洋领域表现的尤其突出，包括岩石圈、水圈、气圈和生物圈之间的相互作用。对海洋的探索与研究应该重点聚焦在 3 个界面之间的通量研究上：海-气界面，涉及海洋与大气之间的相互作用问题，热量与水汽交换涉及诸多国际前沿问题，如海洋环流与气候、海洋碳循环、海洋酸化等；陆海界面，近海生态系统的变动在很大程度上取决于陆源物质的排放，富营养化、低氧区的扩大、近海生物资源变动、海洋环境安全等在很大程度上是陆地与海洋、近海与大洋之间相互作用的结果；海底界面，海底热液、冷泉、海山、海底平原等深海极端环境与生命等对于我们来说基本是一个未知世界，

图 5 200~4 000 m 的海山地貌与生物

图 6 深海冷泉探测

图 7　深海热液探测

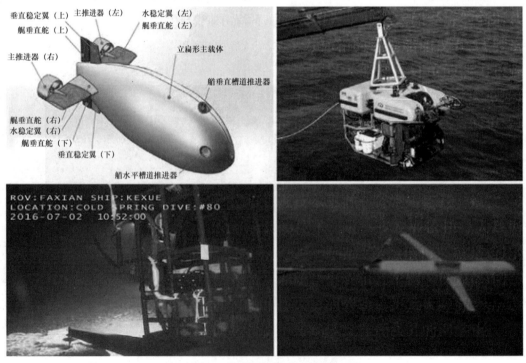

图 8　海洋设备自主研发

也是地球科学的前沿问题，涉及地质地球物理、地球化学和海洋生命等各个领域的相互配合与交叉问题，新的油气资源、矿物资源、药物资源和基因资源等战略性资源的探索和深海生命的起源、适应与演化等将是海洋领域科学探索的热点领域。

参考文献

［1］　Baird A H, Pratchett M S, Hoey A S, et al. Acanthaster planci is a major cause of coral mortality in Indonesia. Coral Reefs, 2013,32：803-812.

［2］　Trenberth K E, Fasullo J T. Tracking earth's energy. Science, 2010, 328：316-317.

［3］　Newsweek, July 14, 2003 cover.

［4］　Zhang F, Sun S, Jin X S, et al. Associations of large jellyfish distributions with temperature and salinity in the Yellow Sea and East China Sea. Hydrobiologia, 2012, 690：81-96.

作者简介：

孙松，男，中国科学院海洋研究所原所长，现任中国科学院大学海洋学院院长、中国海洋湖沼学会理事长。发表研究论文300余篇，出版专著7部。

落实《深海法》全面提升我国深海活动支撑能力为维护人类命运共同体贡献力量

于洪军，赵庆新，贾颖，丁忠军，史先鹏

（国家深海基地管理中心，山东 青岛）

摘要：本文首先系统地阐述了习近平总书记深海战略形成的历史过程和要义，通过阐释《深海法》的形成背景和关键内容，对贯彻《深海法》、加强深海支撑能力建设的重要意义进行了论述，进一步论述了我国深海活动支撑能力建设的目标任务以及深度参与全球深海治理体系建设的重要作用。最后，结合山东省现有优势条件，提出了山东省在深海科技强省建设方面的具体建议。

1 习总书记有关深海战略的论断

习近平总书记在厦门工作时就与海洋结下了不解之缘。从推动厦门成为自由港，到建设"海上福州"，到在上海时的"海洋是拓展城市空间的重要依托"，再到在中央时提出的"关心海洋、认识海洋、经略海洋"。2013 年 7 月 30 日，习近平总书记在十八届中央政治局第八次集体学习时强调建设海洋强国是中国特色社会主义事业的重要组成部分。他提出，建设海洋强国必须大力发展海洋高新技术，重点在深水、绿色和安全方面。这是第一次将"深海"区别于"海洋"，说明领导人对深海特别是深海高新技术更加重视。

2015 年 7 月习近平总书记签署第 29 号主席令，颁布《中华人民共和国国家安全法》，规定了增加对太空、深海和极地等新型领域的安全维护任务，表明国家更加重视深海这一人类生存与发展的战略新疆域。"深海战略"初步成型。"十三五规划纲要"中明确提出拓展蓝色经济空间,将深海空间的开发利用提升到战略、全局的高度。

2016 年全国科技创新大会上,习近平总书记提出了"深海进入、深海探测、深海开发"战略,这是习近平为深海领域描绘的"三部曲",也是深海装备发展的 3 个阶段。我国深海装备已经可以支撑起第一阶段,开始全面进入"深海探测"阶段,"深海开发"装备如"鲲龙"号采矿船等深海开发装备也陆续开始论证、建造。

2016 年 2 月,习近平签署第 42 号主席令,颁布《中华人民共和国深海海底区域资源勘探开发法》(简称《深海法》)。《深海法》对于进一步规范深海开发秩序,引导深海事业发展具有重要的意义。

2018 年 4 月 12 日,习近平在海南考察时指出:南海是开展深海研发和试验的最佳天然场所,一定要把这个优势资源利用好,加强创新协作,加快打造深海研发基地,加快发展深海科技事业,推动我国海洋科技全面发展。4 月 13 日,习近平在庆祝海南建省办经济特区 30 周年大会上的讲话中指出:国家支持海南布局建设一批重大科研基础设施和条件平台,建设航天领域重大科技创新基地和国家深海基地南方中心,打造空间科技创新战略高地。同时指出:要发展海洋科技,加强深海科学技术研究……加快推进南海资源开发服务保障基地和海上救援基地建设,坚决守好祖国南大门。表明习总书记对深海科学技术提出了更高的发展要求。

2 《深海法》的形成背景及对深海支撑能力建设的意义

联合国于 1982 年通过《联合国海洋法公约》(以下简称《公约》),明确规定"区域及其资源为人类共同继承遗产,任何国家、组织、个人不得占为己有",并要求缔约国对于本国的公民、法人、组织进入深海勘探开发要进行管控,并于 1994 年根据《公约》成立了国际海底管理局这一专门性国际组织。国际海底管理局成立之后,开始准备以大洋多金属结核的探矿和勘探制定第一部深海"采矿法典"。2000 年 7 月 13 日,管理局通过了《"区域"内多金属结核探矿和勘探规章》,此后,管理局关于"区域"资源的立法工作转向关于多金属硫化物和富钴铁锰结壳探矿和勘探规章的制定,并分别在 2010 年和 2013

年通过了《"区域"内多金属硫化物探矿和勘探规章》和《"区域"内富钴铁锰结壳探矿和勘探规章》。这些规章的框架结构是一致的，在保护海洋环境的前提下对探矿者的"优先采矿权"做了保证，这也使得一些技术发达的国家和公司热衷于海洋勘探。

为了维护我国海洋权益，保证海洋事业的健康发展，国内配套法规也逐步建立健全。1976年，《中华人民共和国交通部海港引航工作规定》明确指出其规定的目的是："为了维护中华人民共和国的主权，保障港口、船舶安全"；1991年，首次海洋工作会议通过了《九十年代我国海洋政策和工作纲要》，提出"以开发海洋资源，发展海洋经济为中心，围绕'权益、资源、环境和减灾'4个方面开展工作。保证海洋事业持续、稳定、协调发展，为繁荣沿海经济和整个国民经济，实现我国第二步战略目标做出贡献"。1993年，研究制定《海洋技术政策》，其目的是"引导海洋科技队伍形成整体力量，重点发展海洋探测和海洋开发适用技术，有选择地发展海洋高新技术并形成一批相应的产业"。1995年，编制完成的《全国海洋开发规划》确立的基本战略原则是实行海陆一体化开发，提高海洋开发综合效益，推行科技兴海，求得开发和保护同步发展。基于"加快发展海洋产业，促进海洋经济发展，对形成国民经济新的增长点，实现全面建设小康社会目标具有重要意义"，2003年，国务院印发了《全国海洋经济发展规划纲要》。2008年，国务院批准了《国家海洋事业发展规划纲要》，其中指出："国务院要求，要始终贯彻在开发中保护、在保护中开发的方针，进一步规范海洋开发秩序"。2011年，国家"十二五"规划纲要对海洋工作进行了全面部署，并对加强海洋环境保护提出了明确要求，海洋生态文明建设已成为促进海洋经济可持续发展和建设现代化海洋强国的必然选择。从这些法规和规章中可以看出，国家发展重心向海洋转移，朝融入海洋时代的全球化而努力调整，发展观念从重陆轻海到陆海统筹转换，海洋经济从传统产业逐渐向现代化新型产业转变，海洋管理从行业分散管理向综合管理逐步过渡，中国逐步恢复海洋大国的地位。

在上述法律和规章的指导下，我国逐步加大了深海技术装备的研发投入，先后成功研制了水下机器人、中深孔岩心钻机、电视抓斗、瞬变电磁系统、海底磁力仪、声学深拖系统和多功能深拖系统等一系列深海调查装备，并在实际应用过程中不断改进完善。我国的深海技术发展取得了巨大进步，初步建成了以"蛟龙"号载人潜水器为代表的深海载人现场勘查装备体系、以"海龙"ROV 为代表的深海缆控调查作业装备体系、以"潜龙"AUV 为代表的深海自主探测装备体系等,"三龙"系列潜水器逐步投入使用,并先后创下了载人潜水器和无人潜水器科学考察下潜深度的世界纪录,由此推动了我国深渊科学研究的起步与发展。"蛟龙"号载人潜水器和"蓝鲸"钻井平台等一大批深海装备自主研制成功,标志着我国深海重大技术装备研发和制造能力显著提升。迄今,我国已经成为世界上拥有勘探矿区种类最为齐全、数量最多的国家,包括2 个多金属结核勘探合同区和 1 个富钴结壳勘探合同区以及 1 个多金属硫化物勘探合同区,目前,我国在全球三大洋开展深海资源勘查活动的战略布局基本形成。随着我国深海装备体系的不断发展和深海科学认知水平的不断提高,为了保护深海海底这一人类共同财富,保证从事深海海底区域资源勘探、开发和资源调查活动的我国公民、法人或者其他组织的正当权益并进一步引导我国深海事业的发展,2016 年 2 月 26 日,第十二届全国人大常委会第十九次会议表决通过《中华人民共和国深海海底区域资源勘探开发法》,并于 2016 年 5 月 1日起实施。

《深海法》充分考虑了国内法和国际法的衔接问题,为我国公民、法人或者其他组织从事深海资源勘探、开发活动提供了法律保障和行为准则,为增强深海科技力量奠定了基础。其中第四条规定:"国家制定有关深海海底区域资源勘探、开发规划,并采取经济、技术政策和措施,鼓励深海科学技术研究和资源调查,提升资源勘探、开发和海洋环境保护的能力",表明国家从法律、经济和技术层面上扶持深海科技的发展。第九条规定:"承包者对勘探、开发合同区域内特定资源享有相应的专属勘探、开发权",保证承包者或者勘探者的权益。第十三条规定:"承包者应当按照勘探、开发合同的约定和要求、国务院海洋主管部门规定,调查研究勘探、开发区域的海洋状况……并保证监测设备正常运行,保存原始监测记录",表明深海开发需要海洋监测技术的支撑。第十五条规定:"国家支持深海科学技术研究和专业人才培养,将深海科学技术列入科学技术发展的优先领域,鼓励与相关产业的合作研究。国家支持企业进行深海科学技术研究与技术装备研发"。第十六条规定:"国家支持深海公共平台的建设和运行,建立深海公共平台共享合作机制,为深海科学技术研究、资源调查活动提供专业服务,促进深海科学技术交流、合作及成果共享",

表明国家支持深海领域人才的培养和深海公共平台建设，唯有深海领域人才的繁荣、深海装备的体系化发展和深海公共平台的建立健全，才能支撑起我国深海事业的健康发展。《深海法》的颁布实施，对推动我国海洋法治建设、强化深海领域科研能力、深化深海领域专业人才培养、提高深海活动支撑保障能力、促进深海事业发展具有重要意义。

3 我国深海活动支撑保障能力建设的目标任务

我国在国际深海事务中的作用日益加强，依托深海资源勘查工作，积极参加了国际海底各类规章建设的全过程。从早期规章的跟踪，到在《"区域"内多金属结核探矿和勘探规章》等规章制定过程中发挥建设性作用，我国主动参与国际海底管理事务的能力显著提升。同时，我国密切关注深海资源开发、生物基因资源开发和深海保护区建设等深海活动规章动态，积极参与 BBNJ 公约谈判，积极参与国际组织和科学组织的深海活动，由此大幅拓展了我国深海活动的范围和领域，并在全球深海治理体系建设过程中发挥了重要作用。国际深海事务中的话语权是建立在我国深海活动支撑力量基础上的，只有确保深海活动支撑保障能力建设时刻走在世界前沿，才能不断增强我国在国际深海事务中的话语权。

为增强我国在国际事务中的话语权，进一步落实《深海法》，全面提升我国深海活动支撑能力，维护深海这一人类命运共同体，目前我国深海活动支撑保障能力亟须建设的目标任务是：深海装备体系化、支撑保障基地体系化、深海保障职业化队伍的体系化以及平台体系化。

深海装备体系化。目前我国在役的重大深海运载装备包括"蛟龙"号、"深海勇士"号等载人潜水器；"潜龙"号、"智水"号等无缆水下机器人；"海龙"号、"海马"号、"发现"号等缆控无人潜水器。目前这些装备在使用上基本上是"独立作战"。但从这些年"蛟龙"号的试验性应用来看，独立运用某一深海勘探装备无法完全发挥其技术优势，而将不同类型的装备综合运用起来可以互为补充，如将载人和无人潜水器综合利用起来，海况较差时采用无人潜水器大面积勘察，海况较好时采用载人潜水器或缆控潜水器对某一重点区域进行精细作业；或者不同类型潜水器作业深度互为补充，可以形成作业深度全海深覆盖。目前可以将"蛟龙"、"潜龙"、"海龙"系列装备综合利用起来，形成综合效益，大大提高深海作业效率。未来将会建成"深龙"深海钻探装备、"鲲龙"深海采矿装备和"云龙"信息传输与存储显示系统。六龙聚首、深海开发指日可待。

支撑保障基地体系化。目前我国仅在青岛建有国家深海基地这一深海装备支撑保障基地，但从目前的国际形势和应用需求来看，我国南海的深海作业需求将倍加频繁，在南海附近建立深海支撑保障基地是非常有必要的。同时随着《深海法》的颁布与实施，我国在太平洋和印度洋的资源勘探的需求与日俱增，若在这两大洋附近建立2~4个海外支撑保障基地，能进行深海装备的检修与维护以及备品备件更换工作，可大大提升深海资源勘探的效率。所以必须要实现深海支撑保障基地的体系化，多点布局，使得深海作业活动能更加顺利地完成。

深海保障职业化队伍的体系化。由于深海装备的高技术性和复杂性，我国现已研制成功的深海装备大多由研制人员负责操作使用，没有形成操作熟练的职业化支撑保障专业队伍。职业化支撑保障队伍依托于深海支撑保障基地建设，是一项长期而艰巨的工作，须经过严格的培训和考核，具备丰富的海上实际应用经验。如7 000米级"蛟龙"号载人潜水器潜航员，需要经过长期、专业的培训，方能胜任下潜作业任务。随着深海调查任务的增加，往往还需实现深潜技术支撑队伍的备份。同时，由于潜航员和深海保障人员队伍的特殊性，需建立专门的职称评定体系，使得深海装备具有专人操作，保证"术业有专攻"、降低操作失误、提高深海作业效率是非常有必要的。所以，系统化体系化建设深海保障人员队伍，对于推进深海事业的发展十分重要。

平台体系化。这里主要指深海装备共享平台、深海领域国际交流平台和深海文化宣传平台等。深海装备建造花费巨大，同样所需要的技术体系也是非常庞大的，世界上只有少数国家具有相应的技术和经济实力可以维持深海装备体系的运行。为了满足世界范围内日益增长的深海考察勘探需求，建设面向国际的深海装备共享平台是非常有必要的。同时可利用该平台打造一个深海领域国际交流与合作的平台，进行技术交流、协作创新，吸收不同的先进思想，对提高我国深海技术支撑能力和提高我国在国际深海领域的知名度和影响力至关重要。在此基础上，建设专门的深海文化宣传平台，强化深海文化研究，弘扬开放进取、敢为人先的深海文化精神，增强全民海洋意识，推动优秀海洋文化创造性转化、创新性发展，全面增强海洋文化软实力。

4 深海科技强省建设建议

因海而立、依海而兴的山东，占全国1/6的海岸线，海域面积与陆域面积相当，海洋资源丰度指数全国第一。守着这样一个得天独厚的"蓝色宝藏"，海洋成为山东发展的最大动能、最大优势，山东的海洋产业潜力无限。山东在海洋资源、海洋产业、海洋科技等方面优势突出，在海洋强国建设大局中具有举足轻重的地位，党中央和习近平总书记一直关心山东的海洋发展。为全面支持和落实《深海法》，将山东建设成为深海科技强省，贯彻习近平总书记海洋强国战略思想、落实习近平总书记重要讲话精神，在此提出以下几点建议。

（1）大力支持深海相关学科人才培养。近年来，海洋航运业不甚景气，导致部分深海装备学科人才外流，相关专业招生和就业较为困难，应从政策层面上进一步支持深海相关学科人才培养，增加深海相关学科就业岗位，进一步支持深海相关专业人才培养。另外，深海技术可以归纳为勘查技术、开采技术、加工技术、运载技术和通用技术等。其中，水深达 6 000 m、能在恶劣的洋底环境下稳定运行的深海运载技术作为当今深海勘查与未来开发与装备的基础性技术，是深海资源勘探和开采共用的技术平台，涉及系统通信、定位、控制、能源和材料等各种通用基础技术。深海领域未来发展需要各种涉及多学科的综合型人才，建议鼓励相关高校在研究生课程中开设深海领域交叉融合的新学科，为研究新型深海装备奠定人才基础。

（2）进一步鼓励深海领域重大项目研究。"蛟龙"号载人潜水器的研制、海试及试验性应用阶段所取得的丰硕成果，极大地提振了我国自主研发重大深海装备的信心和决心，加快了我国载人深潜装备系列化的发展步伐，带动了我国海洋科技开始向深海进军。但我国的基础工业能力比较薄弱，在精密加工制造、深海浮力材料、深海监控、深海水下定位等方面相对较为落后，在一些关键核心技术方面仍然受制于西方发达国家。建议多举办深海技术方面的研讨会，讨论影响深海装备技术发展的因素，在这些方向上设立重大项目需求，集中力量解决问题，推动深海领域进一步发展。

（3）坚定实施深海领域军民深度融合行动。在深海领域，军民存在相互需求，军方在深海打捞、深海搜救和深海监测等方面需要民间力量的参与，同时军方的技术和保障可使得地方深海装备和技术能支撑起更大范围和强度的深海作业任务。建设深海领域军民融合创新示范区，基础设施共建共享，重大装备协同创新，对维护我国国防安全和国民经济安全具有重要意义。

（4）进一步支持深海公共平台建设。《深海法》中表明国家支持深海公共平台的建设和运行，但现阶段实际情况是深海公共平台建设处于起步阶段，外界对此了解不全面，投入较少，影响深海公共平台的进一步发展壮大。山东省应进一步支持深海公共平台的建设，在宣传、政策、资金等方面上给予支持，将国家深海基地打造成为世界知名的深海公共平台。

作者简介：

于洪军，男，1965 年生，汉族，博士，研究员，博士生导师。承担国家自然科学基金、国家专项多项，发表学术论文 100 余篇，撰写专著 8 部，获得科学技术奖励多项，多次担任"蛟龙"号航次总指挥。

经略海洋地质，支撑我国发展

曾志刚[1, 2, 3, 4]

（1. 中国科学院海洋研究所海洋地质与环境重点实验室，山东青岛 266071；2. 青岛海洋科学与技术试点国家实验室海洋矿产资源评价与探测技术功能实验室，山东 青岛 266061；3. 中国科学院大学，北京 100049；4. 中国科学院海洋大科学研究中心，山东 青岛 266071）

摘要： 海洋地质的工作是在现有技术条件下，了解海底及其深部的地质构造、物质组成及其演化规律，揭示海洋、海底及其深部的地质记录、地质过程及其资源环境效应。为此，国内外已开展板块俯冲、岩浆作用、热液活动、海洋沉积及古海洋和古气候记录、冷泉和天然气水合物、多金属结核与富钴结壳等多方面的研究，取得了一系列新的进展及成果。尽管如此，国内外对海底及其深部的地质构造、物质组成及其演化规律的认识仍是局部的、分散的和模糊的，有关海洋、海底及其深部的地质记录、地质过程及其资源环境效应方面的知识，依然不足于支撑人类社会发展对海洋地质的需求。因此，聚焦了解海底及其深部的地质构造、物质组成及其演化规律这一海洋地质发展的科学目标，制定长期、系统的海上地质调查和室内研究规划，稳定队伍，切实开展揭示海洋、海底及其深部的地质记录、地质过程及其资源环境效应的工作，不仅可为发展、完善海洋地质学的理论体系提供调查研究基础，也是国家维护海洋权益、保护海底环境、开发利用海底资源的需要。

关键词： 海洋地质；工作进展；科学问题；发展趋势；几点建议

海洋地质调查研究是人类了解生存环境的关键一环，海洋地质学的进步有助于人类社会的发展。国内外针对海洋地质学已开展了长期、多方面的调查研究工作。

1　海洋地质工作的主要进展

1.1　板块俯冲

目前已围绕板块俯冲，开展了板块俯冲动力学、板块俯冲起始机制、板块俯冲的深部流体循环和板块俯冲的碳循环研究。其中，①在板块俯冲动力学方面，通过数值和模拟实验对过去几十年间研究的俯冲动力学模型进行了综合分析（Becker and Faccenna，2009），广泛探讨了板块动力学的关键问题之一：地幔过渡带中的含水量，改进了板块俯冲模型，特别是对汇聚板块循环俯冲模型的改进，将有助于缩小区域和全球俯冲板块研究之间的差距，并可以更好地理解上冲板块在俯冲动力学中的潜在作用。②在板块俯冲起始机制方面，给出了热机械热动力学耦合数值实验（thermo-mechanically thermo-dynamically coupled numerical experiments）的结果，证明了上地幔-岩石圈相互作用可导致大陆岩石圈俯冲的开始（Evgueni and Sierd，2010），并使用高分辨率三维数值热机械建模分析了地幔柱引发板块俯冲的机制（Stern and Gerya，2017）。同时，通过比较自然观测和数值模拟的结果，发现了自然界中存在两种板块俯冲起始模式：自发和诱导，即当先前存在的板块发生会聚时导致新形成的板块俯冲带发生诱导俯冲，而当沿着岩石圈薄弱地带产生密度差时会产生自发俯冲。可以预见，未来对板块俯冲起始机制的研究将集中在海上观测，实验和数值模型的建立以及室内分析与海上工作的相互结合印证等方面。③在板块俯冲的深部流体循环方面，证明了浅层震颤区，电导率和覆盖板片的构造特征之间，存在紧密的联系，且俯冲带内流体的流动受多种因素的控制，如俯冲物质含水性、流体性质、岩石渗透性、俯冲速率、俯冲带热结构以及化学因素等。④在板块俯冲的碳循环方面，总结了新生代以来已知所有火山岩的碳释放通量，证实不同源区岩浆作用的碳释放量（5.4×10^8 g）只占俯冲进入地球深部碳总量的很小一部分（Burton et al.，2013）。提出了新生代以来白垩纪到早第三纪的全球变暖事件有可能是全球大规模大洋板片向大陆俯冲过程中，形成的陆缘弧岩浆作用对大陆壳风化碳酸岩的加热脱碳作用，导致的全球温室效应（Lee et al.，2013）。此外，大量的岩石学观察和实验岩石学研究均证实地表系统中的碳可以在深俯冲板片中以碳酸盐的形式稳定存在，并被带入深部地球系统中，且基于钙质碳酸盐的高温高压溶解度研究揭示了俯冲带中绝大部分含碳相在变质作用过程中，可能会被俯冲带流体溶解带出到岛弧区，而返回地表（Kelemen and Manning，2015）。

1.2 岩浆作用

迄今，从岩浆作用的角度对弧后盆地的形成演化还没有统一的认识（Hall，2002）。尽管如此，在南海，已通过研究扩张期后板内火山作用形成的海山岩石，对其岩浆活动有了初步认识。在冲绳海槽西南端，通过研究拖网获得的玄武岩，揭示了冲绳海槽为一初始扩张的弧后盆地，且通过分析火成岩的 Li、B 同位素组成以及熔体包裹体，证实了俯冲组分已对该海槽的岩浆源区产生了影响（例如，Pi et al.，2016；Li et al.，2018）。

在洋中脊，明确了玄武岩中的铁同位素组成是研究岩浆活动过程中氧化还原反应、物质迁移及环境变化的有力工具（Sossi et al.，2016）。证实了上地幔物质的减压部分熔融并未产生明显的 Mo 同位素分馏（Freymuth et al.，2015），且在玄武质岩浆不同程度的部分熔融和结晶过程中，其 K/Cl、Br/Cl 和 I/Cl 比值也未发生分馏（Kendrick et al.，2012）。指出厘清印度洋型地幔对 Carlsberg 洋脊的影响程度有助于深入认识地幔不均一性的成因及地幔动力过程（淳明浩等，2016）。同时，明确了岩浆熔融程度不同、地幔组成的差异性以及熔体-岩石相互作用是控制深海橄榄岩成分变化的主要因素（Warren，2016）。证实熔体再富集和次生蚀变作用对深海橄榄岩的强亲铁元素影响较小，印证了深海橄榄岩并不是单纯的地幔熔融的残余物，其具有更加复杂和长期的亏损历史（Day et al.，2016）。

1.3 海底热液活动

围绕海底热液活动，开展了热液区的微生物和生物群落，热液喷口、热液流体和热液柱，硫化物及其资源潜力，热液活动对海水、沉积和生态环境影响研究（曾志刚，2011）。其中，①在热液区的微生物和生物群落方面，证实了微生物在海山热液流体中参与了氮的氧化还原过程（Sylvan et al.，2017），且二价铁和氨是维持海底热液系统微生物初级生产力的重要能源（Bortoluzzi et al.，2017）。进一步揭示了砷在热液环境中的生物转化作用（Price et al.，2016），明确了不同热液流体环境中微生物群落存在的差异（Fortunato et al.，2018）。②在热液喷口、热液流体和热液柱方面，修正了将洋中脊喷口区的产生频率与扩张速率联系起来的线性方程，预测全球洋中脊范围内有待发现的喷口区可达 900 个（Beaulieu et al.，2015），并发现热液喷口的空间密度与弧后盆地扩张速率存在对应关系（Baker et al.，2005）。证实了喷口流体的 Fe 同位素可产生大的分馏（Rouxel et al.，2016），且岛弧和弧后盆地喷口流体中的 Li 同位素变化，与流体–岩石和/或沉积物相互作用有关（Araoka et al.，2016）。指出热液柱中颗粒物和溶解 ^{227}Ac 活性的增强，预示着热液柱中 Ac 同位素可作为深海热液活动区中混合作用的示踪剂（Kipp et al.，2015）。提出重采样法和迭代法可对热液柱温度异常进行自动计算（王晓媛等，2012），并证实从喷口流体到热液柱，pH 值、B 含量和 B 同位素组成显著相关（Zeng et al.，2013）。明确了研究海水中砷（As）和锑（Sb）的浓度对于示踪热液柱和了解海底热液系统的流体特征具有重要意义（Zeng et al.，2018a）。③在热液活动对海水和沉积环境的影响方面，估算了冲绳海槽热液活动的热通量，指出冲绳海槽热液柱的理化性质受到了黑潮输入的影响，且从海槽南部到中部，黑潮对热液柱的影响减小（Zeng et al.，2018b）。明确了 Ra 同位素不仅可作为时间尺度测量热液柱的演变，也可作为热液输入的示踪剂和研究中性浮力热液柱动力学的有效工具（Kipp et al.，2018）。发现热液活动致使沉积物中的 Fe、Mn、Zn、Pb 和有机碳含量显著增高（Megalovasilis et al.，2015；German et al.，2015），其对沉积物中的有机质（如多环芳烃（PAH），单–和二甲基化烷烃（mono-and dimethylated alkanes）和萘三甲基化异构体（naphthalene trimethylated isomers））产生了影响（Ángeles et al.，2017）。进一步揭示了冲绳海槽唐印热液区和第四与那国海丘热液区中贻贝、蛤的化学组成与热液活动的关系，证实贻贝和蛤的碳酸盐壳体受到了热液环境的影响（Zeng et al.，2017a）。阐明龟山岛浅海热液区不同性别的蟹和螺生物壳体样品，其稀土元素的来源，揭示了龟山岛热液区生物壳体的元素组成特征及其对热液活动的响应（Zeng et al.，2018c）。明确了热液循环对从岩石圈到水圈的热量和物质传递、海水的组成、基底岩石的物理和化学性质以及喷口生态系统均具有显著影响（Humphris and

Klein，2018）。④在硫化物及其资源潜力方面，发现海底热液区可能存在大规模的硫化物成矿（Ditchburn et al.，2017），且慢速扩张洋脊的黑烟囱具高 Cu（>10%（wt.））和 Au（>3×10^{-6}）含量的特征（German et al.，2016）。明确重晶石的微量元素及其 Sr 同位素组成可用于指示与海底热液硫化物堆积体形成相关的物理化学过程（Jamieson et al.，2016）。证实全球海底硫化物的稀土元素（REE）配分模式受到流体和矿物化学的共同影响（Zeng et al.，2015a）。确定全球不同深海热液系统硫化物中的 Re 和 Os 主要来自海水，其^{187}Os/^{188}Os 比值不受控于矿物相，进而评估了热液 Os 通量（Zeng et al.，2014）。证实硫化物中的铅主要来自玄武岩，其硫和铅同位素组成受到了硫和铅源以及流体过程的共同影响（Zeng et al.，2017b）。明确全球海底硫化物中的 He 主要来自地幔，且来自海水的 Ne、Ar、Kr 和 Xe 富集于低温硫酸盐和蛋白石中的流体包裹体中，并提出新的 He/热比值计算方法，估算出热液氦通量和热通量（Zeng et al.，2015b）。同时，提出根据热液硫化物堆积体或喷口群的形态进行了储量估算，给出了 EPR 13°N 附近热液硫化物堆积体储量的保守值（>2×10^7 t）（曾志刚等，2015）。

1.4　海洋沉积及古海洋和古气候记录

在海洋沉积及沉积过程方面：①揭示了末次冰期以来的北大西洋海洋环流以及气候变化（Henry et al.，2016），为了解海洋沉积物的物源和古环境演化提供了新的认识（Hahn et al.，2018）。②发现 Nd 同位素在沉积物的搬运过程中保持稳定，其同位素比值不会受到沉积物搬运或者化学风化导致的粒级效应的影响。同时，沉积物中的 Sr 和 Pb 同位素组成与 Nd 不同。由于化学风化导致沉积物发生粒级分选，使其矿物组成发生变化，进而可使沉积物中 Sr 和 Pb 同位素组成也发生变化。③证实了古气候对不同沉积旋回的控制作用（Xu et al.，2018），揭示了不同气候条件下的沉积物特征、沉积相带的展布及其沉积模式（Liu et al.，2016）。

围绕古气候记录：①重建了楚科奇海台地区晚第四纪以来的筏冰碎屑（IRD）事件和陆源组分的变化、波弗特环流以及加拿大北极冰盖和气候的变化历史（梅静等，2012）。②将古气候替代性指标划分为 3 个等级（王丽艳和李广雪，2016）。

1.5 冷泉和天然气水合物

在冷泉方面：①明确了全球的海底冷泉分布广泛。从构造背景来看，海底冷泉主要分布在主动-被动大陆边缘，与板块边界有较好的吻合，其次分布在转换断层边缘、残余海盆及弧后盆地等；从地理位置来看，冷泉从热带海洋到南极以及北极海域均有分布，其广泛分布在浅海陆架到深海大洋的海底（Suess，2014，2018）。②发现指示冷泉存在的一系列地质和地球化学标志，提出海底冷泉的识别标志为水柱中的扩散气体、麻坑和泥火山以及自生碳酸盐岩（Skarke et al.，2014；Weber et al.，2014）。③在冷泉生物地球化学循环过程中，进一步明确了冷泉的碳、硫和氧同位素组成以及 Fe、Mn 和 REEs 的示踪意义（Lemaitre et al.，2014），发现冷泉系统的高碱度、富含硫化氢的高度还原环境，有利于含 Al、Si 及 P 的自生物质形成（Smrzka et al.，2015），且从冷泉流体中释放出来的 Ba 能够影响区域内海洋环境中 Ba 的平衡和循环（Vanneste et al.，2013）。④提出南海北部冷泉碳酸盐岩中碳同位素的控制机制为海水的参与程度，而氧同位素的控制机制则为温度和 Mg 在方解石中的含量（杨克红等，2016）。揭示南海北部东沙海域烟囱状冷泉碳酸盐岩的外层相比于内层，其具高 $\delta^{13}C$、低 $\delta^{18}O$ 和高 $\delta^{34}S$ 值的特征（刘关勇等，2017）。⑤证实南海北部东沙海域柱状沉积物中孔隙水，其硫酸根离子浓度从表层到深部逐渐降低，硫酸盐-甲烷转换带（SMTZ）的深度约为 7.0 m，且在界面附近二价钡离子浓度发生突变，溶解无机碳（DIC）的碳同位素组成急剧偏负（梁华催等，2017）。

在天然气水合物方面：①明确了天然气水合物的释放是冷泉自生碳酸盐岩具较重氧同位素组成的主要原因（Tong et al.，2013；Lu et al.，2015）。②证实在南海神狐海域和台西南等地区，其有孔虫碳同位素的负漂移均与天然气水合物分解存在良好的对应关系（陈芳等，2014）。③中国的天然气水合物调查研究及其探测技术取得了显著进步：形成了一套成熟的地质、地球物理、地球化学综合调查技术；研发了天然气水合物地震识别技术，南海北部海域天然气水合物首钻目标优选关键技术，天然气水合物矿体的三维地震与海底高频地震联合探测技术以及天然气水合物可控源电磁探测、孔隙水流体地球化学原位探测、热流探测、保压取心等技术；形成了南海北部被动陆缘水合物复式成藏模式（渗漏、扩散成因）及其成藏理论，并在南海北部神狐海域和珠江口盆地东部海域得到验证，丰富了全球海域水合物成藏理论，有助于南海海域水合物勘查工作的顺利推进。

1.6 多金属结核与富钴结壳

在多金属结核方面：①进一步明确了多金属结核的生长速率一般为每百万年几个毫米，在其缓慢的生长过程中，记录了海水变化和沉积环境信息。②明确了 REY（REEs+Y）的浓度和 Ce 异常可用来指示多金属结核的成因，即水成型的多金属结核 Ce 呈正异常，Y 呈负异常，成岩型的多金属结核 Ce 呈负异常（Bau et al.，2014）。③对比东马里亚纳海盆区和 CC 区中国西区的多金属结核可见，其主量元素、稀土元素组成具有水成型结核的特征，而矿物组成兼具水成型和成岩型结核的特征（曹德凯等，2017）。

在富钴结壳方面：①揭示了北冰洋和南大西洋富钴结壳中的锰矿物相是水羟锰矿，其次是布塞尔矿（buserite）、钡镁锰矿以及少量的针铁矿和 Fe 的氢氧化物（Berezhnaya et al.，2018），且大西洋北部富钴结壳中的针铁矿，其和上升流有关（Marino et al.，2017）。证实了富钴结壳样品中的钴主要赋存在铁锰水合氧化物中，钴的溶解与锰的浸出基本同步，且富钴结壳样品中的钴是以吸附态存在于铁锰水合氧化物中（邬伟等，2015）。②明确富钴结壳的生长速率变化范围大（0.57~6.9 mm/Ma）（Hein et al.，2016；Usui et al.，2017）。使用经验公式 $R=0.68/(Co×50/(Fe+Mn))^{1.67}$ 对 Gagua 洋脊的铁锰结壳的生长速率进行计算得到，里、中、外 3 层的生长速率分别是 5.1 mm/Ma、8.1 mm/Ma 和 5.3mm/Ma（Chen et al.，2018）。③提出了使用 $Ce/Ce_{SN}-Y_{SN}/Ho_{SN}$ 判别富钴结壳的成因（Bau et al.，2014），发现西太平洋富钴结壳中存在着生物成矿组分，进一步完善、发展了富钴结壳成因及其形成机制（Jiang et al.，2017）。④明确了印度洋富钴结壳产生磷酸盐化的氧化程度比太平洋的低，且富钴结壳发生磷酸盐化的深度也比太平洋的深（Hein et al.，2016）。

2 存在的问题及发展趋势分析

2.1 板块俯冲

（1）存在的问题：引起地幔碳同位素不均一的原因依然存在争议。关于氧逸度对俯冲带中碳酸盐的稳定性及其脱碳作用的影响，这方面的研究工作还相对较少。有关俯冲带变质过程中含碳物质相的转变及其物理化学条件（包括石墨（金刚石）和碳氢化合物的成因），俯冲带脱碳机制以及俯冲带深部碳循环和地幔交代作用、含碳流体的演化等关键科学问题仍亟待解决。

（2）发展趋势分析：①在板块俯冲模拟手段以及板块深层次的内部结构构造方面还有很大的研究空间。②俯冲带壳幔相互作用以及有关地幔楔石榴橄榄岩的熔/流体成分的研究正在加强。未来，系统了解上覆地幔楔受到来自俯冲板块交代后的记录，查明交代物质的来源以及运移过程，将是了解俯冲带深部物质活动的物理化学行为以及深部壳幔相互作用的关键。③传统稳定同位素研究必将继续在示踪俯冲带流体成因以及俯冲带相关过程中的水/岩交换反应、壳幔相互作用以及俯冲物质地幔再循环等地质过程的研究中，发挥重要作用。④如何通过直接提取与深俯冲相关的包裹体中的 H_2O 等信息，是未来俯冲带流体研究的一个重要方向，即研发对单个流体包裹体的显微分析方法并提取其成分信息将是未来俯冲带流体研究取得新进展的重要体现之一。⑤在研究俯冲流体循环过程中，进一步综合考虑俯冲带的多种控制因素，并选择合适的俯冲条件进行综合分析，将有助于更好地认识俯冲流体在俯冲带中的行为。⑥继续研究富含 K 和 Na 的碳酸盐化泥质变质岩以及富含 Fe 和 Mg 的碳酸盐化橄榄岩在高温高压下的熔融行为，及其对俯冲带脱碳作用和地幔交代作用的贡献。

2.2　岩浆作用

（1）存在的问题：①弧后盆地和洋中脊的构造与岩浆过程的问题。目前，要明确太平洋地幔区与印度洋地幔区之间的界线还很困难，有关在扩张期印度洋地幔置换进入太平洋地幔的程度也不甚清楚，俯冲组分对于岛弧及弧后输出组分的影响尚不明确，且岩浆系统对热液系统的影响也值得深入研究。②地幔对海底岩浆活动的影响问题。例如，MORB 与深海橄榄岩之间的联系还不明确，稀有气体在地幔中的滞留时间和位置也不清楚。③深海橄榄岩是否能够完全代表地幔的组成还不确定，且 MORB 起源于地幔橄榄岩的假设还需更多的实验及数据来证明。④影响深海橄榄岩蛇纹石化的必要条件，橄榄岩蛇纹石化后微量元素的行为，橄榄岩蛇纹石化作用对热液活动的贡献以及橄榄岩蛇纹石化作用对海底资源的影响等问题都是今后需要解决的问题。

（2）发展趋势分析：①未来对弧后盆地和洋中脊岩石样品的系统获取与非传统同位素组成的测试分析，将更有利于揭示弧后盆地和洋中脊的形成过程及其岩浆源区的信息，并可对板块俯冲在弧后盆地的表现等重要科学问题提供更多的数据资料支撑。特别是，海底岩石的年龄测定，岩浆源区的性质，矿物内部的微观组构研究等均是未来海底岩浆作用研究的重点。②未来将继续使用 IODP 平台及其他平台开展钻探工作，系统获取基底岩石样品及数据资料，同时利用这些样品开展详细的室内研究，以补充对弧后盆地和洋中脊构造演化和岩浆作用的认识。

2.3 海底热液活动

（1）存在的问题：①微生物新陈代谢作用与喷口矿物的溶解、迁移和沉淀的耦合机制？化能自养嗜热微生物，特别是古菌，具有特殊的细胞结构以及代谢方式，其是否为地球最古老的生命形式？②喷口流体的物理、化学组成，对热液区微生物多样性的控制机理是什么？不同热液区的微生物进行化能合成作用的表达基因是否具有相似性？③热液柱中物质组分在大洋中的传输距离和最终归宿？热液柱在扩散过程中，其物理化学性质的改变是否导致同位素分馏？时间尺度上热液柱物理、化学组成的变化？以及热液柱如何影响深海及远洋中层水的混合与循环？④含金属沉积物是否能够有效记录热液活动事件？能否用含金属沉积物重建热液活动历史？含金属沉积物与流体相互作用的方式与产物？以及热液沉积作用对全球海洋中元素循环的影响。⑤如何从不同角度评估热液喷口向海洋提供的热量和物质通量？⑥全球未知热液区的分布规律及喷口数量的预测。全球海底多金属硫化物分布位置的数量随着新热液区的发现在变化增长，其分布规律需进一步把握。⑦海底热液区及其多金属硫化物堆积体的深部三维结构、物质组成及资源量评估。目前，不清楚绝大多数海底多金属硫化物的产状及规模大小，缺少针对多金属硫化物的露头资料和钻探工作，海底多金属硫化物资源评价的关键参数（如，品位）严重不足。

（2）发展趋势分析：①使用非传统同位素（如 Fe、Ra、Ac、Ge 等同位素）示踪热液流体组分在扩散过程中，其物理化学性质变化、扩散的范围及时空变化；探讨热液喷口微生物的新陈代谢、沉积物与热液流体的相互作用等不同作用及因素对同位素产生的分馏效应，进而利用这些同位素重建热液活动的演化过程。②多学科交叉研究将进一步加强。例如，热液区生物及微生物基因组学与地球化学的交叉。海底热液地质与物理海洋学结合，根据喷口周围洋流流向，进行大尺度、长距离纵横方向上共同取样、采集数据，进而更好地了解热液柱物质通量和热通量在海洋循环中的作用等。③科学与技术的融合。例如，微区电子探针（主量元素），LA-ICPMS（微量元素）和 LA-MC-ICPMS/SIMS（硫-铅-铁等同位素）分析技术与矿相学研究结合。通过集成高清影像录制器、沉积物捕获器、拉曼光谱、热敏电阻温度仪、生物捕获器等相关成熟设备，构建深海热液活动原位观测系统，进而获取原位实时的热液喷口流体物理化学参数、单位时间内的含金属沉积物的沉积速率与沉积厚度、不同硫化物沉淀的先后顺序、生物群落的动态变化等数据资料。基于已有调查数据及热液活动位置，开展多波束、浅剖和摄像拖体等作业，获得热液区精细的多波束地形地貌、浅地层剖面以及影像资料。使用近底探测技术如电磁法、近底磁力仪等，对非活动热液区/隐伏硫化物进行调查，以确定调查区中硫化物的分布。使用电视抓斗或 ROV、中深钻、近底电法、电磁法等调查研究硫化物堆积体的规模与走向，揭示不同构造背景下硫化物堆积体的深度范围、获取浅表及深部的硫化物样品；室内测试分析调查区硫化物堆积体中成矿元素的含量，了解调查区硫化物堆积体中有用元素的品位，进而估算调查区硫化物的资源量。因此，加强海底硫化物堆积体的三维结构分析，开展硫化物堆积体综合评价技术研究，建立海底热液硫化物资源地质模型，是进行海底硫化物资源评估的根本途径。④进一步发挥加拿大东北太平洋时间序列海底网络实验（NEPTUNE）和美国海洋观测站计划的作用，研究地震或火山爆发等瞬态事件对海底热液过程及热液流体组成的影响。

2.4　海洋沉积及古海洋和古气候记录

存在的问题：①深海浊流沉积层序的成因是什么？构造活动、气候、地震活动等均可诱发重力流等事件沉积的发生，发生事件沉积的主控因素是什么？如何预测重力流等事件沉积的时空分布？②浊流沉积对于研究地质历史时期的古地震具有重要的意义，但由于触发浊流的机制较多，因此如何识别地震成因的浊流层是海洋沉积学研究中的难题。③如何寻找判别沉积物及含金属沉积物物质来源的"DNA 指标"？④末次冰期千年尺度气候波动的南、北半球不对称性问题。全新世百年尺度海洋气候波动的归因。从构造尺度到轨道尺度的古气候变化和水循环问题。⑤构造、气候、海平面变化和其他驱动因素如何控制沉积物和溶解物从源到汇的产生、运移和储存？自造山带到边缘海盆地的沉积过程及模式，包括如何确定沉积物的物源。触发沉积物发生侵蚀和运移的机制。沉积过程和沉积通量的变化以及构造和海平面等长期变化是如何形成揭示全球变化历史的地层记录。地质关键时期的沉积和地球化学过程响应。⑥生物碳酸盐岩储层的形成机制问题。

全球性环境问题一直困扰着我们，世界人口剧增，温室效应，全球变暖，资源匮乏，臭氧层空洞，土地荒漠化等问题日益加剧。在这种形势的推动下，未来：①海洋沉积及古海洋和古气候记录研究将向着更深入的方向发展。例如，人们将会寻找分辨率更高的古环境记录，从理论和技术方法上与多学科进行交叉研究，建立更完整的环境代用指标数据库，提高海洋沉积及古海洋和古气候记录研究的水平。②为了推进对过去海洋气候变化的认识，将持续改进现存的替代指标，发展新的替代指标，进一步校准和测试近年来提出的新替代指标。③解决沉积物记录研究过程中面临的生物混合及生物扰动问题。④未来，高分辨率时间序列的磁化率、密度、放射性、沉积物颜色、元素组成等沉积物特征的无损测量以及连续非破坏性半定量 X 射线荧光（XRF）岩芯扫描仪，将得以广泛应用。⑤了解全球气候变化的沉积响应，尤其是特殊地质历史时期的气候变化与沉积物记录，重建不同历史时期的古气候和古地理格局。⑥深水沉积与事件沉积的实时监测，以期实现浊流等事件沉积研究的新突破；研究地震、气候以及海平面变化等因素与浊流层的关系，建立不同沉积环境下的事件沉积模式。不断强化实验沉积学、地震沉积学等新技术新方法在海洋沉积中的应用。⑦积累更多的年龄数据建立更高精度的时间标尺。

2.5 冷泉和天然气水合物

（1）存在的问题：①冷泉环境中自生物质（Al、Si、P 等）的形成机制仍需进一步确认。②Ce 异常的控制机理尚未明确。流体中 Ba 的来源还需加深认识以及冷泉环境是否是海洋环境中 Mo 的"汇"有待进一步验证。③冷泉渗漏出的还原性流体对氧化还原敏感元素（Mo、U 等）在海洋环境中地球化学循环的影响仍知之甚少。冷泉系统中发现了 Mo、As、Sb 的异常富集，其富集机制尚未确定。④冷泉系统的生物地球化学过程问题。⑤对于示踪氧化还原环境变化的指标现仅为 Ce、Mo、U，其存在局限性。现有的研究依旧缺乏对沉积物和孔隙水的多指标的系统分析，缺乏示踪氧化还原条件的新指标，需建立新的地球化学指标和方法。⑥甲烷渗漏与构造活动及水合物的稳定性三者之间的内在联系仍待进一步了解，即全新世（距今 11.5 ka）以来是否由于构造活动使得天然气水合物失稳，诱发天然气水合物的大规模分解、释放，进而形成冷泉流体，需要加以证实。⑦对于冷泉系统的年代学研究严重不足，且尚无除 U-Th 及 ^{14}C 之外更为合适的测年方法，这极大地制约了对于冷泉系统时空演化的认识。⑧南海多个典型冷泉渗漏区域的对比研究。目前，南海冷泉研究，多集中在现代冷泉调查、冷泉碳酸盐岩、生物、沉积物孔隙水及深部天然气水合物等方面，缺乏对古冷泉的认识及其记录的古气候研究。

（2）发展趋势分析：①开展冷泉和天热气水合物区的深部钻探及其流体的原位-长期探测是解决上述诸多问题的关键所在，这也是冷泉和天然气水合物研究今后的重要发展方向。②综合使用地球物理、地球化学和地质学证据来识别海底天然气水合物的存在，示踪冷泉流体的运移过程，揭示经由氧化还原敏感金属元素发生的微生物驱动的甲烷氧化过程特征，了解冷泉环境中生命的起源，通过冷泉渗流区沉积物了解地质历史时期的古环境、天然气水合物成藏以及流体对沉积物的改造机理及过程，并揭示全球范围内海底冷泉的物质循环过程及物质通量。③解决天然气水合物开发利用过程中的环境效应问题，深入研发天然气水合物开采技术，并拥有核心、关键技术。

2.6　多金属结核与富钴结壳

（1）存在的问题：①热液活动及生物化学作用、海水和孔隙水以及矿物组成和初级生产力对多金属结核、富钴结壳形成的影响及控制机制。②多金属结核和富钴结壳的成因机制，众说纷纭。例如，微生物成因，化学成因和生物化学成因等。③元素在多金属结核和富钴结壳中各个矿物相的赋存状态。④多金属结核和富钴结壳中的稀有气体和铂族元素（PGE）组成。⑤细菌活动对富钴结壳磷酸盐化过程的影响，海山基岩对富钴结壳的影响。⑥富钴结壳与地幔、南极底流的关系。⑦在富钴结壳形成过程中，溶解态的 Al 和 Si 是否可以促进 Fe 胶体的沉淀？

（2）发展趋势分析：①多金属结核和富钴结壳的多种方法定年。例如，多金属结核，除了可用 ^{10}Be 定年外，还可用 ^{3}He/^{4}He 同位素定年。多种测年技术的综合使用，既可以增加准确性，又可建立多金属结核和富钴结壳更为详细的年代框架。②多金属结核和富钴结壳的生长速率十分缓慢，该过程记录了海水和沉积环境的变化。未来，将进一步使用 Be、Nd、Hf 和 Os 等同位素进行示踪，深入揭示多金属结核和富钴结壳记录的古海洋环境变化。③强化多金属结核和富钴结壳中 PGE 以及 Os、Nd、Hf 和 Tl 同位素研究。④深入开展大西洋和北冰洋的多金属结核和富钴结壳研究，并通过全球多金属结核和富钴结壳的对比分析，了解各大洋的古海洋环境，揭示地质历史时期大洋演化的联系。⑤发展海底资源开采技术，实现对海底多金属结核和富钴结壳的高效、绿色开采。

3　几点建议

在简略介绍近年来国内外海洋地质（不含海洋油气）的研究进展、存在的问题及发展趋势的基础上，提出海洋地质未来工作的几点认识及建议。

（1）确立了解海底及其深部的地质构造、物质组成及其演化规律，揭示海洋、海底及其深部的地质记录、地质过程及其资源环境效应，是未来海洋地质学的发展目标之一。

（2）针对海洋地质学的发展目标，需组织实施海底及其深部的地质构造与物质组成及其演化规律长期调查研究计划。

（3）制定海上地质调查和室内研究工作规程，实现科考船和室内分析实验平台的统筹使用。

（4）稳定、发展精干的调查研究队伍，从深海远洋到浅海近岸，从太平洋、大西洋到印度洋，点、线、面相结合，按区块、逐步、系统、规范地完成海上地质调查和室内研究工作。

（5）构筑海洋地质样品、数据和资料库，实现样品、数据和资料的开放、共享，倡导为国家维护海洋权益、保护海底环境和开发利用海底资源提供研究支撑的成果产出。

致谢：

　　本工作得到了中国科学院国际合作局对外合作重点项目（编号：133137KYSB20170003），国家自然科学基金项目（编号：41325021），国家重点基础研究发展计划（973计划）（编号：2013CB429700），泰山学者工程专项（编号：ts201511061），青岛海洋科学与技术国家实验室鳌山人才计划项目（编号：2015ASTP-0S17）和创新人才推进计划（编号：2012RA2191）资助。

参考文献

曹德凯，任向文，石学法. 2017. 太平洋东马里亚纳海盆多金属结核成因及品位控制因素. 海洋学研究，35(4)：76-86.

陈芳，庄畅，张光学，等. 2014. 南海东沙海域末次冰期异常沉积事件与水合物分解. 地球科学-中国地质大学学报，39(11)：1 617-1 626.

淳明浩，于增慧，李怀明，等. 2016. 西北印度洋中脊玄武岩源区地幔特征. 海洋科学，40(8)：108-118.

邰伟，肖仪武. 2015. 大洋富钴结壳中钴的赋存状态研究. 矿冶，24(5)：78-80.

梁华催，梁前勇，胡钰，等. 2017. 南海东沙海域浅表层柱状沉积物孔隙水地球化学特征及对冷泉流体活动的指示. 地球化学，46(4)：333-344.

刘关勇，王旭东，黄慧文，等. 2017. 南海北部烟囱状碳酸盐岩记录的冷泉流体活动演化特征研究. 地球化学，46(6)：567-579.

梅静，王汝建，陈建芳，等. 2012. 西北冰洋楚科奇海台P31孔晚第四纪的陆源沉积物记录及其古海洋与古气候意义. 海洋地质与第四纪地质，(3)：77-86.

王丽艳，李广雪. 2016. 古气候替代性指标的研究现状及应用. 海洋地质与第四纪地质，36(4)：153-161.

王晓媛，武力，曾志刚，等. 2012. 海底热液柱温度异常自动化计算方法探讨. 海洋学报，33(2)：185-191.

杨克红，于晓果，初凤友，等. 2016. 南海北部甲烷渗漏系统环境变化的碳、氧同位素记录. 地球科学-中国地质大学学报，41(7)：1 206-1 215.

曾志刚. 2011. 海底热液地质学. 北京：科学出版社.

曾志刚，张维，荣坤波，等. 2015. 东太平洋海隆热液活动及多金属硫化物资源潜力研究进展. 矿物岩石地球化学通报，34(5)：938-946.

Ángeles C, Prol-Ledesma R M, Castro K F. 2017. Organic matter characterization in sediments from the Wagner-consag Basins, Gulf of California: evidence of hydrothermal activity. Procedia Earth and Planetary Science, 17: 550–553.

Araoka D, Nishio Y, Gamo T, et al. 2016. Lithium isotopic systematics of submarine vent fluids from arc and back-arc hydrothermal systems in the western Pacific. Geochemistry, Geophysics, Geosystems, 17: 3835–3853, doi:10.1002/2016GC00635.

Baker E T, Massoth G J, Nakamura K, et al. 2005. Hydrothermal activity on near-arc sections of back-arc ridges: Results from the Mariana Trough and Lau Basin. Geochemistry Geophysics Geosystems, 6(9): 60–66, doi:10.1029/2005GC00948.

Bau M, Schmidt K, Koschinsky A, et al. 2014. Discriminating between different genetic types of marine ferro-manganese crusts and nodules based on rare earth elements and yttrium. Chemical Geology, 381: 1–9.

Beaulieu S E, Baker E T, German C R. 2015. Where are the undiscovered hydrothermal vents on oceanic spreading ridges? Deep Sea Research Part II: Topical Studies in Oceanography, 121: 202–212.

Becker T W, Faccenna C. 2009. A Review of the role of subduction dynamics for regional and global plate motions. In Lallemand S, Funiciello F (eds.), Subduction Zone Geodynamics, 3–34, DOI 10.1007/978-3-540-87974-9.

Berezhnaya E D, Dubinin A V, Rimskaya-Korsakova M N, et al. 2018. Accumulation of platinum group elements in hydrogenous Fe–Mn crust and nodules from the southern Atlantic ocean. Minerals, 8, 275, doi:10.3390/min8070275.

Bortoluzzi G, Romeo T, La Cono V, et al. 2017. Ferrous iron-and ammonium-rich diffuse vents support habitat-specific communities in a shallow hydrothermal field off the Basiluzzo Islet (Aeolian Volcanic Archipelago). Geobiology, 15(5): 664–677, doi:10.1111/gbi.12237.

Burton M R, Sawyer G M, Granieri D. 2013. Deep carbon emissions from volcanoes. Reviews in Mineralogy and Geochemistry, 75 (1): 323–354.

Chen S, Yin X B, Wang X Y, et al. 2018. The geochemistry and formation of ferromanganese oxides on the eastern flank of the Gagua Ridge. Ore Geology Reviews, 95: 118–130.

Day J, Walker R J, Warren J M, 2016. ^{186}Os–^{187}Os and highly siderophile element abundance systematics of the mantle revealed by abyssal peridotites and Os-rich alloys. Geochimica et Cosmochimica Acta, 200: 232–254.

Ditchburn R G, de Ronde C E J. 2017. Evidence for remobilization of barite affecting Rrdiometric dating using ^{228}Ra, ^{228}Th, and ^{226}Ra/Ba values: Implications for the evolution of sea-floor volcanogenic massive sulfides. Economic Geology, 112(5): 1 231-1 245.

Evgueni B, Sierd C. 2010. Plume-like upper mantle instabilities drive subduction initiation. Geophysical Research Letters, 37, L3309, doi:10.1029/2009GL041535.

Fortunato C S, Larson B, Butterfield D A, et al. 2018. Spatially distinct, temporally stable microbial populations mediate biogeochemical cycling at and below the seafloor in hydrothermal vent fluids. Environmental Microbiology, 20(2): 769-784.

Freymuth H, Vils F, Willbold M, et al. 2015. Molybdenum mobility and isotopic fractionation during subduction at the Mariana arc. Earth and Planetary Science Letters, 432: 176-186.

German C R, Legendre L L, Sander S G, et al. 2015. Hydrothermal Fe cycling and deep ocean organic carbon scavenging: Model-based evidence for significant POC supply to seafloor sediments. Earth and Planetary Science Letters, 419: 143-153.

German C R, Petersen S, Hannington M D. 2016. Hydrothermal exploration of mid-ocean ridges: Where might the largest sulfide deposits be forming? Chemical Geology, 420(1): 114-126.

Hahn A, Miller C, Andó S, et al. 2018. The provenance of terrigenous components in marine sediments along the east coast of southern Africa. Geochemistry, Geophysics, Geosystems, 19. https://doi.org/10.1029/2017GC007228.

Hall R. 2002. Cenozoic geological and plate tectonic evolution of SE Asia and the SW Pacific: computer-based reconstructions, model and animations. Journal of Asian Earth Sciences, 20(4): 353-431.

Hein J R, Conrad T, Mizell K, et al. 2016. Controls on ferromanganese crust composition and reconnaissance resource potential, Ninetyeast Ridge, Indian Ocean. Deep-Sea Research Part I, 110: 1-19.

Henry L G, McManus J F, Curry W B, et al. 2016. North Atlantic ocean circulation and abrupt climate change during the last glaciation. Science, 353 (6298): 470-474.

Humphris S E, Klein F. 2018. Progress in Deciphering the Controls on the Geochemistry of Fluids in Seafloor Hydrothermal Systems. Annual Review of Marine Science, 10: 315-343.

Jamieson J W, Hannington M D, Tivey M K, et al. 2016. Precipitation and growth of barite within hydrothermal vent deposits from the Endeavour Segment, Juan de Fuca Ridge. Geochimica et Cosmochimica Acta, 173: 64-85.

Jiang X D, Sun X M, Guan Y, et al. 2017. Biomineralisation of the ferromanganese crusts in the western Pacific ocean. Journal of Asian Earth Sciences, 136: 58-67.

Kelemen P B, Manning C E. 2015. Reevaluating carbon fluxes in subduction zones, what goes down, mostly comes up. Proceedings of the Natioal Academy of Sciences of the United States of America, 112(30): 3997-4006.

Kendrick M A, Kamenetsky V S, Phillips D, et al. 2012. Halogen systematics (Cl, Br, I) in Mid-Ocean Ridge Basalts: A Macquarie Island case study. Geochimica et Cosmochimica Acta, 81(2): 82-93.

Kipp L E, Charette M A, Hammond D E, et al. 2015. Hydrothermal vents: A previously unrecognized source of actinium-227 to the deep ocean. Marine Chemistry, 177: 583-590.

Kipp L E, Sanial V, Henderson P B, et al. 2018. Radium isotopes as tracers of hydrothermal inputs and neutrally buoyant plume dynamics in the deep ocean. Marine Chemistry, 201: 51-65.

Lee C T A, Shen B, Slotnick B S, et al. 2013. Continental arc-island arc fluctuations, growth of crustal carbonates, and long-term climate change. Geosphere, 9(1): 21-36, doi:10.1130/GES00822.1.

Lemaitre N, Bayon G, Ondréas H, et al. 2014. Trace element behaviour at cold seeps and the potential export of dissolved iron to the ocean. Earth and Planetary Science Letters, 404: 376-388.

Li X, Zeng Z, Yang H, et al. 2018. Geochemistry of silicate melt inclusions in middle and southern Okinawa Trough rocks: Implications for petrogenesis and variable subducted sediment component injection. Geological Journal, DOI: 10.1002/gj. 3217.

Liu J G, Xiang R, Kao S J, et al. 2016. Sedimentary responses to sea-level rise and Kuroshio Current intrusion since the Last Glacial Maximum: Grain size and clay mineral evidence from the northern South China Sea slope. Palaeogeography Palaeoclimatology Palaeoecology, 450: 111-121.

Lu Y, Sun X, Lin Z, et al. 2015. Cold seep status archived in authigenic carbonates: mineralogical and isotopic evidence from northern south China sea. Deep-Sea Research Part Ⅱ, 122: 95-105.

Marino E, González F J, Somoza L, et al. 2017. Strategic and rare elements in Cretaceous-Cenozoic cobalt-rich ferromanganese crusts from seamounts in the Canary Island Seamount Province (northeastern tropical Atlantic). Ore Geology Reviews, 87: 41-61.

Megalovasilis P, Godelitsas A. 2015. Hydrothermal influence on nearshore sediments of Kos Island, Aegean Sea. Geo-Marine Letters, 35(2): 77-89.

Pi J L, You C F, Wang K L. 2016. The influence of Ryukyu subduction on magma genesis in the northern Taiwan volcanic zone and middle Okinawa Trough-Evidence from boron isotopes.

Lithos, 260: 242-252.

Price R E, Breuer C, Reeves E, et al. 2016. Arsenic bioaccumulation and biotransformation in deep-sea hydrothermal vent organisms from the PACMANUS hydrothermal field, Manus Basin, Papua New Guinea. Deep-Sea Research Part I, 117: 95-106.

Rouxel O, Toner B M, Manganini S J, et al. 2016. Geochemistry and iron isotope systematics of hydrothermal plume fall-out at East Pacific Rise 9°50′N. Chemical Geology, 441: 212-234.

Skarke A, Ruppel C, Kodis M, et al. 2014. Widespread methane leakage from the sea floor on the northern US Atlantic margin. Nature Geoscience, 7(9):657-661.

Smrzka D, Kraemer S M, Zwicker J, et al. 2015. Constraining silica diagenesis in methane-seep deposits. Palaeogeography Palaeoclimatology Palaeoecology, 420: 13-26.

Sossi P A, Nebel O, Foden J. 2016. Iron isotope systematics in planetary reservoirs. Earth and Planetary Science Letters, 452: 295-308.

Stern R J, Gerya T. 2017. Subduction initiation in nature and models: A review. Tectonophysics. https://doi.org/10.1016/j.tecto.2017.10.014.

Suess E. 2014. Marine cold seeps and their manifestations: geological control, biogeochemical criteria and environmental conditions. International Journal of Earth Sciences, 103 (7): 1889-1916.

Suess E. 2018. Marine cold seeps: Background and recent advances. In Wilkes H (ed.), Hydrocarbons, Oils and Lipids: Diversity, Origin, Chemistry and Fate, Handbook of Hydrocarbon and Lipid Microbiology, https://doi.org/10.1007/978-3-319-54529-5_27-1.

Sylvan J B, Wankel S D, LaRowe D E, et al. 2017. Evidence for microbial mediation of subseafloor nitrogen redox processes at Loihi Seamount, Hawaii. Geochimica et Cosmochimica Acta, 198: 131-150.

Tong H, Feng D, Cheng H, et al. 2013. Authigenic carbonates from seeps on the northern continental slope of the South China Sea: New insights into fluid sources and geochronology. Marine and Petroleum Geology, 43: 260-271.

Usui A, Nishi K, Sato H, et al. 2017. Continuous growth of hydrogenetic ferromanganese crusts since 17 Myr ago on Takuyo-Daigo Seamount, NW Pacific, at water depths of 800-5 500 m. Ore Geology Reviews, 87: 71-87.

Vanneste H, James R H, Kelly-Gerreyn B A, et al. 2013. Authigenic barite records of methane seepage at the Carlos Ribeiro mud volcano (Gulf of Cadiz). Chemical Geology, 354: 42-54.

Warren J M. 2016. Global Variations in Abyssal Peridotite Compositions. Lithos, 248 - 251:

193-219.

Weber T C, Mayer L, Jerram K, et al. 2014. Acoustic estimates of methane gas flux from the seabed in a 6 000 km² region in the Northern Gulf of Mexico. Geochemistry Geophysics Geosystems, 15: 1911-1925, doi: 10.1002/2014GC005271.

Xu F, Dou Y, Li J, et al. 2018. Low-latitude climate control on sea-surface temperatures recorded in the southern Okinawa Trough during the last 13.3 kyr. Palaeogeography, Palaeoclimatology, Palaeoecology, 490: 210-217.

Zeng Z, Wang X, Chen C T A, et al. 2013. Boron isotope compositions of fluids and plumes from the kueishantao hydrothermal field off northeastern taiwan: implications for fluid origin and hydrothermal processes. Marine Chemistry, 157(1): 59-66.

Zeng Z, Chen S, Selby D, et al. 2014. Rhenium-osmium abundance and isotopic compositions of massive sulfides from modern deep-sea hydrothermal systems: Implications for vent associated ore forming processes. Earth and Planetary Science Letters, 396: 223-234.

Zhigang Zeng, Yao Ma, Xuebo Yin, et al. 2015a. Factors affecting the rare earth element compositions in massive sulfides from deep-sea hydrothermal systems. Geochemistry, Geophysics, Geosystems, 16: 2679-2693, doi: 10.1002/2015GC005812.

Zhigang Zeng, Samuel Niedermann, Shuai Chen, et al. 2015b. Noble gases in sulfide deposits of modern deep-sea hydrothermal systems: Implications for heat fluxes and hydrothermal fluid processes. Chemical Geology, 409: 1-11.

Zhigang Zeng, Shuai Chen, Yao Ma, et al. 2017a. Chemical compositions of mussels and clams from the Tangyin and Yonaguni Knoll IV hydrothermal fields in the southwestern Okinawa Trough. Ore Geology Reviews, 87: 172-191. http://dx.doi.org/10.1016/j.oregeorev.2016.09.015.

Zhigang Zeng, Yao Ma, Shuai Chen, et al. 2017b. Sulfur and lead isotopic compositions of massive sulfides from deep-sea hydrothermal systems: Implications for ore genesis and fluid circulation. Ore Geology Reviews, 87: 155-171. http://dx.doi.org/10.1016/j.oregeorev.2016.10.014.

Zeng Z, Wang X, Qi H, et al. 2018a. Arsenic and Antimony in Hydrothermal Plumes from the Eastern Manus Basin, Papua New Guinea. Geofluids, (13): 1-13. https://doi.org/10.1155/2018/6079586.

Zeng Z, Wang X, Chen C T A, et al. 2018b. Understanding the Compositional Variability of the Major Components of Hydrothermal Plumes in the Okinawa Trough. Geofluids, (4): 1-20. https://doi.org/10.1155/2018/1536352.

Zeng Z, Ma Y, Wang X, et al. 2018c. Elemental compositions of crab and snail shells from the Kueishantao hydrothermal field in the southwestern Okinawa Trough. Journal of Marine Systems, 180: 90-101. http://dx.doi.org/10.1016/j.jmarsys.2016.08.012.

作者简介：

曾志刚,男,中国科学院海洋研究所研究员,主要从事深海热液地质研究。曾任973项目首席科学家,获国家杰出青年基金项目资助,入选万人计划和国家百千万人才工程。

全面经略海洋　加快建设中国特色海洋强国[*]

王芳

（自然资源部海洋发展战略研究所，北京 100860）

21 世纪是海洋世纪，开发丰富的海洋资源和利用广阔的海洋空间可以为国家发展奠定坚实的物质基础。在世界海洋竞争中，美国、英国、日本等国家不断调整海洋战略，以抢得先机和获取利益。中国是海洋大国，国家重视海洋事业的发展，各不同时期领导集体的治国理政方针和海洋战略思想根据当时的国内外形势发展变化而不断调整，体现出各个历史阶段国家对海洋的关注度和侧重点。党的十八大提出"建设海洋强国"，"海洋强国"提升成为国家大战略的重要组成。党的十九大更是明确提出要"加快建设海洋强国"，为全面经略海洋吹响了冲锋号。以习近平新时代中国特色社会主义思想为指导，加快建设海洋强国，成为实现中华民族伟大复兴中国梦的重大战略任务。

1　建设中国特色海洋强国是新时期国家发展的战略选择

1.1　海洋在中国特色社会主义事业总体布局中占据重要地位

中国共产党第十八次全国代表大会报告着眼于全面建成小康社会、实现社会主义现代化和中华民族伟大复兴，对推进中国特色社会主义事业作出"五位一体"总体布局，即经济建设、政治建设、文化建设、社会建设、生态文明建设。"五位一体"总体布局是一个相互联系、相互协调、相互促进、相辅相成的有机整体。在"五位一体"总体布局中，5 个方面是相互作用、相互影响的。中国是陆海兼备的发展中国家，拥有庞大人口数量，独特的地缘地理特征

---

* 本文是在作者以往研究工作成果基础上编撰而成。

决定了海洋对于国家和民族的重要作用，国家经济社会可持续发展需要海洋提供资源和安全保障。海洋经济的发展，海洋权益的维护，海洋安全的保障及海洋生态文明建设是海洋强国建设的重大战略任务，也是社会主义事业的重要组成部分。

依赖海洋，我国沿海地区才能以14%的土地和40%的人口，创造了60%以上的国内生产总值，实现了全国90%的对外贸易，保障了70%的资源进口。2017年全国海洋生产总值77 611亿元，海洋生产总值占国内生产总值的9.4%。据《海洋经济蓝皮书（2015—2018）》预测，2018年中国海洋生产总值将突破8万亿元大关，对国家和社会的贡献率进一步提高。目前，我国的对外贸易90%的运输量是通过海上完成的，已经成为一个"大进大出，两头在海"的外向型经济国家，海洋经济已成为中国国民经济的重要组成部分，未来将对国家的可持续发展起到更重要的促进作用。

海洋生态文明是生态文明的重要组成部分，是在海洋事业发展中贯彻生态文明理念的具体体现。海洋生态文明建设的核心价值在于坚持生态优先、实现人海和谐共生；外部条件在于统筹国际国内形势新变化，具备全球化海洋战略视野。随着我国小康社会进程的不断加快，海洋资源开发和海洋环境保护压力将进一步加大，由海洋资源开发利用引发的环境、民生等各种问题也将集中显现，保障海洋发展稳定、保护海洋资源环境的双重压力和两难局面更加突出，海洋生态文明建设的重要性、艰巨性、复杂性、紧迫性更加凸显。

海洋权益的维护涉及国家安全和政治利益。根据《联合国海洋法公约》规定，领海、专属经济区、大陆架是沿海国家的管辖海域；其中，领海是水体覆盖的宝贵国土，专属经济区、大陆架正在向国土化方向发展。海洋划界争端、海洋资源争端、深海矿产资源勘探开发以及深海生物资源利用的竞争十分激烈，争夺海洋的力量由单纯的武装力量发展到政治外交力量、经济开发能力和海洋科技与军事实力相结合的综合海上力量。中国应拥有约300万 km^2 管辖海域，这是宝贵的生产生活空间；中国是世界人口最多的国家，应该更多地开发利用公海和国际海底区域及其资源，在全球海洋的战略利益亟待维护和拓展。

海洋文化建设是中国政治、经济和文化建设中的重要任务之一。海洋文化对中华文明具有深刻影响，海洋文化是中华民族精神的重要来源，是中华文化体系的重要内容。海洋文化在拓展民族生存空间、提升文化自觉水平和提高国民海洋意识上发挥了巨大作用。实现中华民族复兴大业必须增强海洋软实力，构建一个适应中国政治经济和社会发展需要，能够超越不同利益群体、凝聚和平衡不同力量、具有感召力和认同感的海洋文明核心价值观。

1.2 海洋事业进入历史上最好的发展时期，必须坚定走向海洋，全面经略海洋

中国综合国力迅速增长，是世界第一人口大国和世界最大的商品制造国，具有世界第二的经济总量，具有健全而独立的工业体系。海洋经济已成为国民经济的重要组成部分和新的增长点，海洋综合管理能力和海洋维权执法能力逐步提升，海洋科技创新能力明显增强，参与和处理国际海洋事务的能力不断提高，拥有一支正在不断壮大的海军力量。我们已具备维护国家主权和海洋权益的综合实力，更具有 21 世纪实现中华民族伟大复兴的坚定意志和坚强决心。

通过对国际形势发展变化及我国基本国情和海洋事业的综合分析，党的十八大作出"建设海洋强国"的重大决策，"走向海洋"被提升到国家战略高度。习近平总书记指出，"我国既是陆地大国，也是海洋大国，拥有广泛的海洋战略利益。经过多年发展，我国海洋事业总体上进入了历史上最好的发展时期"。走向海洋是国家强盛的必由之路，"建设海洋强国是中国特色社会主义事业的重要组成部分"，必须走中国特色海洋强国之路，既要开发利用海洋来实现国家富强，又要通过发展强大的海洋力量来保障国家安全和利益。

以习近平为核心的党中央全面推进海洋强国建设，强调"着眼于中国特色社会主义事业发展全局，统筹国内国际两个大局，坚持陆海统筹，坚持走依海富国、以海强国、人海和谐、合作共赢的发展道路"。走中国特色海洋强国之路就是要坚持建设海洋强国与提升我国综合国力相促进、相一致，与实现中华民族伟大复兴进程相协调、相统一。"建设海洋强国"成为中国走向海洋的鲜明指引，必须坚定走向海洋，全面经略海洋，为国家发展和中国梦的实现提供强大的助推力。

2 中国特色海洋强国的战略特征

海洋强国战略是将国家经济、政治、文化、社会和生态等各方面大政方针

应用在海洋领域的全局性战略，涉及坚定走向海洋、全面经略海洋、建设海洋强国的方方面面。既具有把控全局的战略指导性，又具有直面形势挑战的时代性，同时也体现出汲取历代海洋战略思想精华的传承性。

2.1　深刻理解海洋强国战略的丰富内涵

由于世界各国的发展历史和地理环境的不同，使得其海洋战略均有各自不同的特点，如历史上英国海洋强国的崛起源于其对海外财富的崛起，美国成为海洋强国有其独特的地理、移民和政治优势，同时又有第一次世界大战、第二次世界大战的历史机遇等。虽然不同国家走向海洋强国有其不同的战略路径，但存在一些共性特征：谋求国家利益始终是海洋战略的核心目标，海军力量是海洋强国建设的重中之重，综合国力是海洋强国兴衰的决定性因素。建设海洋强国必须有明确的政治意愿、坚实的社会经济基础和先进的科学技术支撑。① 总结分析世界海洋强国的战略特点，可以为我国提供有益的经验与借鉴。

在不同的时代背景下，各个国家因其制度相异而选择不同的海洋强国之路。美国等西方国家多以马汉的"海权论"为理论基础，以取得制海权来成就霸权。新时代背景下，中国建设海洋强国，不会走不符合时代潮流、也不符合中华民族的根本利益的强权道路。中国特色"海洋强国"既是指凭借国家强大的综合实力来发展海上综合力量，又是指通过走向海洋、利用海洋来实现国家富强，两者互为因果。中国的安全保障与可持续发展需要走向海洋，实现中华民族复兴需要走向海洋。中国建设海洋强国着眼于世情、国情、海情，着眼于中国特色社会主义事业发展全局，统筹国内国际两个大局，坚持走依海富国、以海强国、人海和谐、合作共赢的发展道路，以发展海洋经济和确保海防安全为中心任务，以和平、发展、合作、共赢方式，促进海洋产业、海洋科技、海洋环境、海上力量全面发展，建设海洋经济发达、海洋科技先进、海洋生态健康、海洋安全稳定、海洋管控有力的新型的具有中国特色的海洋强国。

2.2　牢牢把握海洋强国基本特征

中国特色的海洋强国应是能够切实维护国家主权和海洋权益，最终实现走

---

① 杨金森：《海洋强国兴衰史略》，2007：419–437.

向海洋、强国富民的战略目标。①中国海洋强国建设与世界发展密切相关，统筹国内国际两个大局，把中国国家利益与人类共同利益辩证统一起来，既利用和平的国际环境发展自己，又以中国的强大促进世界和平和实现人类公平。②中国特色海洋强国以保障国家海上安全和经济发展为基本目标，既体现"和谐"，更强调"发展"，要推动海洋经济、海洋科技、海洋生态环境保护的全面均衡发展。再次，建设海洋强国必须维护国家核心利益，决不能放弃我们的正当权益。实现和谐海洋决不能以牺牲国家核心利益为代价，国家的核心利益和正当权益是绝不能让步的。

2.3 加强务实合作，谋求互利共赢，体现大国担当

建设新型海洋强国是宏观的、高度集中的战略运筹，与中国和平发展、构建和谐世界的国家战略高度一致。"实现中国梦的伟大奋斗"，也是为了"构建人类命运共同体，实现共赢共享"，为世界经济贡献"中国智慧"。中国建设海洋强国不仅是为了维护国家利益，也是为了维护世界和平。

——倡导互联互通伙伴关系，加强海上丝绸之路务实合作。"建设'21 世纪海上丝绸之路'，加强海上通道互联互通建设，拉紧相互利益纽带"，通过"一带一路"建设构筑互利共赢的国际合作机制和平等互助的伙伴关系，由此增进我国与"21 世纪海上丝绸之路"沿线国家的睦邻友好和政治互信，使海洋成为连接世界各国的和平、友好、合作之海。

——参与全球海洋治理，体现国际事务中的大国担当。中国高度依赖海洋的开放型经济形态，决定了全球海洋秩序的构建和运用关乎国家重大利益。要深刻认识全球治理的发展态势，积极参与构建公平合理的国际海洋秩序，倡导在多边框架下解决全球性海洋问题，尊重彼此海洋权益。深度参与全球海洋治理体系建设，特别是在极地深海新领域，积极作为、把握主动，有效维护和拓展国家应得的海洋权益，同时也能体现中国作为负责任大国在全球海洋事务中的担当精神。

3 全面经略海洋，加快海洋强国建设步伐

在习近平新时代中国特色社会主义思想指引下，中国特色的海洋强国建设以实现利用海洋来强国富民为基本目标和任务，围绕党的十八大的总部署，依

据党的十九大的总要求，全面加快海洋强国建设步伐，从开发利用海洋资源、大力发展海洋经济、切实保护海洋生态环境、创新发展海洋科学技术和有效维护国家海洋权益等方面部署任务。

3.1 分阶段推进海洋强国建设，实现依海强国富民战略目标

海洋强国建设是一项长期而艰巨的战略任务，必须牢固树立战略机遇意识，要创造机遇并有能力抓住机遇。围绕"两个一百年"的奋斗目标，分阶段、有步骤地加快海洋强国建设步伐，到本世纪中叶实现海洋强国的战略目标，助力实现中华民族伟大复兴中国梦。

首先，将中国建设成为亚洲地区海洋强国。国民海洋意识明显提高，海洋权益问题被列为国家重大政治决策议题之一。国家海洋立法体系基本完备。中国经济在世界经济中的核心地位得到进一步巩固，海洋经济增长速度比同期国民经济增长速度高 2~3 个百分点，海洋经济综合实力显著提高，对沿海地区经济辐射带动能力进一步增强。海洋资源节约集约水平逐步提高，深远海勘探开发能力初步形成。近海生态环境恶化趋势明显减缓，海洋生态环境得到持续改善和修复，沿海居民生活更加舒适安全。海洋前瞻性和关键性技术研发能力显著增强，海洋科技自主创新能力和产业化水平大幅度提升。部分海洋工程技术和装备跻身世界领先地位。在国际海洋事务中发挥积极作用。海上维权成果得到巩固和扩大，周边海上局势基本稳定。海上综合力量进一步增强，为维护国家安全和可持续发展提供必要的保障。

到本世纪中叶实现中华民族伟大复兴的中国梦时，建成世界性海洋强国，助力实现中华民族伟大复兴中国梦。全民族具有强烈的海洋意识。国家海洋战略规划体系和立法体系基本完善。海洋经济进入成熟稳定发展阶段，对国民经济做出更大贡献。海洋资源开发利用高效、有序。海洋生态环境优美、和谐、健康。海洋科技水平进入世界前列。周边海洋局势和平稳定，在国际海洋事务中发挥大国应有的作用。海上武装力量和执法队伍的能力和水平位居世界前列，为维护中国在全球的利益提供有力的保障。

3.2 树立大海洋思想，把海洋作为国家战略区域重点布局

党的十九大将习近平新时代中国特色社会主义思想写入党章，成为全党全国人民为实现中华民族伟大复兴而奋斗的行动指南。要以"加快建设海洋强

国"为新时代中国特色社会主义建设的战略新指向，践行在海洋事业发展的方方面面。

3.2.1 坚持陆海统筹原则，促进区域协调发展

树立大海洋思想，把海洋作为国家战略区域重点布局。坚持陆海统筹，优化开发海岸带和邻近海域，加强海岛保护与生态建设，有重点开发大陆架和专属经济区，加大极地和国际海底区域资源调查与勘探力度。

基于中国陆海兼备的国土特征，应本着陆海联动，因地（海）制宜的原则，树立正确的陆与海整体发展的战略思维，在统筹沿海地区与内陆地区发展、海上安全和陆上安全的基础上，统筹协调陆地与海洋的开发利用，正确处理沿海陆域和海域空间关系，形成陆域和海域融合的新优势，支撑陆地国土资源的不足，推动沿海地区率先实现现代化，让"蓝色国土资源"在国民经济和社会发展中发挥更大作用。

3.2.2 以海洋管理为抓手，推进海洋事业的全面发展

海洋管理是国家职能的重要环节，也是国家海洋事业全面发展的重要抓手，必须着力推动海洋管理向综合治理型转变。未来发展阶段，不断强化海洋管理，建立健全海洋法治，逐步调整和完善海洋政策，围绕着加快海洋强国建设战略目标，多层次着手、分阶段施行，为加快建设海洋强国贡献力量。

——推进海洋资源开发利用，奠定海洋强国建设的物质基础。自然资源是支撑经济建设和社会发展的物质基础，是一个民族生存发展的根本保障。中国是发展中国家，人口众多、资源相对短缺、生态环境承载能力较弱是我们的基本国情。随着社会主义现代化建设对资源需求的持续增长，资源已经成为经济社会发展的制约因素。打破资源短缺"瓶颈"制约，提供资源供给保障已经成为摆在我们面前的突出问题，必须从国家战略层面考虑和谋划。围绕着海洋资源与国家发展的关系进行整体思考，研究和确立支撑海洋强国建设和社会经济可持续发展的海洋资源战略，并将其作为海洋发展战略的重要组成。要处理好3个关系：一是要把握好当前与长远的关系，立足当前、着眼长远；二是要统筹国内国际两个大局，立足国内，面向国外；三是要处理好开发与节约、利用与保护的关系。围绕着海洋强国建设的战略目标，坚持以维护海洋权益为宗

旨，以获取海洋资源利益为核心，树立新型资源观，确立陆海统筹、综合治理、科技支撑、永续利用等多项原则，全方位开发利用海洋资源，发展海洋渔业、海洋油气业、海洋生物医药业、海水利用业和金属采矿业等，把海洋资源转化为现实财富，进一步提升海洋经济对国民经济的贡献率。在战略部署上从浅水向深水拓展，从近海向远洋拓展，建设海洋生物资源、海洋能源、海水资源、金属矿产资源和空间资源等战略性资源基地。加强海洋科研调查、勘探开发和战略利用，从领海、专属经济区、大陆架走向公海、国际海底区域和极地，扩大我国的生存发展和安全空间。

——以发展海洋经济为核心，以提高海洋开发能力、转变海洋经济增长方式、实现绿色发展为主线，使海洋开发范围从近海、浅海逐步向远海、深海拓展，海洋开发方式从粗放式向高效、低碳、安全方向发展。一要加强海洋经济发展整体规划，制定中长期海洋经济发展基本原则、指导方针和战略目标，制定跨行业的海洋经济发展政策，聚集海洋经济的重点发展领域，优化海洋开发的空间布局。二要增强创新驱动发展新动力，坚持科技兴海，优化发展。以海洋创新驱动海洋经济发展，进一步优化海洋产业结构，推动海洋经济结构的战略性调整，构建具有国际竞争力的现代海洋产业发展新体系。

——以维护海洋生态健康为基础，牢固树立五大发展理念，持续加大海域资源和生态环境保护力度，着力推进海洋生态文明建设。一要正确处理好海洋资源的开发与环境保护的关系，坚持"开发与保护并重、眼前利益与长远利益兼顾"的原则，使沿海经济发展与海洋环境资源承载力相适应，走产业现代化与环境生态化相协调的可持续发展之路。二要坚持节约优先、保护优先原则，以调整和完善海洋产业结构、提升和转变海洋经济发展方式为着眼点，实施海洋主体功能区制度，优化海洋空间利用布局。三要建立生态优先的制度体系和常态化的海洋生态环境保护协调合作机制，促进海洋管理体制机制向以生态系统为基础的海洋综合管理体制转变，不断增强海洋经济可持续发展能力。

——以海洋科技发展为动力，坚持科技引领，创新发展，以海洋科技创新破解海洋发展"瓶颈"。一要确立科学技术创新是海洋事业发展第一推动力的理念，发挥海洋科技创新的核心与支柱作用，依靠创新来支撑海洋民生和兜住生态底线，为海洋事业持续健康发展提供不竭动力源泉。二要从战略的高度谋篇布局，搞好海洋科技创新总体规划，以提升核心竞争力为目的，着力提升海洋科技自主创新和成果转化能力。三要改革和完善海洋科研管理体制，大力推进海洋领域基础性、前瞻性、关键性和战略性技术研发，提升和拓展走向深远海能力。

3.3　制定切实保障措施，促进各项战略任务的落实

为保证建设海洋强国战略目标的实现和各项战略任务的落实，笔者从以下几个方面提出保障措施和对策建议。

（1）建议海洋"入宪"和"入法"，制定建设海洋强国战略规划。建设海洋强国必须有法制保障，一是建议海洋"入宪"，在国家宪法中规定海洋的战略地位。二是建议尽快出台"海洋基本法"，以立法形式把建设海洋强国战略固定下来，明确海洋基本政策。三是制定建设海洋强国的战略规划。尽快制定和实施建设海洋强国的战略规划，由中央做出政治决策，动员全国力量，全面部署，加快推进海洋强国建设。

（2）加强组织实施。建议国务院各部门根据职责、结合实际制定相关规划计划。沿海各省、市、自治区要将海洋事业纳入社会经济发展规划，全面落实海洋强国建设任务。制定财政投入、税收激励、金融支持等方面的配套措施，为海洋强国建设提供政策保障。

（3）设立国家重大专项工程。要像发展航天事业一样发展海洋事业。尽快研究提出保障海洋强国建设的重大专项工程，强力推动海洋领域基础性、前瞻性、关键性技术研发，快速提升和拓展走向深远海的能力。

（4）积极塑造和引导国际舆论。从提升国际话语权的战略定位入手，多方面把握中国在国际海洋事务中的话语权，积极主动参与到国际舆论传播过程中来。既要树立"中国应当对人类做出较大的贡献"的理念，塑造"负责任大国"形象，更要强调"中国贡献论"。要从多角度阐释中国建设海洋强国与走和平发展道路的关系，同时也要适时地展示国家力量，表达维护海洋权益的决心。

（5）大力开展海洋宣传教育，全面提升全民海洋意识。一是加强海洋知识教育，包括中小学的海洋基础知识教育，大学海洋科学教育，开展海洋经济、海洋科学技术、海洋生态环境保护和管理、海洋法律知识的普及教育。二是建立海洋综合人才和专家的培养机制，制定全国一盘棋的高端人才培养策略

和实施方案。三是强化舆论宣传，以适当形式强化向有关政府部门宣传，使得各级领导和决策层更加重视海洋，把海洋意识转变为战略和政策；向新闻媒体和全国民众宣传，形成认知海洋、支持走向海洋、建设海洋强国的民族意识。

作者简介：

王芳，自然资源部海洋发展战略研究所政策与管理研究室研究员，长期从事有关海洋战略与政策方面的研究工作，研究内容涉及海洋发展战略、海洋管理政策及海洋生态文明建设等多个领域。

海洋国家战略区域的空间生产与尺度治理研究：以山东半岛蓝色经济区为例[①,②]

马学广[1]，李鲁奇[2]

（1. 中国海洋大学国际事务与公共管理学院，山东 青岛 266100；

2. 华东师范大学城市与区域科学学院，上海 200241）

摘要：国家战略区域是国家空间重构的重要工具和典型表现。本文以空间生产（空间形塑的动力和机理）和尺度重组（层级关系的重构和协同）理论为基础，运用"策略–制度"分析思路，以山东半岛蓝色经济区为例分析了以海洋为主题定位的国家战略区域的策略与制度建构。其中，策略建构旨在获得不同行动者的支持，以合法性的获得为目标，关注行动者所运用的一系列尺度政治策略，包括建构以"蓝色"为核心的话语、基于霸权话语和行动者之间的联系进行尺度跳跃等；而制度建构以区域制度架构的形成为目标，关注作为实体的尺度结构的建构和重组，其具体形式主要涉及区域协调组织的建立和调整、尺度间行政权限的转移、行政地域空间的整合和公共事务跨边界合作等。这一分析思路结合了尺度研究的政治经济方法和后结构方法，能够相对完整地剖析区域尺度的建构过程，对其他国家战略区域的分析也有一定适用性。

---

① 国家社会科学基金一般项目（18BJL092）和教育部人文社会科学研究规划基金项目（17YJA630071）资助。

② 本文根据马学广，李鲁奇《尺度重组中海洋国家战略区域的策略与制度建构》（《经济地理》2016 年第 12 期，第 8–14 页）修改而成。

关键词：空间生产；尺度治理；海洋国家战略区域；山东半岛蓝色经济区

近10年来，我国沿海各大城市群纷纷出台区域性规划，并且部分规划被上升为国家战略，如《辽宁沿海经济带发展规划》、《国务院关于推进天津滨海新区开发开放有关问题的意见》、《河北沿海地区发展规划》、《山东半岛蓝色经济区发展规划》、《黄河三角洲高效生态经济区发展规划》、《江苏沿海地区发展规划》、《长江三角洲地区区域规划纲要》、《浙江海洋经济发展示范区规划》、《海峡西岸经济区发展规划》、《珠江三角洲地区改革发展规划纲要》、《广西北部湾经济区发展规划》和《海南国际旅游岛建设发展规划纲要》12个，并且其中涵盖了8个国家级新区（图1和图2）。同时，国家还批准了以发展海洋经济为主要职能的国家新区——浙江舟山群岛新区和青岛西海岸新区

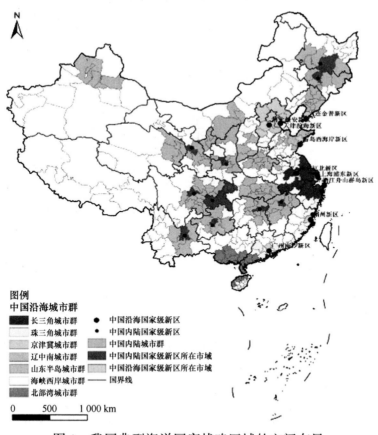

图1　我国典型海洋国家战略区域的空间布局

以及天津、山东、浙江、福建、广东等国家海洋经济发展试点区。上述海洋国家战略区域为我国沿海地区的发展提供了重要的空间支撑和政策试验。其中，山东省所拥有的海洋国家战略区域的空间生产与治理可供案例探讨，比如黄河三角洲高效生态经济区（2009 年由国务院批复），山东半岛蓝色经济区（2011 年由国务院批复）和青岛西海岸国家新区（2014 年由国务院批复）等，本文以山东半岛蓝色经济区为例，探讨典型海洋国家战略区域的空间生产过程与尺度治理机制。

发展阶段	新区名称	审批函件号码	批复时间
早起试点阶段 （1992—2009年）	上海浦东新区	国函[1992]145号	1992.10.11
	天津滨海新区	国函[2006]20号	2006.05.26
总结探索阶段 （2010—2013年）	重庆两江新区	国函[2010]36号	2010.05.05
	浙江舟山群岛新区	国函[2011]77号	2011.06.30
	兰州新区	国函[2012]104号	2012.08.20
	广州南沙新区	国函[2012]128号	2012.09.06
经验推广阶段 （2014年至今）	陕西西咸新区	国函[2014]2号	2014.01.06
	贵州贵安新区	国函[2014]3号	2014.01.06
	青岛西海岸新区	国函[2014]71号	2014.06.03
	大连金普新区	国函[2014]76号	2014.06.23
	四川天府新区	国函[2014]133号	2014.10.02
	湖南湘江新区	国函[2015]66号	2015.04.08
	南京江北新区	国函[2015]103号	2015.06.27
	福州新区	国函[2015]137号	2015.08.30
	云南滇中新区	国函[2015]141号	2015.09.07
	哈尔滨新区	国函[2015]217号	2015.12.16
	长春新区	国函[2016]31号	2016.02.03
	江西赣江新区	国函[2016]96号	2016.06.06
	河北雄安新区	/	2017.04.01

图 2 我国设立的国家级新区信息简况

20 世纪 70 年代末以来，随着全球生产和生产组织方式的转变以及由此引起的管制模式变革，全球、国家、区域、城市乃至社区等多重尺度（Scale）间关系发生剧烈重构，它表现为城市企业主义、梯度化政策供给、定制化区域设计、跨国组织的兴起以及试点区域的扩大化和形式多样性等多种形式。为把握这一复杂趋势，西方人文地理学经历了继空间转向、制度转向、社会转向、文化转向等后的"尺度转向"（Scalar Turn），开展了一系列基于"尺度重组"（Rescaling）的理论和实证研究。而改革开放后，我国也在全球化、分权化背景下经历了剧烈的尺度重组，其中一个典型表现是国家战略区域①②的兴起，如各类国家级新区、国家级城市群、国家级综合配套改革试验区和其他负载重大国家使命和职能改革的空间形式（城市、区域、社区）等。与此同时，国内人文地理学界也开始引入、探讨尺度问题并开展了丰富的实证研究，如苗长虹（2004）对西方经济地理学尺度转向的总结③、沈建法（2007）对中国城市体系尺度重构的研究④、刘云刚等（2013）对广东惠州发展中的路径创造和尺度政治的研究⑤、马学广（2016）对全球城市区域空间生产机制和跨界治理模式的探讨⑥、马学广和李鲁奇（2017）基于 TPSN 模型从领域、网络与尺度的视角对以深汕特别合作区为典型的城际合作空间生产与重构的研究等⑦。

随着国内学术界对空间生产研究的泛化和深化，学者们日益关注以地方上特定的（Place-Specific）区域发展轨迹为着眼点的"具体层面"⑧的尺度重组分析，而不同国家战略区域的主题定位（如海洋强国、沿海开发、东北振兴、中部崛起、西部大开发、两型社会等）正体现了尺度重组过程的地方特定性。因此，本文以山东半岛蓝色经济区为例，分析"海洋国家战略区域"的空间生产过程与尺度治理机制。山东半岛蓝色经济区建设始于 2009 年，并于 2011年正式上升为国家战略，是山东省"蓝黄战略"的重要组成部分，是我国第一个以海洋经济为主题的区域发展战略，是我国区域发展从陆域经济延伸到海洋经济、积极推进陆海统筹的重大战略举措。在这一案例中，"海洋"和"蓝

①　张京祥.国家-区域治理的尺度重构：基于"国家战略区域规划"视角的剖析[J].城市发展研究，2013，20（05）：45-50.

②　晁恒，马学广，李贵才.尺度重构视角下国家战略区域的空间生产策略——基于国家级新区的探讨[J].经济地理，2015，35（05）：1-8.

③　苗长虹.变革中的西方经济地理学：制度、文化、关系与尺度转向[J].人文地理，2004，19（04）：68-76.

④　沈建法.空间、尺度与政府：重构中国城市体系[M]//吴缚龙，马润潮，张京祥.转型与重构：中国城市发展多维透视.南京：东南大学出版社，2007：22-38.

⑤　刘云刚，叶清露.区域发展中的路径创造和尺度政治——对广东惠州发展历程的解读[J].地理科学，2013，33（09）：1029-1036.

⑥　马学广.全球城市区域的空间生产与跨界治理研究[M].北京：科学出版社，2016.

⑦　马学广，李鲁奇.城际合作空间的生产与重构——基于领域、网络与尺度的视角[J].地理科学进展，2017（12）：1510-1520.

⑧　Brenner N. New State Spaces: Urban Governance and the Rescaling of Statehood[M]. Oxford: Oxford University Press, 2004.

色"不仅反映了其功能定位，同时也被发展为一系列话语在上升为国家战略的过程中发挥关键作用，本文将融合尺度重组的多种分析思路，剖析这一特定区域的空间生产过程与尺度治理机制。

1 尺度政治经济分析的理论背景和分析思路

当代城市与区域的空间生产已经由关注空间中的生产（生产要素的空间布局）、空间的生产（塑造特定空间的制度、行为、行动者关系）转向到尺度的生产（特定尺度建构的政治经济关系），尺度成为全球范围内当代城市与区域治理研究的重要理论切入点。

尺度政治经济研究经历了由重点关注尺度的政治建构到重点关注行动者的话语和实践的转变①。传统意义上，尺度是一个给定的、固定的、封闭的社会空间单元，是社会关系的容器②。在 20 世纪 80 年代的"尺度转向"中，尺度开始被看做"社会建构"③ 的，是一种客观物质实体，并且随社会关系的变动发生持续重构并反作用于社会关系。这一尺度结构经由强烈的社会政治斗争和博弈而"被持续地废除和再造"的过程就是尺度重组④。通过对资本循环和积累的地理的持续重塑，空间的生产废除了原有的、并在这个过程中产生了新的空间结构和治理尺度，社会、经济和政治体系不断地向国家之上、国家之下和跨越国家的新的空间层次迁移。其中，国家尺度重组（State Rescaling）受到广泛关注，它特指国家尺度向上至超国家尺度、向下至次国家尺度所进行的资本积累和空间管理体制的重构⑤⑥，这同尺度相对化（Rel-

① 马学广，李鲁奇. 国外人文地理学尺度政治理论研究进展[J]. 人文地理，2016（02）：6-12+160.

② 马学广，李鲁奇. 新国家空间理论的内涵与评价[J]. 人文地理，2017（03）：1-9.

③ Marston S A. The Social Construction of Scale[J]. Progress in Human Geography, 2000, 24（02）：219-242.

④ Brenner N. The Limits to Scale? Methodological Reflections On Scalar Structuration[J]. Progress in Human Geography, 2001, 25（04）：591-614.

⑤ Taylor P J. Is there a Europe of Cities? World Cities and the Limitations of Geographical Scale Analyses[M] //Sheppard E, McMaster R. Scale and Geographic Inquiry：Nature, Society, and Method. Oxford, United Kingdom：Blackwell Publishing, 2004：213-235.

⑥ Keating M. Introduction：Rescaling Interests[J]. Territory, Politics, Governance, 2014, 02（03）：239-248.

ativization of Scale）①、全球地方化（Glocalization）② 等概念是一致的。此外，尺度重组还是一种政治策略③④，它将斗争或诉求转移至其他尺度，这又类似于"尺度跳跃"（Jumping Scales）的概念。总之，"尺度重组"日益成为"复杂的隐喻"⑤，它涉及各种形式的尺度间关系变动。因此，为了能够较为完整地在整体上把握山东半岛蓝色经济区的空间生产过程与尺度治理机制，本文将使用包含尺度化、尺度建构、尺度政治的广义的"尺度重组"概念。下文将简要回顾尺度重组的分析框架和研究方法，并发展出"策略–制度"的分析思路，以剖析山东半岛蓝色经济区的空间生产过程与尺度治理机制。

1.1　尺度重组分析框架的建立

尺度重组研究并无通行的分析框架，学者们大多根据不同研究需要确定各自的分析思路，如 Brenner（2004）建立的国家空间选择性分析框架⑥。本文借鉴 Perkmann（2007）提出的尺度重组的一般框架⑦，它包含：①政治动员（Political Mobilization），指尺度重组赖以发生的社会基础的形成；②治理建构（Governance Building），指协调不同利益群体的新的制度安排的形成；③策略统一（Strategic Unification），指通过新尺度的建构实现预定的目标。这三方面大致对应尺度建构的准备、形成和结果，因而构成一个完整的区域尺度空间生产与尺度治理的分析架构。

---

①　Jessop B. The Rise of Governance and the Risks of Failure：The Case of Economic Development[J]. International Social Science Journal, 1998, 50（01）：29-45.

②　Swyngedouw E. Globalisation Or "Glocalisation"？Networks, Territories and Rescaling[J]. Cambridge Review of International Affairs, 2004, 17（01）：25-48.

③　Herod A, Wright M W. Placing Scale：An Introduction[M]// Herod A, Wright M W. Geographies of Power：Placing Scale. Oxford：Balckwell Publishing, 2002：1-14.

④　Haarstad H, Fløysand A. Globalization and the Power of Rescaled Narratives：A Case of Opposition to Mining in Tambogrande, Peru[J]. Political Geography, 2007, 26（03）：289-308.

⑤　Tasan-Kok T, Altes W K K. Rescaling Europe：Effects of Single European Market Regulations On Localized Networks of Governance in Land Development[J]. International Journal of Urban and Regional Research, 2012, 36（06）：1268-1287.

⑥　Brenner N. Urban Governance and the Production of New State Spaces in Western Europe, 1960—2000[J]. Review of International Political Economy, 2004, 11（3）：447-488.

⑦　Perkmann M. Construction of New Territorial Scales：A Framework and Case Study of the EUREGIO Cross-Border Region[J]. Regional Studies, 2007, 41（02）：253-266.

1.2　尺度研究的主要分析方法

当前主导性的尺度研究方法主要有两个：分别是政治经济方法（Political-Economic Approaches）和后结构方法（Post-Structural Approaches）①。在尺度转向中，受后结构主义影响，尺度不再被看做固定、封闭的社会关系的容器，而是社会建构的。与此同时，一些学者开始沿用马克思主义政治经济学的分析思路，从资本循环、国家重构、全球化等角度开展尺度研究。不过，这一方法对"尺度建构"的认识是不彻底的，它仍倾向于从本体论的角度理解尺度，即尺度一经建构就成为独立于主体的客观物质实体。与此相对，后结构方法则将尺度看做一种认识论，强调主体在政治过程中对尺度的主观建构，并以"不同行动者和团体所运用的表征策略（Representational Device）或话语框架（Discursive Frame）"②为关注点。总之，在尺度研究中，政治经济方法更强调尺度本身的社会建构和历史演变，而后结构方法则更强调行动者在政治过程中对尺度的主观塑造。

1.3　区域空间生产的"策略–制度"分析思路

基于以上思路，本文对山东半岛蓝色经济区的实证分析将以区域尺度的空间生产为关注点，从策略建构与制度建构两方面进行分析。区域空间生产应包含两个相互联系的方面：①合法性的获得，即被人们接受和支持的过程，它涉及对区域功能定位的阐释以及在此基础上的政治动员；②区域实体的建立，即管制尺度本身的建构，它涉及组织、权限等方面的制度安排的形成。

在山东半岛蓝色经济区的空间生产过程中，区域合法性的获得主要通过：①建构并解读"蓝色"话语，阐释区域功能定位，以获得区域内各级政府和社会的支持；②在话语建构的基础上，运用霸权话语和联系建构进行尺度跳跃，以获得国家的认同。而区域实体的建立主要表现为组织、尺度、地域、跨界等方面的制度架构的形成。因此，山东半岛蓝色经济区合法性的获得是一种"策略建构"，即通过政治策略取得支持，它主要涉及对区域建构目标的阐释

---

① Moore A. Rethinking Scale as a Geographical Category：From Analysis to Practice[J]. Progress in Human Geography，2008，32（02）：203-225.

② MacKinnon D. Reconstructing Scale：Towards a New Scalar Politics [J]. Progress in Human Geography，2010，35（01）：21-36.

以及在此基础上的动员，因此大致对应 Perkmann 框架中的"政治动员"和"策略统一"以及后结构分析方法；而管制实体的形成则是一种"制度建构"，即通过制度的建立为区域尺度提供基本架构，因此它大致对应 Perkmann 框架中的"治理建构"以及政治经济分析方法。通过这一"策略-制度"的分析思路（表1），可以较为全面地揭示山东半岛蓝色经济区的尺度建构过程。

表1　区域空间生产"策略-制度"分析思路的理论基础与内容

区域空间生产	目标	手段	对应的分析框架	对应的研究方法
策略建构	获得合法性	话语建构、尺度跳跃	政治动员、策略统一	后结构方法
制度建构	建立区域实体架构	组织、尺度、地域、跨界等方面的调整	治理建构	政治经济方法

资料来源：马学广，李鲁奇. 尺度重组中海洋国家战略区域的策略与制度建构. 经济地理，2016，36（12）：8-14.

策略建构和制度建构并非两个分离的概念，而是区域尺度建构中一个连续的过程。同公共政策的一般过程类似，国家战略区域的空间生产通常涉及问题认定、提出初步构想、论证和动员、获得合法性、制度设计、制度建设 6 个阶段。其中，前两个阶段可称为"概念建构"，即基于特定发展问题提出建构国家战略区域的初步思路；第三和第四个阶段大致对应"策略建构"，即通过论证和动员等策略获得合法性；最后两个阶段则对应"制度建构"，即通过对制度的探索和建设形成国家战略区域的实体架构（图3）。从这个角度来看，策略建构应被看做制度建构的前提和基础，只有通过策略建构，国家战略区域才能被国家和社会所承认和支持，若丧失这一合法性，制度建构将会由于缺乏足够的资源、缺乏各级政府部门和社会的配合而难以进行或难以取得预期效果；制度建构则是策略建构的落实和归宿，它将人们的表征实践（即赋予事物某种价值与意义的实践活动）转换为现实空间中国家战略区域的实体建构，由此，国家战略区域才能作为国家空间重构的一个工具发挥实际作用。此外，从概念上看，策略建构和制度建构及其具体方式或体现了对尺度的直接运用，或体现了尺度分化及尺度间关系调整，因此二者的关联性也在于它们都是尺度重组过程的不同表现形式。

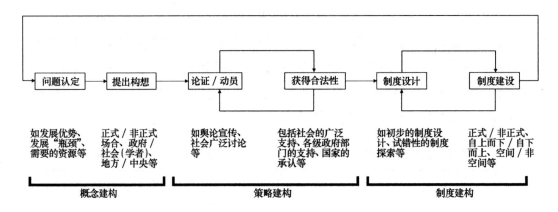

图3 国家战略区域空间生产的一般过程

2 山东半岛蓝色经济区的策略建构

通过话语建构和尺度跳跃等策略，"山东半岛蓝色经济区"开始被山东各级政府和社会各界广泛接受，并最终上升为国家战略，这一成功的政治动员为制度建构提供了良好的社会和政治基础。

2.1 山东半岛蓝色经济区"蓝色"话语的建构

基于半岛的地理环境和资源优势，山东省早在1991年就提出"海上山东"构想，并于1998年成立"海上山东"建设领导小组，并且制定了《"海上山东"建设规划》。2009年，胡锦涛总书记在山东视察时做出要"打造山东半岛蓝色经济区"的决策。自此，"海上山东"开始演变为一系列以"蓝色"为核心的公共政策话语和学术化专用术语，"山东半岛蓝色经济区"逐渐演变为国家战略区域。

"蓝色经济"是一个拥有较高历史纵深和科技内涵的经济术语。"蓝色经济"的提出可追溯到我国20世纪60年代开始的"五次蓝色产业技术革命"（藻类、虾类、贝类、鱼类、海珍等5次养殖浪潮)① 以及20世纪80年代的"蓝色革命"构想（运用现代科技，向蓝色海洋和内陆水域索取优质水产)②。

---

① 何广顺，周秋麟. 蓝色经济的定义和内涵 [J]. 海洋经济，2013，3（04）：9-18.
② 冯瑞. 蓝色经济区研究述评 [J]. 东岳论丛，2011，32（05）：189-191.

在这里，"蓝色"是一种基于"海洋"的借代修辞，因而"蓝色经济区"战略同"海上山东"战略是一脉相承的①。不过，二者并非只是文本上的差别，正是由于"蓝色"是一种修辞，因此它比"海洋"更为抽象，而抽象性的提高常常意味着外延的扩大。因此，"蓝色经济"并不仅仅指"海洋经济"，它具备更强的综合性和系统性，更侧重于"直接开发、利用、保护海洋以及依托海洋所进行的经济活动的综合"，"蓝色经济区"也被定义为"涵盖自然生态、社会经济、科技文化诸因素的复合功能区"②。此外，抽象性的提高也使得"蓝色"更易于解读，这一方面提高了政策的灵活性；另一方面也为学术讨论扩展了空间。因此，"蓝色"话语就其生动性而言，便于接受且易于推销，就其抽象性而言，则拥有可读性强和可适度扩大外延的概念弹性。

山东半岛蓝色经济区的空间生产是多重利益相关者基于特定制度环境而频繁互动的结果，受"结构、行为、行动者"这一空间生产三要素的制约③。从主体上来看，山东省政府在"蓝色"话语的建构中扮演关键角色。早在 2007 年，山东省委省政府就在全省海洋经济工作会议中提出建设海洋经济强省的目标，2009 年，山东半岛蓝色经济区又被上升到山东省区域发展战略的高度。此后，山东省省内各级政府、媒体、学者等主体开始进一步解读和发展"蓝色"话语：各级政府通常在"蓝色经济"框架下，立足本地实际提出各自的发展战略，如 2011 年，青岛市政府提出的"中国蓝色硅谷"战略；媒体在报道中常常以"蓝色"为素材，提出"蓝潮"、"蓝色引擎"、"蓝色风"等生动性较强的词语；学者的话语建构主要体现为对"蓝色经济"、"蓝色粮仓"、"蓝色牧场"、"蓝色经济区"等概念的解读和探讨。此外，从形式上看，"蓝色"话语并不限于书面或口头语言，也表现为多种非语言符号，如山东半岛蓝色经济区海洋食品博览会中各市展位的蓝色主色调。因此，在山东半岛蓝色经济区"蓝色"话语建构过程中，不同行为主体发挥着相互补充但又不可替代的作用。各行动者依赖和交互空间的性质、行动者间的相对权力关系以及各自掌握的不同资源等因素共同塑造了山东半岛蓝色经济区的组织架构、管理权限和利

①　郑贵斌. 提升山东半岛蓝色经济区规划建设水平三个重要问题 [J]. 理论学刊, 2010 (01)：32-35.

②　姜秉国，韩立民. 山东半岛蓝色经济区发展战略分析 [J]. 山东大学学报（哲学社会科学版），2009（05)：92-96.

③　马学广. 城市边缘区的空间生产与土地利用冲突研究 [M]. 北京：北京大学出版社，2014.

益分配等制度形态①。"蓝色"话语主要通过"说服"和"激励"两种手段动员各级政府和社会。一方面，这一话语建构基于山东省的资源优势、外部环境等阐明了山东半岛蓝色经济区建构的"功能需要"，即推行海洋发展战略的必要性和合理性，进而通过理性的方式说服动员对象。另一方面，"蓝色"话语也提供了一个较为明确的"愿景"，如《山东半岛蓝色经济区发展规划》中提到的"具有较强国际竞争力的现代海洋产业集聚区"等战略定位，这一构想调动了社会各界的热情，尤其是地方政府的积极性，进而有利于获得这些主体的认可和支持。

2.2　山东半岛蓝色经济区尺度跳跃策略的运用

除山东省各级政府部门和社会外，山东半岛蓝色经济区"蓝色"话语的建构也为动员中央政府提供了一定基础，而在这一朝向国家尺度的尺度跳跃中，主要运用了以下两类策略。

（1）"蓝色"战略同国家尺度上的霸权话语相结合。在尺度政治分析中，霸权话语（Hegemonic Discourses）指占主导地位的话语②，较低尺度上的行动者常常通过重塑诉求并同较高尺度上的霸权话语相适应而获得支持。在山东半岛蓝色经济区的建构中，利益相关的各行为主体通过重塑"蓝色"话语，将山东半岛蓝色经济区同"国家海洋战略"联系起来。例如，《山东半岛蓝色经济区发展规划》中提到，"打造和建设好山东半岛蓝色经济区，有利于……保障我国黄、渤海运输通道安全，维护和争取国家海洋战略权益"。其中，"国家海洋战略"是国家尺度上被广泛认同的霸权话语，因而将建设山东半岛蓝色经济区看做"维护和争取国家海洋战略权益"，也就意味着它被"塑造"（Frame）为国家尺度上的战略问题，即进行了朝向国家尺度的尺度跳跃。

（2）"蓝色"战略同国家尺度的行动者建立联系。建立联盟（Forming Alliances）是尺度跳跃的重要手段③，较低尺度上的社会行动者通过取得较高尺

①　马学广，李鲁奇. 尺度政治中的空间重叠及其制度形态塑造研究——以深汕特别合作区为例[J]. 人文地理，2017（05）：56-62.

②　Kurtz H E. Scale Frames and Counter-Scale Frames：Constructing the Problem of Environmental Injustice [J]. Political Geography，2003，22（08）：887-916.

③　Underthun A，Kasa S，Reitan M. Scalar Politics and Strategic Consolidation：The Norwegian Gas Forum's Quest for Embedding Norwegian Gas Resources in Domestic Space [J]. Norwegian Journal of Geography，2011，65（04）：226-237.

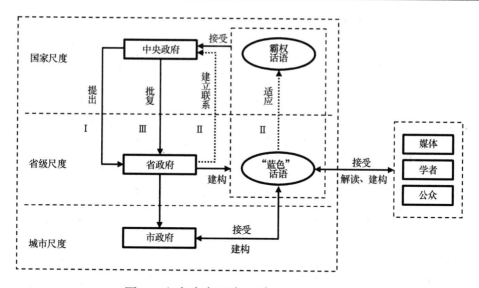

图4 山东半岛蓝色经济区的策略建构

资料来源：马学广，李鲁奇. 尺度重组中海洋国家战略区域的策略与制度建构.
经济地理，2016，36（12）：8-14.

度上行动者的支持，得以直接或间接影响权力格局。在山东半岛蓝色经济区的
尺度跳跃中，国家海洋局扮演了这一高尺度行动者的角色。2009年，国家海
洋局与山东省政府签署《关于共同推进山东半岛蓝色经济区建设战略合作框架
协议》，指出"国家海洋局把打造山东半岛蓝色经济区作为全国海洋事业发展
的战略重点，在工作指导和重大项目安排等方面给予大力支持"。作为国家海
洋行政主管部门，国家海洋局在国家海洋政策的制定中扮演关键角色，因此，
来自国家海洋局的支持为山东半岛蓝色经济区建设随后正式上升为国家战略提
供了重要基础。

3 山东半岛蓝色经济区空间生产的制度建构

2011年1月4日，国务院以国函［2011］1号文件批复了《山东半岛蓝色
经济区发展规划》，山东半岛蓝色经济区正式上升为国家战略。同时，这一战
略也经由话语建构被社会各界所广泛接受，这表明山东半岛蓝色经济区的策略
建构（图4）已取得一定成效。在这个过程中，山东省也开始着手开展蓝色经

济区的制度建构。作为一种尺度修复（Scalar Fix）[①]，山东半岛蓝色经济区的空间生产为区域经济活动提供了相对稳定的制度架构。这些制度架构的形成来自于山东省内外各个行为主体在组织、尺度、地域、边界等方面所开展的制度建构。尽管形式不同，这些制度建构的具体方式都直接或间接体现了尺度间关系的转变。不过，这种转变并不简单地表现为管制权力由各尺度向区域尺度的聚集，而是省、市、县等尺度间复杂的权力关系变动（图5）。

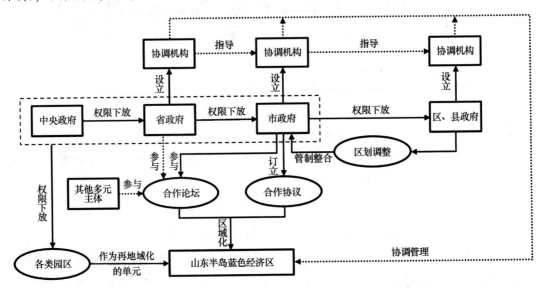

图 5　山东半岛蓝色经济区的制度建构

资料来源：马学广，李鲁奇. 尺度重组中海洋国家战略区域的策略与制度建构. 经济地理，2016，36（12）：8-14.

3.1　山东半岛蓝色经济区组织机构的建立与调整

作为有形的制度实体，组织机构是山东半岛蓝色经济区建构的重要标志。早在 1998 年，山东省就成立了"海上山东"建设领导小组。提出山东半岛蓝色经济区战略后，山东省委省政府又于 2009 年成立了山东半岛蓝色经济区规划建设领导小组和推进协调小组，尽管它们并非正式部门，但在蓝色经济区建设初期仍然发挥了主导性作用。2009 年 8 月，山东半岛蓝色经济区建设办公室

[①]　Brenner N. New State Spaces：Urban Governance and the Rescaling of Statehood［M］. Oxford：Oxford University Press，2004.

成立，并且作为正式机构在相当长一段时期内承担了协调、监督、项目审核等多项工作。2013 年，在"蓝黄两区"办公室现有机构的基础上，山东省又整合成立正厅级的山东省区域发展战略推进办公室，它隶属于省发展改革委员会并主管重点区域规划建设的综合指导等工作（表2）。同时，山东省各城市也建立了相应的机构，如威海市 2009 年成立的蓝色经济区管理办公室。作为一个新的空间尺度和区域治理机制，山东半岛蓝色经济区但却并未形成介于省市之间的独立管理机构，而是由依附于省政府的正式或非正式机构进行协调。这表明，山东半岛蓝色经济区的空间生产是一种相对松散的区域化过程，而非正式的、剧烈的行政尺度结构变革。

表 2　海上山东和山东半岛蓝色经济区的主要区域协调机构

战略	成立时间	机构名称
山东半岛蓝色经济区	2013 年	山东省区域发展战略推进办公室蓝色经济区建设指导处
	2009 年	山东半岛蓝色经济区建设办公室
	2009 年	山东半岛蓝色经济区规划建设领导小组
	2009 年	山东半岛蓝色经济区规划建设工作推进协调小组
海上山东	1998 年	海上山东建设领导小组

3.2　山东半岛蓝色经济区尺度间行政权限的调整

在山东半岛蓝色经济区的空间生产过程中，组织、地域等方面的调整都是尺度重组过程的外在表现，都最终体现为"权力和控制在尺度间的变动"[①]。但除了这些间接的调整外，尺度重组更明显地体现为权力在尺度间的纵向转移，其典型表现是行政层级间审批权限的调整。在分权化趋势下，山东省早在2001 年就发布了两批《山东省省级行政审批事项改革方案》。2009 年后，随着山东省《关于深入推进行政审批制度改革的实施意见》的出台，行政审批事项的下放和取消进入新阶段。其中，为与山东半岛蓝色经济区的建设相适应，山东省也陆续下放、取消了一批涉海审批事项并承接了一批国务院下放的涉海审批事项（表3）。

---

① Shen J. Scale, State and the City: Urban Transformation in Post-Reform China [J]. Habitat International, 2007, 31 (03): 303-316.

表3 山东省2009年以来承接、下放、取消的代表性涉海行政审批事项

类型	时间	事项名称	原部门	下放部门
承接	2015 年	外资企业、中外合资经营企业、中外合作经营企业经营中华人民共和国沿海、江河、湖泊及其他通航水域水路运输审批	交通运输部	山东省交通运输厅
	2014 年	外国人进入国家级海洋自然保护区审批	国家海洋局	山东省海洋与渔业厅
	2013 年	进入渔业部门管理的国家级自然保护区核心区从事科学研究观测、调查活动审批	农业部	山东省海洋与渔业厅
下放	2014 年	捕捞辅助船许可证核发	山东省海洋与渔业厅	设区市渔业行政主管部门
	2013 年	通航水域岸线安全使用许可	山东省交通运输厅	设区市海事管理机构
	2010 年	港口经营许可	山东省交通运输厅	市级主管部门
取消	2014 年	区域建设用海规划审查	山东省海洋与渔业厅	
	2013 年	国内普通货船建造登记	山东省交通运输厅	
	2010 年	新建渔港工程施工许可	山东省海洋与渔业厅	

　　简政放权能够有效地释放市场活力，激发下级政府和社会组织的创造力，有助于推动政府管理创新，其中，审批权限下放是落实简政放权放管结合的关键举措。审批权限下放是为加强各市、县政府在本地蓝色经济发展中的自主性，但它通常不针对特定地区。而行政权限调整的另一表现是通过成立各类园区直接赋予特定地区特定管制权力，以进一步打造地方竞争优势。如青岛西海岸新区作为国家级新区，直接享有省级经济管理权限并承接了青岛市下放的海洋经济、投资发展、人才引进等类别的权限。这一尺度间权力关系的剧烈变动体现了国家由"平等化"、"统一性"[①] 的空间政策到关注具有全球竞争优势的特定地区的空间政策的转变。西海岸新区通过这些权限得以进一步增强发展的自主性，以充分挖掘竞争优势并吸引全球资本，进而带动区域整体发展。

---

　　① Brenner N. New State Spaces: Urban Governance and the Rescaling of Statehood [M]. Oxford: Oxford University Press, 2004.

3.3　山东半岛蓝色经济区行政地域的空间重构

作为国家空间重构的一个维度，行政地域重构常常同尺度重组相互交织。研究发现，尺度重组的典型地域性管制实践可归纳为行政权限调整、行政区划调整、地方增长极的培育和跨边界区域合作①。比如，在撤县（市）设区中，县（县级市）的政治与经济权力通过行政地域的扩展被吸纳到地级市②。在制度建构过程中，山东半岛蓝色经济区通过撤县（市）设区、合并设区，县（县级市）的管制和经济活动也得以在更大地域、更高尺度被协调。

行政地域的空间重构是公共权力主导下空间资源配置的主要形式，会对区域空间生产形成持久而强大的影响力。自 1991 年提出"海上山东"战略以来，山东省经历了一定幅度的行政区划调整（表 4）。其中，地级市的数量先增加后稳定，而地区则不断减少直至消失；市辖区的数量也呈总体上升趋势，而县的数量总体上则下降。从时间上来看，20 世纪 90 年代的行政区划调整较为频繁，而 2000 年后山东半岛蓝色经济区地域内各行政区数量则相对稳定。近年来，随着山东半岛蓝色经济区的建设，行政区划又进行了部分调整（表 4）。

表 4　山东半岛蓝色经济区 2009 年以来县级以上行政区划的部分调整

战略	时间	类型	原行政区划	新行政区划
山东半岛蓝色经济区	2017 年	撤市设区	即墨市	青岛市即墨区
	2016 年	撤县设区	垦利县	东营市垦利区
	2014 年	政区升格	黄岛区	青岛西海岸新区
	2014 年	撤市设区	文登市（不含汪疃镇、苘山镇）	威海市文登区
	2014 年	撤县设区	沾化县	滨州市沾化区
	2012 年	合并设区	市北区、四方区	青岛市市北区
	2012 年	合并社区	黄岛区、胶南市	青岛市黄岛区

① 马学广，李鲁奇. 全球重构中尺度重组及其地域性管制实践研究［J］. 地域研究与开发，2017（2）：1-6.

② 沈建法. 空间、尺度与政府：重构中国城市体系［M］∥吴缚龙，马润潮，张京祥. 转型与重构：中国城市发展多维透视. 南京：东南大学出版社，2007：22-38.

续表

战略	时间	类型	原行政区划	新行政区划
海上山东	2004 年	设区	东港区的岚山头等	日照市岚山区
	2000 年	撤市设区	县级滨州市	滨城区
	1996 年	撤县设市	海阳县	海阳市
	1995 年	撤县设市	栖霞县	栖霞市
	1994 年	撤市设区	牟平县	烟台市牟平区、莱山区
	1994 年	撤县设市	高密县	高密市
	1994 年	设区	崂山区的城阳等镇	青岛市城阳区
	1994 年	合并设区	台东区、市北区	青岛市市北区
	1993 年	撤县设市	乳山县	乳山市
	1992 年	设区	日照市行政区域	日照市东港区
	1991 年	撤县设市	蓬莱县	蓬莱市

2009 年以来，山东半岛蓝色经济区地域范围内的行政区划调整主要是撤市设区、撤县设区和合并设区。撤市设区和撤县设区指文登市和沾化县的调整，其目的是解决地级市市区狭小、蓝色产业发展不协调等问题。通过这一调整，县（市）的管制权力被整合到地级市，从而提高了统筹地区发展、聚集资源要素的能力。合并设区主要指青岛市分别合并市北区和四方区以及黄岛区和胶南市并设立新的市北区和黄岛区的调整。其中原黄岛区发展空间狭小，"地域化"的权力①也造成区县间的不良竞争，以至于同胶南市的产业结构相似系数（2012 年）高达 80.022 6%②。而通过行政区划调整，青岛西海岸地区得以实现空间、管制、产业的整合与协调，这也为后续设立青岛西海岸新区奠定了空间基础。总之，作为制度建构的一个重要方面，山东半岛蓝色经济区近年来的行政区划调整都是朝向区域整合的方向进行的，但它主要发生于地级市以内而较少涉及跨市域边界的调整。

---

① 马学广，王爱民，闫小培．权力视角下的城市空间资源配置研究［J］．规划师，2008，24（01）：77-82.

② 黄少安，李增刚．山东半岛蓝色经济区发展报告 2014［M］．北京：中国人民大学出版社，2015：272-284.

3.4　山东半岛蓝色经济区跨界公共事务的制度化协调

跨界公共事务的制度化协调主要包括政府间行政协议的签署以及政府间合作论坛的持续举办等。在山东半岛蓝色经济区的制度建构中，除局限于市域内的空间和职能调整外，另一个重要的制度化协调方式是城市间的跨边界的合作①，它更直观地体现了山东半岛蓝色经济区的区域空间生产过程。其中，跨界公共事务制度化协调最典型的两种形式是行政协议的签订与合作论坛的举行。

签署行政协议是山东半岛蓝色经济区制度化城市合作机制的重要形式②。2009 年之前，山东半岛蓝色经济区各市就已开始订立合作协议，如 2004 年青岛与日照签署的《关于进一步发展两市交流合作关系的框架协议》。2009 年以后，山东半岛蓝色经济区内各市间的合作协议日益增多（表 5），其中以市际双边协议为主，如 2012 年青岛市分别与山东半岛其他五市签订的《战略合作框架协议》，同时也存在若干多边协议，如 2011 年的《加强区域合作交流推进青潍日城镇组团发展合作书》等。这一自下而上的区域化空间生产形式，是山东半岛蓝色经济区制度建构的关键形式。山东半岛蓝色经济区的空间生产在很大程度上是一个自上而下的"诱导"过程，其中，中央政府和山东省政府扮演关键角色③，比如制定和批复城市发展规划、下放审批权限等。而城市间合作协议的签订，表明山东半岛蓝色经济区内合作型政府④开始兴起，管制权力也随之相对自发地向区域尺度上移。不过，这些协议的订立主体仍以各市政府为主⑤，而缺少其他主体的参与。

---

① 马学广，李鲁奇．全球重构中尺度重组及其地域性管制实践研究［J］．地域研究与开发，2017（02）：1-6.

② 马学广，孙凯．山东沿海城市带地方政府跨政区合作研究［J］．青岛科技大学学报（社会科学版），2015（03）：7-13.

③ 李辉，王学栋．山东半岛蓝色经济区建设中的地方政府间合作研究［J］．中国石油大学学报（社会科学版），2011（06）：53-57.

④ 马学广，王爱民，闫小培．从行政分权到跨域治理：我国地方政府治理方式变革研究［J］．地理与地理信息科学，2008，24（01）：49-55.

⑤ 王佃利，梁帅．跨界问题与半岛蓝色经济区一体化发展探析［J］．山东社会科学，2012（03）：54-59.

表5　山东半岛蓝色经济区各城市间签署的部分合作协议

时间	地方政府	合作协议
2018 年	青岛、潍坊	《潍坊青岛共建进口肉类口岸合作协议》
2014 年	青岛、烟台、潍坊等	《山东半岛蓝色经济区联席会议制度》
2014 年	青岛、烟台、潍坊等	《推进山东半岛蓝色经济区建设重点工作》
2012 年	青岛、东营	《全面战略合作框架协议》
2012 年	青岛、烟台	《全面战略合作框架协议》
2012 年	青岛、威海	《全面战略合作框架协议》
2012 年	青岛、日照	《加快推进蓝色经济区建设战略合作框架协议》
2012 年	青岛、潍坊	《加快推进全面发展战略合作框架协议》
2011 年	青岛、潍坊、日照	《加强区域合作交流推进青潍日城镇组团发展合作书》
2009 年	青岛、日照、烟台	《战略联盟框架协议》
2008 年	烟台、威海	《烟威区域合作关系框架协议书》
2007 年	青岛、潍坊	《潍坊-青岛战略合作协议》
2007 年	青岛、潍坊	《关于加强交流合作促进共同发展的框架协议》
2004 年	青岛、日照	《关于进一步发展两市交流合作关系的框架协议》

　　跨界公共事务制度化协调的另一种城市合作形式是各类政府间合作论坛的举行，这些相对松散、灵活的合作方式已开始超越政府内部的制度建构而包含多元主体间的协商，即日益体现出"尺度治理"（Governance）的特征[①]。"蓝色经济大家谈"（暨半岛市长论坛）是山东半岛蓝色经济区最重要的发展论坛，至今已举办六届（表6）。前四届同"半岛市长论坛"相结合，关注区域一体化、蓝色产业发展等问题，第五届转向"金融改革"等议题，第六届打破了以往7地市市长对话模式，首次采用专属城市定制模式即青潍对话，特邀青岛蓝色硅谷核心区管委会对话潍坊滨海经济技术开发区，旨在促进海洋生物资源的开发与利用，构建技术合作与交流平台。这一政府间合作论坛包含政府代表、企业代表、学者、市民和媒体等多元行为主体，因而同时涉及人际网络的建立、政府组织间的协作、行政体系与市场体系的协调等，即从个体、组织、

---

① 罗小龙，沈建法，陈雯. 新区域主义视角下的管治尺度建构：以南京都市圈建设为例 [J]. 长江流域资源与环境，2009，18（07）：603-608.

系统等方面①都明显体现了"尺度治理"的思想。

表6 山东半岛蓝色经济区历届"蓝色经济大家谈"（暨半岛市长论坛）的主题

论坛	时间	地点	主题
第六届	2015 年	潍坊	青潍对接
第五届	2014 年	青岛	2014 财富对话
第四届	2013 年	潍坊	创新引领·融合发展
第三届	2012 年	青岛	科技·产业·竞争力
第二届	2011 年	青岛	对话院士·助力蓝色产业发展
第一届	2010 年	青岛	蓝色经济浪潮中，各城市的角色定位和一体化

与此同时，山东半岛蓝色经济区内各市还通过交通、通信、电力等基础设施的互联推进"同城化"。同城化的本质是实现区域治理融合的同城效应过程，是城市发展到一定阶段的产物②。山东半岛蓝色经济区同城化的具体案例包括：2014 年贯通青岛、烟台、威海三市的青荣城际铁路使胶东三市迈入"一小时生活圈"以及烟台与威海计划统一电话区号等。这些不同的同城化合作形式都相对弱化了城市间的行政边界并进一步推动了山东半岛蓝色经济区的区域空间生产与合作治理进程。

4 结论与讨论

基于尺度重组的理论视角，分析了作为海洋国家战略区域的山东半岛蓝色经济区的空间生产过程和尺度治理机制。在区域空间生产的策略建构过程中，区域合法性的获得成为基本目标，它通过两类策略实现：首先，建构以"蓝色"为核心的话语，并通过说服和激励两种方式动员省内各级政府和社会的支持；其次，通过重塑"蓝色"话语并适应"国家海洋战略"等霸权话语以及同国家海洋局建立联系等方式进行尺度跳跃，以获得中央政府的支持。而在区

---

① Jessop B. The Rise of Governance and the Risks of Failure：The Case of Economic Development ［J］. International Social Science Journal，1998，50（01）：29-45.

② 马学广，窦鹏. 中国城市群同城化发展进程及其比较研究 ［J］. 区域经济评论，2018（5）：105-115.

域空间生产的制度建构过程中，基本目标则是建立起区域尺度赖以存在的制度架构，因而组织、空间（尺度、地域、跨界）等方面的制度调整成为基本手段。尽管表现各异，但这些具体的建构方式或体现了对尺度的直接运用、或体现了尺度间关系的转变等，因而在不同程度上都统一于山东半岛蓝色经济区的尺度重组过程（图6）。

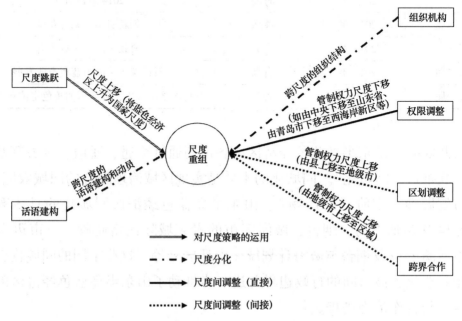

图6　区域空间生产与尺度治理在尺度重组概念上的统一性

同其他国家战略区域相比，山东半岛蓝色经济区的空间生产存在两个突出特征：首先，基于本地鲜明的海洋特色而建构起来的以"蓝色"为核心的话语在合法性的获得中扮演关键角色。海洋是山东半岛蓝色经济区的核心发展定位，它因被融入国家海洋战略而成为山东半岛蓝色经济区至关重要的合法性来源，而推动这一海洋特色被人们所熟知和承认的一个重要因素正是由山东省不同主体所共同建构起来的"蓝色"话语，它广泛存在于政府文件、媒体报道、学术研究、社会讨论中，使得山东半岛蓝色经济区的海洋经济特色日趋突出，进而在国家区域规划中脱颖而出。其次，国家战略区域并不特指城市尺度之上的区域尺度，而是指所有被上升为国家战略的地域综合体。从这个意义上来看，山东半岛蓝色经济区空间生产中的另一特征在于它嵌套了另一国家战略区域，即青岛西海岸新区。由于青岛西海岸新区享有省级经济管理权限，因此，它的设立引发了更为剧烈的、特定性的（即朝向特定地域的）权限下放活动，进而更强烈地重构了山东半岛蓝色经济区内的尺度间关系。

不过，总体来看，由于国家战略区域的空间生产必然涉及区域合法性的获得和区域治理制度架构的形成，因此其他国家战略区域同山东半岛蓝色经济区的区域空间生产之间仍存在较多相似点，尤其是涉及尺度跳跃、制度化组织机构的设立、政府间合作协议的签订、行政地域的空间重构、行政管理权限的重组等具体的策略和制度建构方式时，各个国家战略区域的共性更为突出。从这个意义上来看，基于对山东半岛蓝色经济区的分析而发展起来的策略-制度分析思路在对其他国家战略区域的分析中具有一定的借鉴意义。

不过，这一区域空间生产过程和尺度治理机制的适用性，通常仅限于对策略建构和制度建构进行二分的层面（即图7中的第Ⅰ层次）。换言之，本文中所涉及的山东半岛蓝色经济区策略建构的两个基本手段和制度建构的4个主要内容（即图7中的第Ⅱ层次）及其具体表现（即图7中的第Ⅲ层次）既难以涵盖所有可能的国家战略区域的建构方式，也难以同时在其他案例中以同样的方式体现出来，因此，它们对于其他国家战略区域的分析仍仅具有参照意义。在这种情况下，可在区分策略建构与制度建构的基础上依据地方上特定的发展定位、空间格局、权力关系等重新建构分析思路，以更准确地剖析不同国家战略区域的建构中所体现的复杂的尺度重组现象。

此外，在山东半岛蓝色经济区空间生产过程和尺度治理机制的策略建构和制度建构分析中，分别借鉴了后结构方法和政治经济方法的尺度研究思路。一方面，策略建构中的话语建构，尤其是适应霸权话语的过程体现了行动主体对尺度的主观建构，这时尺度不再作为客观实体和分析预设，而是由行动者所定义的，如将山东半岛蓝色经济区的建构"理解为""塑造为"国家尺度的问题；另一方面，在制度建构中，尺度则被视为客观实体和外部结构，它一方面因社会关系的变动而发生持续重构；另一方面又影响了其中所运作的社会关系。这一分析方式既非将二者相分离，也非将二者相融合①，而是通过并行的

---

① MacKinnon D. Reconstructing Scale: Towards a New Scalar Politics [J]. Progress in Human Geography, 2010, 35 (01): 21-36.

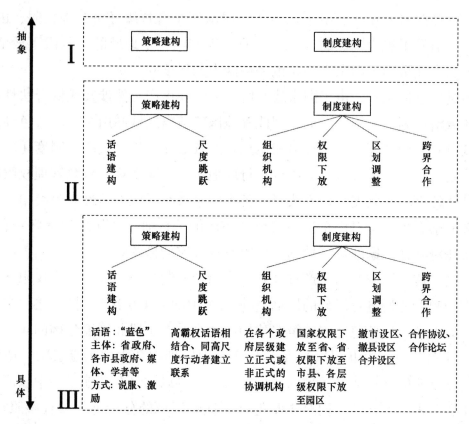

图7　区域空间生产与尺度治理在不同抽象程度上的分析架构

分析从更多样的研究视角剖析区域尺度的建构过程。

本文的主要结论是：①地方上特定的发展条件对尺度重组过程有强烈影响，并由此产生各异的重构趋势，因此"具体层面"的尺度重组研究应关注这些多样的趋势及其形成机制，因此需要高度关注区域的独特性及其负载的专有职能。②区域空间生产并不意味着管制权力朝向单一的区域尺度聚集，而是表现为复杂的、多向的权力关系变动，因此，需要高度关注各个尺度层级之间的结构关系及其相互作用形式。③尺度重组由多个行动者基于各自利益所共同推动，而非由单一行动者所主导，因此需要高度关注利益的识别、研判及聚合。④尺度重组本质上是行动者间权力和利益的重组，因此策略和制度建构中所隐含的复杂权力和利益关系成为关注点，因此需要高度关注资源流动的方向及其结构。

作者简介：

马学广，教授，中国海洋大学中澳海岸带管理研究中心中方主任，教育部人文社会科学重点研究基地中国海洋大学海洋发展研究院研究员。

李鲁奇，博士研究生，华东师范大学城市与区域科学学院。

北极安全与新《中华人民共和国国家安全法》视角下中国国家安全利益

刘芳明，刘大海

（自然资源部第一海洋研究所 海洋政策研究中心，山东 青岛 266061）

摘要： 全球气候变化正在改变北极地区的自然形态，随之而来的是区域地缘政治格局发生重大转变，北极国家纷纷加强本国的军事力量和军事部署，地区呈现军事竞争态势。新《中华人民共和国国家安全法》阐明了中国在极地等新疆域的利益诉求，据此，本文界定了中国在北极地区存在着的 5 种安全利益，分别是地缘战略和军事安全利益、航道安全利益、资产和人员安全利益、气候和环境安全利益、资源和能源安全利益。为实现我国在北极的国家安全利益目标，本文从表明我国参与北极事务的基本理念和价值观、布局国内外军事力量、增强我国在北极的活动能力和提升我国北极综合治理能力 4 个维度，提出我国在北极的战略政策和行动建议，为国家制定北极安全战略提供思路。

关键词： 北极；《中华人民共和国国家安全法》；安全利益；战略

2015 年 7 月 1 日，第十二届全国人民代表大会常务委员会第十五次会议通过了《中华人民共和国国家安全法》（以下简称新《国家安全法》），其中，第三十二条提出"国家坚持和平探索和利用外层空间、国际海底区域和极地，增强安全进出、科学考察、开发利用的能力，加强国际合作、维护我国在外层空间、国际海底区域和极地的活动、资产和其他利益的安全"，首次以法律形式阐明我国的极地利益诉求。2015 年 10 月，党的十八届五中全会提出"积极参与极地等新领域国际规则制定"，并被写入国家"十三五"规划中，极地事务上升为国家战略。2016 年 9 月，习近平总书记在主持中共中央政治局第三十五次集体学习时指出，积极参与制定海洋、极地等新兴领域治理规则。2017 年 1 月，习近平总书记出席"共商共筑人类命运共同体"会议时指出，要秉持和平、主权、普惠、共治原则，把深海、极地、外空、互联网等领域打造成各方合作的新疆域。以习近平总书记为核心的新一届党中央，站在全球战略的高度，指出要认识极地、保护极地、利用极地。

北极地区蕴含的丰富自然资源和即将进入商业开发的北极航道驱动着区域地缘政治格局的转变，北极国家纷纷加强本国的军事力量建设，地区已初步呈现军事竞争态势。在此背景下，亟须根据新《国家安全法》的要求，审视并明确我国在北极地区的国家安全利益，并开展我国北极安全战略和政策研究，为北极事务谋划布局提供决策支持。

1　北极地区战略价值及北极安全发展态势

北极地区位于地球的最北端，其中大部分为广袤的北冰洋，四周是亚洲、欧洲、北美洲三大洲的北部地区，地理位置独特，战略价值重大①，首先，北极地区是俯瞰北半球的战略制高点。当今世界主要的大国都集中在北半球，北极点是距离各大国最短的中心点，北极成为空天武器布置的理想地点，在极点及附近部署的军事力量所发射的导弹及其他武器，可以以最短时间飞抵北半球各大国腹地，形成打击能力。此外，北极地区联通"三洲两洋"的战略通道将使军事力量调动更加隐蔽和快捷②，随着北极航道的开通，通过北冰洋进行军力投送将使军事行动更加便利和多样化③。其次，北极地区是实施战略威慑的理想地域④。由于厚厚的海冰作为天然屏障，部署在海冰下面的核潜艇可以免受卫星、侦察机、水面舰艇的有效侦查和打击⑤。只能通过水下攻击性潜艇对其构成威胁。在北冰洋下方部署的导弹战略核潜艇能够快速突防北极沿岸国家。未来战争中，各国高度依赖通信卫星、导航卫星和遥感卫星等提供的精准数据服务，北极地区是打击近地卫星、破坏军事信息传递的理想场所。第三，

---

① 北极问题研究编写组. 北极问题研究［M］. 北京：海洋出版社，2011.
② 北极问题研究编写组. 北极问题研究［M］. 北京：海洋出版社，2011.
③ 何奇松. 气候变化与北极地缘政治博弈［J］. 外交评论，2010，27（5）：113-122.
④ 北极问题研究编写组. 北极问题研究［M］. 北京：海洋出版社，2011.
⑤ 陆俊元. 北极地缘政治与中国应对［M］. 北京：时事出版社，2010.

北极地区对于战场勤务保障具有特殊意义。北极地区是全球最寒冷的区域之一，也是众多气象变化的源头，有着独特的环境特征，为大国战场勤务保障提供了重要的便利条件，北极地区在军事气象保障方面具有先天优势，能够从源头开展中长期的天气预报和气候预测；北极是全球两大寒极、磁极之一，极端和特殊的环境条件是军事技术研发的重要试验场①。

未来，全球气候变暖将继续加快冰原减少和变薄，北极航道通航时间日益延长，极大地改变欧亚大陆及北极航道沿岸国家乃至印度洋太平洋的物流版图，区域和全球的地缘政治格局随之变化②。北极地区的军事格局将再次改变。冷战期间，东西方之间的战略竞争蔓延到了北极，这一局面从20世纪90年代开始发生显著变化，人类从利益共享的美好意愿出发，开启了北极合作的新时期③。然而，2007年8月2日，俄罗斯科考人员在北极点海底插旗事件刺激了其他北极国家。2007年8月，俄罗斯分别恢复了战略航空兵飞行和北方舰队军舰在北冰洋的作战值班，自此，开启了北极地区新一轮的战略竞争，2007年至2017年的10年间，北极国家运用综合手段加强北极的军事能力。战略层面，各国竞相发布北极相关战略，定义国家在北极地区的利益，通过顶层设计指引北极行动方向，这些战略中不乏军事计划。军事力量建设层面，俄罗斯通过新增军事基地、加强北方舰队实力、升级核动力破冰船队等方式，确保在该区域的领先优势④；美国计划新建破冰船，升级北极地区港口、机场，为武装力量提供适应北极条件的武器系统、探测系统、通信和智慧系统等军用和民用设施的建设，加强北极前沿存在⑤，丹麦宣布组建北极联合指挥部和快速反应部队，应对地区地缘政治改变带来的挑战；加拿大将通过建立北极地区特种部队、新建冰上巡逻舰艇和大排水量破冰船、修建航海基础设施和深水码头等手段为国家在北极地区的利益提供支持；挪威将战略指挥部部署在北极，直接抵

① 北极问题研究编写组. 北极问题研究 [M]. 北京：海洋出版社，2011.

② 张文木. 21世纪气候变化与中国国家安全 [J]. 太平洋学报，2016，24 (12)：51-63.

③ Tamnes R, Offerdal K. Geopolitics and Security in the Arctic：Regional dynamics in a global world [M]. New York：Routledge. 2014.

④ 马建光，孙迁杰. 俄罗斯海洋战略嬗变及其对地缘政治的影响探析——基于新旧两版《俄联邦海洋学说》的对比 [J]. 太平洋学报，2015 (11)：20-30.

⑤ Ronald O'Rourke. Changes in the Arctic：Background and Issues for Congress. [EB/OL]. https：//fas. org/sgp/crs/misc/R41153. Pdf, 2017-5-16.

近可能发生冲突的地区①。此外，主要大国或单独或联合举行军事演习，演习行动加剧了北约成员国（加拿大、丹麦、挪威和美国）与俄罗斯的对抗②。北极地区的军事活动日趋活跃，给该地区蒙上了新的冷战色彩，这种变化，为地区安全带来了隐患。我国虽非北极的域内国家，但区域军事冲突将会影响到我国的国家安全利益，需对当地的军事发展态势予以密切关注和警惕。

北极地区安全的纵向（安全层次扩大）和横向（安全领域增加）维度的变化导致了国际社会对北极地区超越国家主义的传统安全和非传统安全的关注③。北极地区除了传统安全发生变化外，环境和气候、社会和经济等领域安全也将受到影响。首先是气候变化导致的安全问题，北极冰盖融化导致的各种极端气候现象，如洪水、干旱等，将造成粮食减产。其次，沿海风暴潮、海冰、洪水等自然灾害将给海运和当地社区造成重大危害④。而人类对北极资源的开发将导致自然生态和环境安全受到影响。如海上溢油或钻井作业失误将导致海洋环境受损。

2 中国北极国家安全利益分析与定位

新《国家安全法》对政治安全、国土安全、军事安全、文化安全、科技安全等 11 个领域的国家安全任务进行了明确，新《国家安全法》的实施，标志着中国的国家安全工作步入了法治轨道，为统领国家安全各领域工作提供了法律依据，北极安全应在国家安全法的指引下开展维护工作。新《国家安全法》明确规定："国家安全工作应当坚持总体国家安全观。"⑤

---

① 谢尔盖.康斯坦丁诺维奇.奥兹诺比谢夫.北极国家的军事活动［C］.俄罗斯国际事务委员会.北极地区国际合作问题（第一卷）.北京：世界知识出版社，2016.

② Siemon T. Wezeman. Military capabilities in the Arctic：A new cold war in the High North?.［OL］.瑞典斯德哥尔摩国际和平研究所. https：//www. sipri. org/.../Military-capabilities-in-the-Arctic. pdf, 2017-2-17.

③ 王传兴.北极地区安全维度变化与北极地区议题安全化［J］.国际安全研究，2013（3）：101-115.

④ EICKEN H, MAHONEY A, JONES J, et al. The potential contribution of sustained, integrated observations to Arctic maritime domain awareness and common operational picture development in a hybrid research-operational setting［C］. Fairbanks（Alaska）：Arctic Observing Summit, 2016：1-16.

⑤ 熊光清.为什么要提出总体国家安全观［OL］. http：//theory. people. com. cn/n1/2017/0803/c40531-29446249. html. 2017-08-03.

大国利益关系在极地问题上出现的复杂动向，不仅涉及环境安全，还涉及经济安全、能源安全、空间通信安全和空间军事安全①。中国作为域外国家，与北极国家没有主权、主权权利和管辖权上的利益冲突，但北极安全与中国国家安全利益密切相关。郭学堂认为中国需要从全球战略高度看待极地地区问题。

2009年以来，学界对北极的中国利益进行了较为系统地分析，但对中国在北极的安全利益学者的看法并不一致。部分学者认同北极的国家安全利益主要体现在非传统安全领域。丁煌认为北极安全利益表现为能源安全利益和环境安全利益②。陆俊元认为中国在北极地区的国家利益总体上属于一种发展利益，其中部分利益在一定程度上浸入到安全层面，但目前主要是在非传统安全领域③。另一部分学者认为，北极地区同时有中国的军事安全利益存在。贺鉴从国家总体安全观角度，阐明了北极地区特别是北极航道的安全对中国的意义，认为攸关中国的军事安全、经济安全、资源安全、核安全和生态安全④。俄罗斯学者也认为中国在北极存在地缘政治利益以及与之紧密相关的军事——战略利益⑤。许多西方专家认为，中国奉行北极政策，支持其制定国际秩序的宏伟战略，以便中国作为全球力量的利益得到妥善解决，这涉及扩大中国的军事和经济实力，逐步推进中国的利益⑥。中国在日益开放和可航行的北极地区存在环境、能源、经济和安全利益⑦。对中国北极安全利益的界定不同，部分源于学者理论视角和问题切入点各异，再者，与中国不同发展阶段的政府对外定位、政策目标变化有关。

从政府层面看，很长一段时间以来，中国没有向国际社会明确自身所追求

① 郭学堂. 中国需从全球战略高度看待极地地区问题 [J]. 社会观察，2008：65.
② 丁煌. 极地国家政策研究报告. 2014-2015 [M]. 北京：科学出版社，2016.
③ 陆俊元，张侠. 中国北极权益与政策研究 [M]. 北京：时事出版社，2016.
④ 贺鉴，刘磊. 总体国家安全观视角中的北极通道安全 [J]. 国际安全研究，2015（6）：132-150.
⑤ 维亚切斯拉夫. 弗谢沃洛多维奇. 卡尔卢索夫. 中国全球化下的北极维度 [C]. 俄罗斯国际事务委员会. 北极地区国际合作问题（第一卷）. 北京：世界知识出版社，2016.
⑥ Elizabeth Wishnick . China's Interests and Goals in the Arctic Implications for the United States . [R]. Newport，Rhode Island：Strategic Studies Institute and U. S. Army War College Press，2017.
⑦ Caitlin Campbell . China and the Arctic：Objectives and Obstacles. [R]. Washington，DC：U. S. - China Economic and Security Review Commission，2012.

的国家利益及战略目标①。2009 年 7 月，中国外交部部长助理胡正跃在斯瓦尔巴群岛做了"中国北极政策"演讲，2010 年 7 月，中国外交部网站刊发了此次演讲，并对内容做了扩充，题目定为《中国对于北极合作的看法》，表明了中国对北极事务的官方态度。2015 年 10 月，外交部副部长张明在第三届北极圈论坛大会发表了"中国的北极活动与政策主张"的主旨演讲，阐释了中国的北极政策理念和六项具体政策主张②。然而，政府并未发布权威的北极战略③。2016 年 7 月，新《国家安全法》的颁布，第一次从法律角度明确了中国的极地利益诉求，2017 年 6 月，国家发改委和国家海洋局联合发布《"一带一路"建设海上合作设想》，文件从经济角度提出推动共建经北冰洋连接欧洲的蓝色经济通道，积极参与北极开发利用。2018 年 1 月，国务院发布了《中国的北极政策》白皮书，这是官方首次发布的北极战略文件，文件中提到"中国与北极的跨区域和全球性问题息息相关，特别是北极的气候变化、环境、科研、航道利用、资源勘探与开发、安全、国际治理等问题，关系到世界各国和人类的共同生存与发展，与包括中国在内的北极域外国家的利益密不可分④"。中国在北极的科考、商业捕鱼、航道利用、经济投资、能源合作⑤等活动的日渐增多，涉及的安全问题也随之显现，根据新《国家安全法》和政府有关文件对北极活动和资产的安全需求，结合学者的研究成果，作者认为中国在北极的国家安全利益分为五大类。

（1）地缘战略和军事安全利益。北极地区是中国战略安全环境的组成部分，其安全局势关系到中国的外部安全环境⑥。作为北半球国家，美、俄在北极地区部署的导弹防御系统、核潜艇等设施对中国存在战略威慑⑦。中国居于

---

① 丁煌. 极地国家政策研究报告. 2014—2015 ［M］. 北京：科学出版社，2016.

② 外交部副部长张明出席第三届北极圈论坛大会并发表主旨演讲. ［OL］. 外交部，http：//www.fmprc. gov. cn/web/wjbxw_ 673019/t1306849. shtml. 2015-10-17.

③ 杨剑. 亚洲国家与北极未来 ［M］. 北京：时事出版社，2015.

④ 《中国的北极政策》白皮书. ［OL］. 国务院新闻办公室. http：//www. scio. gov. cn/zfbps/32832/Document/1618203/1618203. htm，2018-01-26.

⑤ Heather A. Conley. ［OL］. 美国国际战略研究中心，https：//www. csis. org/analysis/chinas-arctic-dream，2018-1-26.

⑥ 陆俊元，张侠. 中国北极权益与政策研究 ［M］. 北京：时事出版社，2016.

⑦ 邓贝西，张侠. 试析北极安全态势发展与安全机制构建 ［J］. 太平洋学报，2016，24（12）：42-50.

地理和技术上的双重劣势，特别是战略核力量的安全压力首当其冲①。此外，必须考虑中国在北极上空运行的卫星存在的空间军事安全和空间通信安全风险②。中国需要发展相应的军事防御能力和主动出击能力，以充分应对来自北极地区的战略威慑和潜在的安全威胁。

（2）航道安全利益。北极航道通航后，将面临自然和社会条件的安全保障问题，首先北极航道自然环境恶劣，海冰、气候、气象和水文等要素给船只航行带来了安全隐患，其次，北极航道在破冰、导航、护航、搜救、通信、补给、后勤保障、应急各环节都明显不足。航行安全保障是中国在北极航道利用方面的重大利益表现③。而美、俄对北极制空权和对北极战略通道（如白令海峡）的制海权掌控的绝对优势也将对中国保障未来北极航道的商业通航带来挑战④。中国需要发展全面、综合的航道安全保障能力，这关系到我国在北极能否"安全进出"。

（3）资产和人员安全利益。2003年，中国首次向南极、北极发射了卫星，绕着南北极上空运行⑤，2004年7月，中国在挪威斯匹次卑尔根群岛的新奥尔松建立了第一个科考站——黄河站，可供20～25人同时工作和居住，并且建有用于高空大气物理等项目的观测平台⑥。2013年以来，中国在北极地区先后建设了极光联合观测台⑦、北斗系统基准站⑧、中国遥感卫星地面站北极接收

---

① 贺鉴，刘磊. 总体国家安全观视角中的北极通道安全 [J]. 国际安全研究，2015（6）：132-150.

② 郭学堂. 中国需从全球战略高度看待极地地区问题 [J]. 社会观察，2008：65.

③ 陆俊元，张侠. 中国北极权益与政策研究 [M]. 北京：时事出版社，2016.

④ 邓贝西，张侠. 试析北极安全态势发展与安全机制构建 [J]. 太平洋学报，2016，24（12）：42-50.

⑤ 北京晚报. 我国首个国际空间探测计划进入倒计时. [OL]. 北京晚报，http://www.cas.cn/xw/cmsm/200307/t20030706_2692947.shtml，2003-07-06.

⑥ 国家海洋局极地考察办公室. 中国北极黄河站. [OL]. 国家海洋局极地考察办公室，http://www.polar.gov.cn/stationDetail/？id=442，2017-06-10.

⑦ 新华社. 中国与冰岛在冰岛第二大城市建立极光联合观测台. [OL]. 中央人民政府网，http://www.gov.cn/jrzg/2013-10/10/content_2503565.htm，2013-10-10.

⑧ 中国卫星导航定位应用管理中心. 中国北极黄河站"北斗系统"基准站开通运行. [OL]. 中国卫星导航定位应用管理中心网，http://www.chinabeidou.gov.cn/xinwen/635.html，2016-09-02.

站①等设施，考虑未来的需求，中国还会铺设海底光缆②③、电缆和建设海上平台等设施，这些资产是科学考察和经济活动的保障，观测和接收平台产生的功能数据对于国家安全至关重要。随着与北极国家合作深入，中国越来越多的企业参与到北极地区的资源开发和工业发展当中，基础设施和人员安全也需要纳入国家安全利益中统一考虑。

（4）气候和环境安全利益。北极作为全球两大冷源之一，深刻影响着我国的气温和降水④，北极冰盖融化导致全球（包括中国）产生各种极端天气现象和洪水、干旱等毁灭性灾害，海平面上升对我国沿海地区安全潜在的不利影响是我们需要应对的一个巨大的环境安全问题。此外，北极气候变化还将影响中国的自然生态系统、森林、水资源、农业生产、牧业、旅游等经济活动和社会生活各个层面⑤。全球变暖、北极冰盖消融，会对中国经济产生影响，例如，极端天气以及因此造成的粮食生产困难乃至粮食安全问题⑥。中国必须重视北极地区环境和生态变化，将气候和环境安全利益纳入国家安全范畴，从维护国家安全高度，加强监测和预警，应对北极气候变化和环境变化对中国的不利影响。

（5）资源和能源安全利益。根据《联合国海洋法公约》，我国与其他缔约国均拥有在北冰洋公海开展渔业生产、从事国际海底资源开发等相关活动的权利。资源的稀缺性属性令各国对北极海域丰富的渔业资源、矿产和油气资源以及独特的生物（基因）资源争相关注，同时，由于公海和国际海底资源的公共属性，这些资源可能会有被盲目开发利用的风险。我国作为北极利益攸关

①　中国科学院遥感与数字地球研究所. 我国首个海外陆地卫星接收站投入试运行. ［OL］. 中国科学院遥感与数字地球研究所，http：//www. radi. ac. cn/dtxw/rdxw/201612/t20161215＿ 4722293. html，2016-12-15.

②　Elizabeth Wishnick . China's Interests and Goals in the Arctic Implications for the United States . ［R］. Newport, Rhode Island：Strategic Studies Institute and U. S. Army War College Press，2017.

③　俄罗斯卫星通讯社. 芬兰将助中国征服北极. ［OL］. 俄罗斯卫星通讯社，http：//sputniknews. cn/opinion/201704041022256551/，2017-04-04.

④　孙凯，郭培清. 北极治理机制变迁及中国的参与战略研究 ［J］. 世界经济与政治论坛，2012（2）：118-128.

⑤　陆俊元，张侠. 中国北极权益与政策研究 ［M］. 北京：时事出版社，2016.

⑥　Linda jakobson, jingchao Peng. China's Arctic aspiration. ［OL］. 瑞典斯德哥尔摩国际和平研究所，https：//www. sipri. org/sites/default/files/files/PP/SIPRIPP34. pdf，2017-04-04.

者，有责任和义务与其他国家一起加强渔业资源养护、资源和能源可持续利用，共同维护该地区的资源和能源安全。

3 中国北极国家安全利益维护战略建议

我国在北极享有广泛的国家安全利益，如何维护这些利益是当下必须重视的课题。目前我国在北极事务的参与上，缺乏统一的战略规划和立法支撑，存在北极科技投入不足、治理话语权不够等诸多问题，从长远来看，这些问题将严重制约新《国家安全法》中"维护我国极地的活动、资产和其他利益的安全"要求。我国应尽快研究制定"中国北极安全战略"，阐明中国在北极地区的国家安全利益及相关诉求，并制定立法政策文件，确定战略实施计划和保障措施，实现维护北极国家安全利益的目标。

本文从 4 个维度提出我国北极战略布局和行动建议，为国家制定北极安全战略、维护国家安全利益提供思路。

（1）通过政治外交等多种手段，表明中国参与北极事务的理念和价值观。"中国在北极地区的意图不明确，增加了人们的怀疑[1]"类似的观点并不少见，中国应利用不同的政治场合，向外界传达中国声音，阐明中国"认识北极、保护北极、利用北极和参与治理北极"的意愿，与各方以北极为纽带增进共同福祉、发展共同利益。"冰上丝绸之路"是"21 世纪海上丝绸之路"倡议的重要组成部分，"冰上丝绸之路"建设也应遵循"丝路理念"，即"五通"（政策沟通、设施联通、贸易联通、资金融通、民心相通）和"三同"（利益共同体、责任共同体、命运共同体）理念。2017 年 3 月 29 日，国务院副总理汪洋在第四届"北极—对话区域"国际北极论坛表示，中国秉承尊重、合作、可持续三大政策理念参与北极事务[2]，《中国的北极政策》白皮书进一步丰富了这一理念，提出"尊重、合作、共赢、可持续"是中国参与北极事务的基本原则。同时，中国将秉承丝路理念，致力于同各国一道在北极领域推动构建人

---

① Gisela Grieger. China's Arctic policy：How China aligns rights and interests . ［OL］. European Parliamentary Research Service, http：//www. europarl. europa. eu/thinktank/en/document. html？reference = EPRS _ BRI（2018）620231, 2018-04-24.

② 外交部. 汪洋出席第四届国际北极论坛. ［OL］外交部, http：//www. fmprc. gov. cn/web/zyxw/ t1450248. shtml. 2017-09-10.

类命运共同体①。通过上述系列举动，中国向外界明确表达了中国参与北极事务的基本理念和利益诉求。中国是近北极国家、利益攸关者，充分利用、积极完善现有国际组织和相关机制，实现中国在北极的国家安全利益是当前遵循的重要原则。通过国际和地区舞台，不断加强交流与沟通，增强政策透明度，促进与北极国家的互信。如选择北极前沿论坛、北极圈论坛和北极—对话之地三大北极国际论坛讲述"中国北极故事"，积极开展北极公共外交，重视强化与北极原住民和北极原住民组织的沟通和交流②。

（2）通过统筹安排规划，提前布局国内外军事力量。和平开发北极是中国一以贯之的理念和愿望，但国家安全利益受到影响或存在潜在的威胁时，当采取必要的行动和提前做好应对举措。俄罗斯学者分析了中国在北极军事领域的前景是，对位于高纬度的中国海港进行现代化改造，对定位于开辟固定的海上贸易航道、保护相关利益和保障中国北极军事战略存在等前景的中国海军和空军部队进行换装和现代化升级③。在国内布局上，将北极战略与振兴东北战略结合，驱动东北地区成为到北极开发前沿和保障基地。提升吉林东部的战略地位，提前谋划图们江的军事部署，建设珲春战略支点和保障基地，打造环渤海军事和民用港口群，对接和服务于冰上丝绸之路。国外布局上，利用中国常任理事国身份，在世界和平议题中发挥积极作用，维护北极地区安全。积极谋划未来需要或必要的时候，以适当的方式军事介入北极地区④，首先，未来的中国海军或武警当以"护航北极航道，保护北极基础设施、人员和经济利益"为使命，开展相应的海上活动。其次，寻求机会租借北极土地，修建港口、机场和补给基地，保障军事活动顺利开展。第三，开展与北极有关国家的联合演习，加强军事和安全合作。第四，充分关注在北冰洋冰层下的军事能力⑤，适时布局战略核潜艇进入北冰洋海域，执行特殊时期的战略威慑任务。

①　《中国的北极政策》白皮书.　［OL］. 国务院新闻办公室. http：//www. scio. gov. cn/zfbps/32832/Document/1618203/1618203. htm，2018－01－26.

②　赵宁宁. 中国北极治理话语权：现实挑战与提升路径［J］. 社会主义研究，2018，2：133－140.

③　维亚切斯拉夫. 弗谢沃洛多维奇. 卡尔卢索夫. 中国全球化下的北极维度［C］. 俄罗斯国际事务委员会. 北极地区国际合作问题（第一卷）. 北京：世界知识出版社，2016.

④　贺鉴，刘磊. 总体国家安全观视角中的北极通道安全［J］. 国际安全研究，2015（6）：132－150.

⑤　章成，顾兴斌. 论中国对北极事务的参与：法律依据、现实条件和利益需求［J］. 理论月刊，2017（4）：103－107.

（3）通过军民融合手段，增强我国在北极的活动能力。实施军民融合战略，落实《关于经济建设和国防建设融合发展的意见》在北极领域的实际行动，从科学考察、技术创新和产业发展等不同方向发展以支撑北极活动能力。以服务中国北极战略利益为目标，研究制造核动力破冰船，用于北极航线的破冰、导航、护航等用途。开发新型的适合北极极端恶劣条件的战斗机和直升机，以应对未来北极航道可能的军事冲突，保障制空权。加快北斗卫星导航系统开发，实现北极航线军事信息传递①。增加北极永久性科考站数量和升级现有科考站基础设施，建造科考用破冰船、固定翼飞机等，保障北极科考。科技安全是国家综合安全的重要组成部分②。当前，我国极地考察活动能力建设与发达国家仍有较大差距，软件、硬件还需改进和提高，科研能力和技术水平亟须提高③。这种状况将限制我国对北极的认知和了解，进而影响未来的军事和民事能力。应加大军舰航行和战斗所需的水声、气象、地形地貌、水动力等环境要素和气象要素的调查研究；突破冰期、冰层、永冻土等极端条件下军事行动所需特种技术；积极发展低温环境资源勘探、开发和保护相关技术研究。加快极地相关产业引导，以创新驱动极端环境下低温材料、传感器等产业技术研发，促进战略新兴产业发展，从根本上提升中国在北极资源的开发、环境保护和行动保障能力。

（4）通过国际合作机制，提升我国北极综合治理能力。在北极众多的治理议题中，科学研究与认知、环境和生物多样性保护、资源的勘探开发等领域的国际合作已取得长足发展，我国可继续深化与俄罗斯、芬兰、加拿大、冰岛、瑞典、丹麦（格陵兰）等国的双边和多边联系，增强互信，强化上述领域合作。2017年6月，我国政府发布《"一带一路"建设海上合作设想》④，提出了3个大方向的合作领域：北极航道、资源和能源、国际组织活动。因此，应针对3个方向实施具体的合作行动。首先，北极航道合作方面，北极航

---

① 李振福. 丝绸之路——北极航线战略研究［M］. 大连：大连海事大学出版社，2016.

② 肖洋. 地缘科技学与国家安全：中国北极科考的战略深意［J］. 国际安全研究，2015（6）：106-131.

③ 中国海洋在线. 吴军：我们为什么要去极地？［OL］. 中国海洋在线，http：//www. oceanol. com/redian/shiping/2016-03-06/57126. html，2016-03-06.

④ "一带一路"建设海上合作设想.［OL］. 新华社，http：//www. gov. cn/xinwen/2017-06/20/content_ 5203985. htm，2017-06-20.

道开通后，涉及交通和远距离通信等领域的合作前景非常明朗，我国可积极投资港口、灯塔等基础设施建设和改造升级，帮助提升航道安全。此外，与当地国家共同开展北极航道科学考察，共同开发北极环境观测和预测、气象预报、灾害预警、导航和救援等公共保障产品，可为北极地区发展提供公共服务。其次，资源和能源合作方面，中国应加强与北极区域发展的战略合作，中国拥有雄厚的资本、广阔的市场和日益强大的技术基础，是北极国家开发北极资源和航道价值的重要伙伴①。第三，国际组织活动合作方面，中国与北极域内外国家有更为广阔的合作前景。在北极地区八国层面，充分利用北极理事会等治理机制，在安全议题中发挥更为积极的作用，建议尽早启动与北极海岸警卫队论坛接触，在海洋环境安全、海上救援和打击海盗等跨国犯罪等事务中开展合作，建立北极海洋安全公共产品供给机制；在北极域外国家层面，加强中英、中法的双边和中日韩多边北极协商机制建设等，寻求域外国家北极共识，合作探索更深入地参与北极治理的机制，在议题设置和制度供给等方面发挥能动性。

4 结束语

北极由于蕴含着丰富的自然资源、拥有独特的地缘优势引得区域内外国家争相关注。随着冰川融化和科技进步，对北极航道、油气和矿产、生物和渔业等资源的争夺将愈演愈烈，进一步加剧北极地区的军事竞备，地区安全秩序将受到威胁，我国在北极地区存在广泛的、重要的安全利益，尤其冰上丝绸之路纳入国家发展战略后，维护和保障北极安全利益不受侵犯，需要国家从战略高度，及早布局，精心筹划。北极安全利益维护战略应考虑远、近、中三期，从近期来看，可着重关注4个方面：①成立国家极地事务协调委员会，统筹国家极地活动资源，完善极地事务管理体制和机制。②加强北极科学考察、资源开发和其他活动的立法、规划和政策制定工作，为中国在北极的具体活动提供法律支撑和政策指引。③加大支撑北极活动的军事和民事保障能力建设，从技术创新、产业发展、战略布局等不同层面促进国家的北极活动能力。④全方位深

---

① 阮建平. 北极治理变革与中国的参与选择——基于"利益攸关者"理念的思考 [J]. 人民论坛·学术前沿, 2017 (19)：52-61.

化北极事务国际合作，从军事、经济、政治、科技、文化不同领域，融入北极地区发展进程，提升国家北极治理能力和规则制定话语权。总之，在充分发展自身能力建设基础和统筹国内外安全利益诉求的前提下，应充分依托联合国组织框架和北极区域治理机制，发挥中国主观能动性，积极稳妥地推进认识北极、保护北极、利用北极，与北极域内外国家共同推动构建人类命运共同体，维护北极地区的和平与安全。

基金项目：国家海洋局项目"海上执法海洋法律法规专题研究（SY0518003）；国家海洋局"极地战略与政策研究"（JDKC0318001）。

作者简介：

刘芳明，博士，自然资源部第一海洋研究所助理研究员，从事深海极地战略与政策研究，发表论文40余篇，获海洋工程科学技术奖等多项奖励。

拓展大西洋战略空间：
意义、目标与路径

刘大海

（自然资源部第一海洋研究所，山东 青岛 266061）

摘要： 从海洋战略的整体性和海上利益拓展的长远性来看，大西洋海域对于中国未来的海洋战略具有重要意义。基于对大西洋战略意义和当前战略形势的分析，提出拓展大西洋战略空间的建议，从经济贸易、海上安全、外交合作、科研调查等方面对其战略目标进行分析。基于以上，进一步探索大西洋战略的实施路径，对我国在大西洋的已有基础进行了梳理和剖析，同时从 5 个方面提出了拓展大西洋战略空间的政策建议。

关键词： 大西洋；海洋战略；深海；目标；实施路径

1 引言

当前，全球治理体系正处于改革和调整的关键时期，深度参与海洋治理，加快中国走向深海、远海的步伐，获得更多制度性权力，是维护中国海外合法利益、推动构建人类命运共同体的必然要求，也是加快建设中国特色海洋强国的必由之路。虽然中国目前没有获取全球性海洋霸权的野心，大西洋也并非我国海洋建设的核心区域，然而其重要的历史地位与现实意义决定了大西洋在我国海洋强国建设的总体布局中仍应占有较为重要的一席之地，其对中国的战略意义也已逐渐凸显。纵观历史，15—17 世纪"地理大发现"带动了大航海时代的开辟，西方经济的中心由原来的地中海区域转移到大西洋沿岸，从此奠定了大西洋在世界格局中的重要战略地位。直布罗陀海峡、霍尔木兹海峡等世界级战略海峡和巴拿马运河的存在，使得大西洋具有独特的地理优势，成为西方大国持续数百年的海权角逐之地。在大西洋海上贸易大发展的年代，谁能够控制关键战略通道，谁就能获得贸易优先权，从而控制海上贸易，并在必要时能封锁敌国的海上力量。例如，正是由于直布罗陀海峡在地理位置上的不可替代性，英国与西班牙在直布罗陀地区的争议一直持续至今。欧洲在16—19世纪的崛起，很大程度上归因于其大西洋周边国家的崛起。[1]可以说，大西洋海上主导权的起与落，反映了西方海权大国的兴衰史。

环顾当今，大西洋两岸分布着当今世界主要发达国家和多个发展中大国，欧、美传统发达国家大部分集聚在大西洋沿岸区域。大西洋是欧洲和美国之间的主要连接通道，双方的航行史已有数个世纪，其拥有世界75%的重要港口，其中波士顿、纽约、鹿特丹等世界知名港口货物周转量与吞吐量达全世界的60%左右。[2]在美国公开宣称的全球16条海上要道中，与大西洋直接相关的共有7条，包括直布罗陀海峡、巴拿马运河、好望角航线等。欧盟、俄罗斯等对大西洋战略意义的重视从未降低。在资源方面，美、德、法、英、巴西等国家已对大西洋开展了矿产资源调查，其大陆架沉积岩中有重要的石油和天然气沉积物，尤以加勒比海、墨西哥湾和北海为最。[3]例如，欧盟委员会在2011年提出要构建其大西洋海洋战略，并且在2013年5月就通过了《大西洋行动计划》（Action Plan for a Maritime Strategy in the Atlantic area），对欧盟在大西洋的资源开发、科研、环保等活动进行规划。[4]

当前，国际社会以保护生物多样性的名义开始加强对大西洋海域国家管辖范围以外区域（Areas beyond National Jurisdiction，ABNJ）的管控，其实质是拓展大西洋公共海域深海生物和非生物资源的"蓝色经济空间"。根据我国在大西洋发现的优质硫化物推测，大西洋部分矿区储量极有可能达到世界前三的水平。在这些背景下，有必要重新认识大西洋的战略地位，明确我国大西洋战略的目标定位，探索拓展大西洋战略空间的实践路径和政策建议，以为我国的大西洋战略做好评估与规划。

2　大西洋对我国的战略意义

《海权论》的作者阿尔弗雷德·马汉在他的书中高度肯定了大西洋的重要作用，认为其是美国称霸世界的条件之一。他在对外海权扩张纲领中确定了

"建立两洋海军，夺取制海权，开辟国外市场列于首位"的原则。[5]大国的对外战略需要全局观念，战略的本质在于如何分配力量，即是说，尽管大西洋与我国相距较远，且中国并无全球霸权的野心，但是从海洋战略的整体性和海上利益拓展的长远性来看，大西洋对于中国未来的海洋战略具有重要意义。

大西洋对我国拓展深海全球公域潜力巨大，是未来重要的资源保障和战略空间。全球公域是近年来国际关系讨论中经常提到的一个概念，指国家主权管辖之外为全人类利益所系的公共空间。公海是全球公域的重要组成部分。近年来，美国积极开展以"全球公域"为核心的战略部署，我国应在充分认识公域重要性的基础上，进行战略规划。深海蕴藏着丰富的自然资源，其中深海矿产（多金属结核、富钴结壳、热液硫化物等）尤其为各国所重视。地缘政治与资源政治的统一，是现代地缘政治学说的本质特征。[6]目前北大西洋已发现热液活动及其矿点 39 个，南大西洋有 3 个热液点，具有极其丰富的热液硫化物资源潜力，是美、英、法等国重点关注的探矿区，俄罗斯、法国和波兰已在大西洋海域获得多金属硫化物矿区勘探合同，合同区面积共计 30 000 km²。巴西在大西洋取得了 3 000 km² 富钴结壳矿区的专属勘探权。[7]此外，还探明大西洋海底沉积物中存在深海稀土沉积[8]，海底探矿实践和科考结果表明，大西洋具有极其丰富的矿产资源潜力。除矿产、生物和能源等资源，大西洋深海区域作为战略新疆域同时为海底储藏、海底光缆建设等活动提供空间。随着我国综合国力的发展和国家实力的提升，大西洋丰富的资源是我国面向深海发展所须重视的重要区域。

大西洋对我国未来外交与海上战略具有重要影响，是应对他国在"印太"地区围堵的战略选择。2017 年 12 月，美国公布的新版国家安全战略将中国列为对其安全最主要的挑战，大幅渲染中国在印度洋和太平洋区域带来的威胁。[9]借此，美国不断推动其"印太战略"的形成，并联合日本、澳大利亚、印度等国家，采取综合手段进一步遏制中国的发展。例如，美国近年来愈加频繁派军舰到南海执行所谓"航行自由行动"，企图维护美国的海上霸权利益。[10]面对各大国在太平洋、印度洋海上竞争加剧的局面，中国经略大西洋已具有全局性的战略意义。大西洋作为欧、美国家的传统优势战略腹地，具有不可替代的重要意义。面对美国加紧对我国海洋空间战略进行挤压和围堵的现状，大西洋将成为我国发展深海、远海力量新的战略纵深空间，有助于跳出美国在印太地区的包围圈、分散域外大国在我国周边海域注意力、打破对中国遏制封堵局面。

大西洋对我国未来国际贸易的长远布局必不可缺，对中国经济长期健康发展意义重大。大西洋成为我国海外经贸投资利益延伸的重要区域，对未来中国经济进一步对外开放，引领新一轮全球化发展有显著意义。2018 年 3 月，美国总统特朗普宣布将对包括中国在内的多个国家和地区的进口商品增收关税，引发各国的普遍反对与担忧。欧盟虽一直倡导自由经济，但是近两年英国、德国及法国等欧盟大国也开始声称要对来自中国的投资设立专门的审查与监督机制。[11] 在此背景下，中国与大西洋沿岸地区与国家的经济合作的稳定发展成为我国面临的重要课题。当前，在中美贸易摩擦不确定性升级的情况下，中欧自贸区的前景与意义更加凸显。北大西洋沿岸国家是我国最重要的海外贸易伙伴，稳定的国际贸易与投资合作对中国经济的长期健康发展意义重大。南大西洋沿岸的拉美地区和非洲国家经济发展潜力巨大，与中国的经贸、基础设施建设等合作项目也在不断增长，中拉、中非之间的经济互补优势还有巨大的发展空间。

大西洋是我国构建全球海洋战略必不可缺的一环，是我国加强维护国际海洋秩序与海上安全的重要方向。经略大西洋是我国未来海洋战略从区域化走向全球化的未来可能方向之一。中国作为一个传统的陆权国家，对深海大洋的系统经略历时尚短。随着中国综合国力的进一步提升、海上力量的不断增强以及海外利益在全球范围内的不断扩展，中国必将更加全面地参与全球海洋事务，并且广泛参与国际海洋秩序的建设及海上安全的维护，制定将四大洋综合考虑在内的全球化海洋战略是发展的题中之意。[12] 未来，在大西洋彰显存在并发挥作用是中国全球海洋战略中不可或缺的一环，是提升中国全球海上力量投送能力、提升中国海外利益保护能力的必要之举。

3 战略目标分析

立足太平洋，发展印度洋，探索北冰洋，展望大西洋，形成全球海洋战略是对中国传统海洋战略的继承与延伸，是把握当今国际发展趋势、满足国内战略需求的必然结果。考虑到大西洋对中国的战略意义和当前国际发展形势，中国在拓展大西洋空间时应根据中国实际利益需求，有的放矢，有步骤地推进大西洋战略目标的实现。

经济贸易方面，努力维持与北大西洋沿岸欧、美国家的经贸关系稳定并深化合作，探索与南大西洋拉美及西非国家的合作往来。特朗普政府回归贸易保护主义，宣布对华进口商品征收关税，标志着美国在经济领域内进一步由自由主义向贸易保护主义倒退。面对欧、美对中国在贸易与投资领域内的不公正待遇，中国在做出合理回应的同时，也要促使其回到对话与合作的轨道上。与此同时南大西洋沿岸的拉美、非洲国家经济发展潜力巨大，与中国存在广阔的合作空间。应在规避风险的同时，进一步加强与这些国家的经贸合作。

海上安全方面，稳步审慎提升大西洋的海上力量存在，维护海外中国公民人身及财产安全，增强中国海军的远洋投送能力和保障能力，提升中国在公海秩序维护上的参与程度。随着中国国家利益在海外的不断拓展，能够在必要时投送力量保护海外国民与财产安全，成为当前中国在大西洋的现实需求。中国海军在远洋的适度存在，将成为及时保障我国海外利益的必要手段。随着中国国力的持续提高和远洋海上力量的不断发展，中国在大西洋的远洋力量应有所侧重，以海上军演等国际合作为途径，更多参与大西洋的公海安全维护。

外交合作方面，在努力维持对美外交关系总体和平稳定的同时，进一步深化与西欧大西洋沿岸国家的政治互信，并继续拓展与拉美和非洲传统友好伙伴的外交往来，建立深层友好合作关系，将为我国未来在大西洋及周边国家的存在提供良好的政治与外交保障。依托《中欧合作 2020 战略规划》、"中非合作论坛"、"中拉合作论坛"等规划与合作机制，进一步推进中国与大西洋沿岸国家和地区合作的系统化、体系化，为加强友好合作、促进共同发展提供更扎实的制度保障。

科研调查方面，提升对大西洋海域环境与资源的认知和感知能力，在大西洋地区拥有一定的国际海底矿区开发能力，逐步增强中国在大西洋海域资源开发与生态保护方面的影响力。认知大西洋是中国进入该区域的基础前提，需要继续提升在大西洋海域的海洋开发、科研等领域的勘探、调查能力，加大在该地区的科考力度。积极参与国际海底矿产资源综合调查，加快推进大洋矿产资源勘查开发进程。在我国已探明的深海矿区基础上，加强对环境调查的投入，充分掌握矿区及周围海洋空间环境和生物多样性情况。密切关注大西洋海洋空间规划、资源管理等方面的立法与政策发展动向，增强对大西洋治理体系的了解与参与。

4 战略实施路径

战略实施是战略管理过程中非常重要的过程，指的是将战略制定阶段所确定的意图性战略转化为具体行动的过程，从而确保战略目标的实现。战略的实施往往需要战略实施主体根据具体情况进行全面协调与规划，并逐步探索达成战略目标的具体手段。基于以上分析以及前期研究基础[13-14]，我国的大西洋战略实施路径主要有如下几个方面。

4.1 巩固已有基础

近年来，随着国力的增强，我国在大西洋的活动不断增加，已经覆盖了外交、经济、安全、科考等多个领域。在外交方面，我国与更多大西洋国家的合作实现了新的突破，双边合作进展迅速。与英国的全球全面战略伙伴关系的建立，与委内瑞拉、巴西等国全面战略伙伴关系的构建，进一步完善了中国在大西洋地区的伙伴关系网络。值得注意的是，中国与大西洋岛屿国家的政府间合作不断实现新的突破：2017 年年底，加勒比海岛国格林纳达请求中国政府帮助其规划国家经济发展；2018 年 1 月，中国与大西洋岛国佛得角签署了援助佛得角圣文森特岛海洋经济特区规划项目立项换文。这些新增合作为中国与大西洋国家的海上联系注入了新的动力。

在经济方面，我国与大西洋沿岸国家的经贸合作与项目合作持续发展。尽管存在一定的分歧与纠纷，中国与美国及欧盟大国之间的海外贸易仍占据我国对外贸易的关键位置。在北欧地区，我国也在积极与冰岛、丹麦等国家强化经贸关系，并投资发展格陵兰的开矿能力。此外，中国还承担了部分国家的基础设施建设工程。例如，2015 年年底，中国企业承建的喀麦隆-巴西跨大西洋海底电缆系统项目正式签约，成为我国在大西洋海域开展的重要工程之一；2018 年 4 月，中企纳米比亚公路承建项目建成通车，纳米比亚总统根哥布出席仪式。

在安全方面，借助演习与海军外交等活动，我国海上军事力量近年来在大西洋的存在显著提升。2015 年 11 月，中国海军舰艇首次访问美国东海岸，并与美军在大西洋海域进行了联合军事演习；2015 年 5 月，中、俄两国在地中海进行了"海上联合–2015"联合军事演习。这两次海军演习相继创下了中国海军距离本土最远演习的纪录，并且相关演习目前仍在有规律地开展。正如中国驻美大使崔天凯指出，中国海军有能力在维护世界和平、提供公共产品上发挥更大的作用。此外，自 2008 年中国派遣军舰赴西印度洋亚丁湾海域执行反海盗护航任务以来，中国海军在大西洋海域开展了多项非战争军事行动，例如在利比亚的撤侨行动以及海军军舰对英国、法国、丹麦等多个国家的访问。

在科考方面，我国对大西洋的海洋科考区域已由大西洋南部向北部扩展，并取得了重要成果。自 2000 年以来，我国已先后在南大西洋开展了多次大洋航次深海资源调查；2012 年，中国第五次北极科学考察队在北大西洋冰岛附近海域开展以海洋地质学为主的海洋调查，这是我国极地科考史以及海洋调查史上首次在北大西洋开展的科学调查[15]；2017 年 12 月，中国首次环球海洋综合科考暨中国大洋 46 航次大西洋航段科考任务完成，"向阳红 01"船在南大西洋开展了包括海洋地质、海洋生态、大洋环流、海洋气候、海水化学及大洋微塑料等综合性调查研究[16]，增强了对该海域的认知和了解。上述资源勘探与海洋科学综合调查，对国际海洋资源保护与开发具有重要价值，有利于提升我国对大西洋海域环境的认知，是推进我国大西洋海洋战略的重要手段。

尽管我国开展了诸多探索与尝试，但目前我国在大西洋的综合实力和力量存在与欧、美发达国家相比仍差距巨大。展望未来，中国应在进行太平洋、印度洋战略部署的同时，从宏观视角考量世界各大洋的战略价值和战略部署，并采取适当的时机将大西洋纳入海洋战略范围内，这是长远阶段建设海洋强国的必然需求。

4.2　拓展战略空间

为实现新的战略需求，我国应从经贸、科考、海底矿区、安全、国际公约谈判等领域，全方位拓展大西洋战略空间，并为实现该目标，选择正确而高效的路径。结合我国在大西洋的战略目标和我国当前的发展阶段，本文就"拓展大西洋战略空间"提出如下建议。

（1）借助 21 世纪海上丝绸之路发展契机，沿丝绸之路继续向西拓展，深化与大西洋国家的海洋经济与贸易合作，积极发展海洋合作伙伴关系。市场和贸易的发展是推动国家发展和国力提高的重要因素，也是海洋强国建设的支撑。美国、欧盟与中国分别是世界前三大经济体，并且欧、美与中国都有着巨额的双边贸易，货物也主要借助海洋进行运输，努力保持对外贸易稳定发展对各国都极为重要。当前中、美海上竞争态势明显，美、欧贸易分歧也愈加突出。我国在缓解中、美贸易争端，确保中、美贸易稳定发展的同时，应进一步深化中国与欧洲各国的经贸与投资合作，拓展中、欧经贸合作空间，通过互利合作，携手应对国际挑战。与此同时，中国应加强与拉丁美洲东海岸国家和非洲西海岸国家之间的贸易往来，在增强能源领域合作的同时，发挥我国在基础设施建设和项目投资领域内的优势，借力沿岸国家发展关系为将来经营大西洋做好准备。通过经贸合作，中国不仅可以提升与大西洋沿岸国家的经济合作水平，还将通过项目为民众带来切实的利益，这是"一带一路"需要着重发展的方向。

（2）推进大西洋海洋科考，增强海洋勘探认知能力，提升中国对大西洋环境保护与开发的贡献。尽管我国的大西洋战略布局重点是维护合法海洋权益、寻求和平发展，但由于途经西方传统大国力量聚集地，易引起相关国家对我国战略意图的揣度。科考是目前我们增进对大西洋了解的有效方式之一，作为带有公益性质的海洋探索，既能促进中国与大西洋沿岸国家围绕海洋科技创新深化国际合作，又进一步增加了探索开发大西洋海底资源的可能。中国目前在海洋科考领域已经积累了较强的实力与经验，未来在大西洋海域内有着广阔的发展空间。除了展开独立科考，中国可提出区域海洋研究大计划，加强与欧盟和拉美、非洲国家在大西洋的科学考察和海洋环境保护上的合作。与此同时，海洋技术也是未来国际合作的重点领域，拉美和非洲国家对中国技术有着旺盛的需求，随着我国在深海石油开发、矿产勘探以及深海装备等领域的不断突破，这些国家与中国存在巨大的海洋技术合作潜力。强化海洋科考合作，既有利于拓展中国的国家利益，也是中国承担国际责任、积极参与全球海洋治理的表现。

（3）加快大西洋国际海底矿区的申请步伐，拓展大西洋深海战略空间。大西洋海域本身蕴藏着丰富的自然资源，我国可以凭借申请南大西洋深海矿区为契机，以资源勘探为先锋，发挥我国与南大西洋沿岸国家友好关系优势，布局南大西洋区域，以拓展深海战略空间。此前，我国已在东太平洋 CC 区、西南印度洋中脊、西北太平洋海山获批了 4 个国际海底勘探矿区，为区域海洋战略空间拓展打下了良好的基础。但截至目前，我国在大西洋尚未申请深海矿产勘探区，因此，应加快南大西洋金属硫化物矿区的申请步伐，为我国大西洋战略的实施提供战略空间储备。矿区获批后，为我在周边海域精细化调查和研究提供便利，并为矿产资源开采提供科学数据。同时，我国应与南大西洋沿岸国家开展合作，修建资源开发合作基地、港口型综合保障基地等，拓展我国在大西洋的贸易空间、生存空间和安全空间。

（4）中国可以借助海军演习和公海巡航等非战争军事行动，适度加强在大西洋海上力量的存在，增强中国海军在远海遂行多样化任务的能力。中国海军可适时加强与大西洋沿岸国家之间的交流与合作，参加相关联合军事演习，这不仅有利于增强海军执行远海任务的能力，也有利于大西洋海域的公海安全维护。中国也可以在应对非传统安全威胁等方面加强同欧、美国家的双边和多边海上安全合作，就保证运输通道安全推动建立国际合作机制。此外，打击海盗、开展救援行动等既能增强中国在大西洋海上护卫力量的存在，又可以提升中国的国际形象。值得注意的是，在进行相关部署时，中国应注意适当性和适度性，以参与多边联合行动破除"中国威胁论"，增强中国在全球海洋事务上的影响力。在大西洋进行低频率且机制化的和平军事活动与海军外交，是现阶段中国海军加强在大西洋存在的妥善举措。

（5）积极参与国家管辖范围以外海洋生物多样性保护公约的谈判，提升海洋治理制度性话语权。国际关系现实主义学派代表人物摩根索在谈及国际法的产生时表示，共同利益是一种客观需要，是国际法的生命线，应在力所能及的范围内提供大西洋海上公共产品。[17]基于共同利益，国家管辖范围外的生物多样性问题规范已在形成过程之中。联合国大会于2015年将针对国家管辖范围以外区域海洋生物多样性问题制定一部具有法律拘束力的国际法律文件（简称"BBNJ协定"）。经过两年的筹备，联合国大会于2017年12月通过决议，决定于2018年9月正式启动BBNJ协定的政府间谈判。这将是国际社会在《联合国海洋法公约》及其执行协定生效以来最重大的海洋立法活动，也将是我国深度参与全球海洋治理的重要切入点和抓手。所以，该协定将成为我国大西洋战略的法律边界，我国应积极应对，打好这场立法攻坚战，为大西洋战略的实施营造有利的法律环境。

5　结语

在"海洋强国"建设背景下，加快中国走向深海、远海的步伐，拓展大西洋战略空间，成为我国海洋战略发展的现实需求。相较于对太平洋和印度洋战略重心的强调以及对北冰洋重视程度的提升，我国一直对大西洋的重视不够充分，这成为我国全球化海洋战略上薄弱的一环，也与大西洋在全球的重要战略地位并不相符。强化我国在大西洋的已有实践，审慎拓展我国在大西洋的战略空间，将成为构建中国未来大西洋战略的有效途径。中国的大西洋战略，将成为发展中国海洋"外线战略"、打破美国海上封锁、保障中国海外利益的现实举措，也是未来加强中国与其他国家的贸易往来，深化中国对全球治理的参与和贡献的重要手段。

致谢：

本工作得到了海洋公益性行业科研专项（201405029）、海洋战略重大问题研究（2200299）的资助。本文于 2018 年在《海洋开发与管理》第 7 期发表，经作者同意转载于本书，在此一并感谢。

参考文献

［1］　Acemoglu D, Johnson S, Robinson J. The rise of Europe：Atlantic trade, institutional change, and economic growth［J］. American economic review, 2005, 95(3)：546-579.

［2］　桑红.大西洋与欧洲沿海的海洋战略角逐［J］.海洋世界,2008(4):70-75.

［3］　CIA World Factbook：Atlantic Ocean［EB/OL］. ［2018-05-11］. https://www.cia.gov/library/publications/resources/the-world-factbook/geos/zh.html.

［4］　The European Commission：Action Plan for a Maritime Strategy in the Atlantic area［EB/OL］.(2013-5)［2018-05-4］. http://eur-lex.europa.eu/legal-content/EN/TXT/? qid=1395674057421&uri=CELEX：52013DC0279.

［5］　陈海宏.从"海军第一"到"海权论"——美国海军战略思想的演变［J］.军事历史研究, 2018,33(1)：109-118.

［6］　张文木.世界地缘政治中的中国国家安全利益分析［M］.济南:山东人民出版社, 2004:360.

［7］　International Seabed Authority ［EB/OL］. ［2018-05-13］.www.isa.org.jm.

[8] Menendez A, James R H, Roberts S, et al. Controls on the distribution of rare earth elements in deep-sea sediments in the North Atlantic Ocean[J]. Ore Geology Reviews, 2016, 87. :1-41.

[9] The White House: National Security Strategy of the United States of America[EB/OL]. (2017-12-18)[2018-05-05]. https://www.whitehouse.gov/wp-content/uploads/2017/12/NSS-Final-12-18-2017-0905.pdf.

[10] 江河, 洪宽. 专属经济区安全与航行自由的衡平——以美国"航行自由行动"为例[J]. 太平洋学报, 2018, 26(2): 52-55.

[11] Gisela Grieger: Foreign direct investment screening A debate in light of China-EU FDI flows[EB/OL]. (2017-05-17)[2018-05-07]. http://www.europarl.europa.eu/thinktank/en/document.html? reference=EPRS_BRI%282017%29603941.

[12] 刘大海, 吕尤, 连晨超, 等. 中国全球化海洋战略研究[J]. 海洋开发与管理, 2017, 34(3): 20-22.

[13] 刘大海, 连晨超, 刘芳明, 等. 关于中国大西洋海洋战略布局的几点思考[J]. 海洋开发与管理, 2016, 33(5):3-7.

[14] 刘大海, 连晨超, 吕尤, 等. 经略大西洋:从区域化到全球化海洋战略[J]. 海洋开发与管理, 2016, 33(8):3-7.

[15] 第五次北极科考:我首次在北大西洋开展海洋作业[EB/OL]. (2012-08-14)[2018-05-13]. http://www.gov.cn/jrzg/2012-08/14/content_2203604.htm.

[16] 中国首次环球海洋综合科考,在南大西洋获得20余吨样品[EB/OL]. (2017-12-14)[2018-05-13].http://www.gov.cn/xinwen/2017-12/14/content_5246993.htm.

[17] 汉斯·摩根索. 国家间政治[M]. 徐昕,译. 北京:中国人民公安大学出版社, 1990:347.

作者简介:

刘大海,男,博士,自然资源部第一海洋研究所高级工程师,海洋政策研究中心副主任,主要从事海洋政策方面的研究。

第二篇　海洋科技进步

培养造就战略科技人才，
把创新写在海洋上

李乃胜[*]

摘要： 党的十九大报告明确提出，要培养造就一大批国际水平的战略科技人才。目前方兴未艾的新一轮科技革命和产业革命正在重新勾画世界人才版图，科技强国和海洋强国建设亟须一大批战略科技人才谋划引领。本文以海洋科技现状为基础，试图讨论何为战略科技人才、战略科技人才有何特质以及如何培养和造就一大批国际水平的战略科技人才。

关键词： 战略科技人才；建设科技强国；海洋科技

党的十九大报告明确指出，人才是实现民族振兴、赢得国际竞争主动权的战略资源。加快建设创新型国家，要培养造就一大批具有国际水平的战略科技人才、科技领军人才、青年科技人才和高水平创新团队。在党代会的报告中提出"战略科技人才"的概念，在我党历史上尚属首次，而且置于各类科技人才的首位，更进一步说明了战略科技人才的极端重要性。

对一个国家来说，战略科技力量是体现国家意志、实现国家科技发展目标的生力军和王牌师，面对关系国家核心利益的"急难险重"科技问题，能够攻得上，打得赢。因此，战略科技力量的使命和目标不同于看家护院、守土有责的地方军，是"哪里有困难哪里就有我"的现代化野战军，是支撑国家安全和国计民生的科技先遣队。从这种意义上说，世界一流水平的科研院所不一定是战略科技力量，能获得诺贝尔奖的科学家不一定是战略科技人才！因为科学研究可以没有国界，但战略科技人才必须有祖国！从科学意义上说，科学家是世界的，战略科技人才是国家的。

要建设科技强国，实现由科技大国向科技强国的历史性跨越，必须拥有一支能打硬仗、打大仗、打胜仗的战略科技力量。目前中国科学院正在根据中央部署，集全院之力，努力打造成一支勇攀高峰的国家战略科技力量。

要建设海洋强国，必须首先建设好一支"耕海探洋"、"劈风斩浪"、攻坚克难的海洋战略科技队伍。党的十八大以来，我国海洋科技事业实现了超常规发展，进入了最辉煌的发展时期，特别是海洋科技人才队伍呈"指数式"发展壮大。短短几年，我国整建制的"海洋大学"超过10所，二级"海洋学院"近50个，隶属于中央各大系统的涉海科研机构约100个，大致估算，全职海洋科技人员超过15万人，再算上地方的科研机构，我国海洋科技人员总量可能超过20万人。而且到目前为止，我们已经拥有了世界一流的海洋科学考察船队，也拥有以"蛟龙"号为代表的国际水平的深潜器集群。当前，这支海洋科技队伍基本达到了船舶装备世界一流、人员数量世界第一。但最亟待解决的问题是缺少战略科学家。甚至从事海洋战略研究的专家学者也寥寥无几！在全国范围内，从事海洋战略研究的全职科研人员充其量不过一两百人，知名度比较高的战略研究专家甚至都不超过个位数！相对于规模庞大的海洋科技队伍来说，实属凤毛麟角。

正因为缺少战略研究的支撑引领，缺乏战略科技人才的超前谋划，我国海洋科技事业在突飞猛进的同时，一批新的重大问题逐渐浮出水面：一是海洋科技投入越来越大，有效科研产出不理想。我们在海洋领域的论文、专著、专利数量增长很快，但质量水平和国际影响力远远不够；二是海洋科研装备越来越好，重大科学发现不理想。我国拥有世界一流的、规模庞大的海洋科考船队，拥有数量可观的、世界一流的深潜装备，我们完成的环球调查航次越来越多，但缺少"世界级"的重大科学发现；三是学科分支越来越细，从业人员越来越多，但重要规律性的科学认识不理想。海洋科研成绩众多，遍地开花，但没有真正竖起海洋科学的"大旗"，远没有达到整体上"国际领先"的水平和地位。

因此，在"不差钱"的时代，海洋科学向何处去？已经成为当前中国海洋科技事业的重要问题。这既是当前亟需研究的战略问题，也是需要一大批海洋科技战略人为之奋斗的重大命题。

1　何为"战略科技人才"

中华民族自古崇尚知识，尊重科学。古人早就认识到，人才必须德才兼备，以德为先。很早就提出了"德干才支、德本才资、德主才奴"的"人才观"。古人也早就知道大学是为了"在明明德""止于至善"，培养的人才如果有德无才，难以担当重任，但有才无德，可能为非作歹。古人也早就明了学习是为了"修身、齐家、治国、平天下"，由此导致了格物致知，守正出奇的研究方向，也导致了"博学之、慎思之、审问之、明辨之、笃行之"的学习方法。特别是古人早就有了"知行合一"的"学以致用"思想，"纸上得来终觉浅，绝知此事要躬行"，也就是今天的科学与实践相结合。由此可以看出，老祖宗对"做学问"的认识已基本涵盖了今天"战略科技人才"的内涵。我们可以从中悟出：第一学者以德为先，止于至善；第二做学问是为了治国平天下；第三理论必须与实践相结合。

简单回顾中国科技发展的历史，第一个真正的"战略科技人才"应该算北宋的沈括先生。他一生治学可圈可点，半世为官利国利民。一部《梦溪笔谈》几乎改写了世界科技发展史。

沈括半辈子为官，但不论官大官小，身怀报国之志，心系百姓疾苦，做到了为官一任造福一方。作为地方长官，他治理沭水，获得良田 7 000 顷；修筑芜湖万春圩工程，完成《万春圩图记》；采用分层筑堰测量法，计算出从开封到淮河 420 千米高差 63.3 米，对汴河进行了科学疏浚。作为朝廷命官，他掌管郊祀事物，制定新礼仪，省费数以万计。作为戍边将领，他研发先进兵器，制造"神臂弓"，使北宋的兵器生产能力提高了几十倍；他创造"九军战法"，实施"边州阵法"，威名大振，兵不血刃直取浮图三城；他抵御西夏，数度大捷，获得"守安疆界，边事有劳"的圣旨奖赏。作为钦命使臣，他出使辽国，依靠知识储备，有根有据，据理力争，达成以古长城为界，争得边界外延 30 里，并完成《使契丹图抄》。作为钦差巡察，他提出河北西路 31 条整改意见；他上书改革盐钞法、改革铸铜法；提出"钱利于流"的建议；均得到朝廷的采纳使用，为国家做出了重大贡献。

沈括一生致志力于科学研究，在众多学科领域都有很深的造诣和卓越的建树，被誉为"中国整部科学史中最卓越的人物"。其代表作《梦溪笔谈》，内容丰富，集前代科学成就之大成，在世界科学文化史上有着极其重要的地位，被称为"中国科学史上的里程碑"。李约瑟博士曾把《梦溪笔谈》誉为中国科学史的坐标，认为代表了当时中国科学的最高水平。日本学者三上义夫认为，沈括这样的人物，在全世界数学史上找不到，唯有中国出了这样一个。古代日本的数学家没有一个能比得上的。

沈括博学善文，孜孜以求，无穷探究，几乎是生命不息，学问不止。在"数理化天地生"各大学科领域均有超群的建树，对人文、社会、经济、农学、医学几乎无所不通。他的著述有 22 种，多达 155 卷。其中数学的"隙积术"、"会圆术"；物理学的"虚能纳声"、"红光验尸"；化学的"胆水炼铜"、"石油制墨"；天文学的"圭表测影"、"十二气历"；地质学的"磁偏角"和"延川石油"；生物学的化石研究揭示海陆变迁；等等不一而足，一个学者在古代有其中之一就足以名垂青史了！而沈括堪称集科学之大成。

更令人佩服的是他在人文科学领域也具有当时堪称顶尖的学术造诣。譬如：在音乐领域，他著有《乐论》、《乐律》、《三乐谱》、《乐器图》；在医药领域，他撰写《良方》、《灵苑方》，发现了"药石井"；在人文地理领域，他完成了《天下州县图》。

试想在古代"交通基本靠走、信息基本靠吼"，在交通特别困难，信息特别闭塞的环境中，仅凭一己之力，如何完成这些在当时可谓天文数字的鸿篇巨制？着实超出人们的想象，但这就是战略科技人才！这就是"运筹于帷幄之中，决胜于千里之外"！目前国际上智商测量都以爱因斯坦的大脑为最高标准，但在古代沈括的"头脑风暴"可能不会低于爱因斯坦。

在今天，也不乏战略科技人才的典型。譬如，以色列年轻的历史学家尤瓦尔赫拉利，仅凭他近几年连续出版的《人类简史》、《未来简史》、《今日简史》这 3 本书，就可看出他文理兼融，内外兼通，古今通达，思维缜密，堪称为国际上"有头脑"的战略科技人才。

在国内一大批科学技术"大家"，都展现出战略科技人才的特点，他们从事的是重大战略问题研究，讨论的是国计民生的重大科学问题，关心的是未来科技人才的培育，探索的是可持续发展的共性紧迫问题。

2　战略科技人才的特点

为何沈括可作为古代战略科技人才的典范？是什么原因造就了沈括？思考这些问题或许能为今天如何培养造就战略科技人才提供借鉴。

首先是沈括自小志存高远，报国情深。"学好文武艺，货卖帝王家"，上图报效国家，下图光宗耀祖；其次是自幼酷爱读书，涉猎广泛，博闻强记，通过读"万卷书"形成了雄厚的知识积淀；第三是"行万里路"，由于种种原因，他从南到北、从东到西，几乎足迹遍及北宋疆域。他的中国万里行，远早于马可·波罗，更早于徐霞客游记。长途跋涉使他对祖国的大好河山深有感触，对山川河流、风土人情，了然于胸。再加上他善于观察思考的天赋和敏于探索的科学兴趣，自然会悟出许多规律性的认识；第四是他从业众多，接触面广。既有朝廷安排，也有个人选择，涉及许多行业，接触不同阶层。这对当时的官员学者来说简直是得天独厚，可望而不可即的机遇。他占尽天时地利，既是策划管理者，也是实际操作者，实现了思想认识与实践检验的统一。

通过历史上的沈括和现在一大批足以令人奉为楷模的老先生身上，可以看出，作为战略科技人才往往表现出与众不同的特质。

第一是具有鲜明的国家民族意识。一般科学家忙于搞研究、做实验、写论文，容易形成"两耳不闻窗外事，一心只读圣贤书"。但战略科学家"懂政治"，顾大局，明白国家意志，了解国家需求，知晓大政方针。一般科学家高度关注自己的研究课题、学生的实验，充其量是课题组、实验室的科研任务，往往是"小团队"的代表。但战略科学家表现出大局意识，关注宏观的学科布局，人才发展，甚至是整个学科或整个行业的科技进步和发展水平。一般科学家注重的是个人的科学兴趣、科研水平和业务技能。而战略科学家则更注重综合素质，更注意个人的科学兴趣服从于、服务于国家需求。

归根结底，要回答的问题是科学家的责任和使命。科学技术的最终目的是惠及人民群众。因此，战略科技人才表现出"成小事靠业务技能，成大事靠综合素质"。如果撇开国家目标，单纯谈科学是为了全人类，怎么理解不少中国的大学生、研究生毕业后争相立志去"建设美国"，而美国政府和人民根本不需要也不欢迎中国人来"建设美国"！可当年一大批"五四运动"的科技先驱，远涉重洋，历尽艰辛，为的是寻求救国救民的真理，而且大多数的目标是为了科学救国。

第二是具有良好的战略思维习惯。一般科学家选择研究方向，争取科技项目，首先考虑的是个人的业务专长和科研水平。其次是拥有的科研装备和工作条件。而战略科技人才首先考虑的是国家未来科技发展方向、中国在该领域的学术地位以及与国际技术前沿的差距。一般科学家凝练发展目标，确定奋斗方向往往是如何达到本学科分支的最高水平，以能够在国内"占山为王"为最高追求，非常害怕别人超过自己。而战略科技人才追求的是国家科技事业的提升、科技创新能力的提高和未来领跑世界的可能性，"功成不必在我"，但功成必定有我！一般科学家往往习惯于知识获取、数据独享、设备占用，往往表现为忙忙碌碌，急功近利。而战略科技人才则多表现为知识传授、数据共享、设备共用，往往表现得非常从容乐观，幽默宽容。归根结底，差别在于考虑问题的出发点是个人还是国家，是眼下还是长远！

战略科技人才习惯于从雄厚的知识积淀中，发现问题、分析问题、解决问题。从分析解决问题的过程中不断产生战略性"科学思想"，集成各方面的科学思想形成"战略建议"，提交相关决策部门，就形成了战略计划，进而变成了战略行动。因此，一个战略科学家往往是肚子里装着各种"知识"、心里装着很多"问题"、脑子里有许多"思想"，写出来的是"思路"和"战略"。

第三是具有文理兼通的知识积淀。一般科学家只明白自己的专业，只看重自己的专业，对别人的专业不感兴趣，不了解也不想了解其他专业领域的问题。而战略科技人才对别人的专业表现出浓厚的兴趣，越没去过的地方越感兴趣，越不知道的专业知识越想了解。一般科学家只谈自己的专业，譬如：研究海带的科学家不管走到哪里、不管什么会议，言必称"海带"，不仅对鱼虾研究不了解，甚至对同类的"紫菜"、"裙带菜"也缺乏研究。而战略科技人才往往是"智者不夸其所长"，所关心的、想了解的、所议论的往往不是自己所学的专业范围。一般科学家往往是学问越做越深，知识面越来越窄，形成了不可能随着国家目标和社会需求改变研究方向的定局，所以突出表现为"博士不博"、"专家太专"。而战略科技人才则是学科融合、文理兼备，旁征博引，触类旁通，能够在各个不同学科之间统筹兼顾、创新集成，以形成在各个学科领域都相互印证的"规律性"认识。当年中国工程院的老院长宋健院士，自身的学术专业是自动化控制，但提出并牵头完成了规模宏大的中国"夏商周断代工程"，就是一个很现实的例证。

自古隔行如隔山，但"隔行不隔理"！甚至是"人物一理"、"人事一理"！从社会事物发展中可以悟出许多科学规律，从动植物身上可以揭示人体构造的功能与道理，从自然界的形成演化中可以悟出人类未来的发展趋势。我们经常会看到，许多大政治家、大企业家、大科学家，他们关心的问题几乎是一样的，他们谈论的思想几乎是一致的，归结起来，往往是哲学问题和未来可持续发展的重大问题。

第四是具有创新"玄想"的特质。一般科学家思考问题容易顺着自己的研究往下想，在自己专业知识、学术概念的框架内"一条路走到黑"。而战略科技人才往往表现为"玄想"，特别明显的"发散式"思维，甚至是"逆向"思维。一般科学家思考问题往往是一步一步"渐进式"发展，追求的是不断加深与不断增多。而战略科技人才多表现为"跳跃式"思考，追求"突变式"进步，甚至是"颠覆性"思想，更注重"无中生有"或"有中生无"。一般科学家容易忙于追求规模的扩大和数量的提高，人家发表20篇论文，我发了30篇，人家测试了100个样品，我测了200个。而战略科技人才往往容易另辟蹊径、独树一帜，甚至会"人家向东我向西"，人家"证实"我"证伪"。

在一些科学家座谈会上经常看到有些人容易牢骚抱怨，过去抱怨钱太少不够用，今天抱怨钱太多不好使；过去抱怨领导"不管我"，今天抱怨领导"管的多"。但战略科技人才则往往是满肚子"正能量"，满脑子"诗情画意"，每天看到的是幽默乐观和对别人的欣赏。之所以出现截然不同的两种表现，最根本的差别在于追求的是"别人的尊重"还是"自我价值的实现"！

3　加快培养和造就战略科技人才

当前新一轮科技革命和产业革命正在重新构建全球科技创新版图，世界范围内的人才竞争和创新要素流动日趋激烈。我国的科技人力资源总量和研发人员总量稳居世界第一，但我们最明显的短板是缺少战略科技人才。创新是发展的第一动力，人才是发展的第一资源，而战略科技人才又是重中之重！建设创新型国家，建设世界科技强国，关键是要打造一支忠于党、忠于祖国、忠于人民的战略科技力量。这支科技力量的核心是以实现国家富强、民族振兴、人民幸福为己任的战略科技人才。这些战略科技人才有思想、有情怀、有责任、有担当，能够坚守国家意识、科学精神、人民宗旨，自觉将科技事业融入民族振兴的伟大事业中。

一是打造"高素质"的战略科技人才。战略科技人才的标志是具很高的综合素质，不是高分低能的"尖子生"，也不是满头"光环"和帽子的"著名学者"。需要在大学以及研究生阶段大幅度强化素质培养，包括道德品质、人文素养、科学精神、创新能力等各个方面，培养目标是高尚的人格品行、雄厚的知识积淀、很强的创新能力、敏锐的问题意识、良好的科研道德。而眼下"唯论文、唯学历、唯职称、唯奖项、唯称号"等一系列流行做法严重阻碍了战略科技人才的成长。甚至就是简单地申请获批了一个青年基金课题，也成了"杰青"、"优青"等光荣称号，几乎是一夜之间造就了一批"杰出青年"，而且一次获得终生荣耀，在各种评审选拔中"百用不殆"。各地各类"人才计划"数不胜数，江河湖海、山岭峰巅都可以因地制宜地用来命名所谓"人才计划"。随便挑一个省的各类人才计划总数都足以超过全世界的总和！带来的是科研浮躁、急功近利、成绩浮夸、拔苗助长。各类计划层层拔高，使本来很优秀的青年人才变得"一切向钱看"，再也不甘于做冷板凳了。看看世界上获得诺贝尔奖的科学家，哪一个头顶着"人才计划"的光环？中国的屠呦呦之所以能获得诺贝尔奖，关键是几十年如一日默默无闻地探索，就人才"帽子"来说，她简直可以说是个"三无"产品！

二是打造"懂政治"的战略科技人才。战略科技人才必须"懂政治"，这是与一般科学家的最明显区别。所谓"懂政治"不是要求掌握多少政治理论知识，更不是追求背诵许多政治概念术语。最主要的体现是能够自觉地把个人的科学兴趣、知识积累、业务专长、创新才能服从于、服务于国家发展目标。强烈的爱国情怀和民族振兴意识是对战略科技人才的第一要求。需要下大力气教育引导学有专长的广大科技人员，自觉遵循政治建设规律，以科学理性的态度认识"懂政治"的重要性。牢固树立"四个意识"，坚定"四个自信"，在思想和行动上自觉与党中央保持高度一致。把自己有限的知识才能奉献给伟大的祖国，为中华民族的伟大复兴添砖加瓦，而不辜负党的关怀和人民的哺育！要加强政治引领和政治吸纳，引导广大科技人才弘扬爱国奉献精神，不断增强服务国家、造福人民的责任感和使命感。

当前最需要高度关注的是那些几十年如一日，默默无闻，安心国内科研工作，"做惊天动地事、当隐姓埋名人"的专家学者，这是战略科技人才的最主要来源。我们习惯于一提到"人才"就聚焦党外知识分子，就必须是学成归国的科学家，就会不惜重金招聘吸引。难道中国共产党建党近100年了，就培养不出党内的知识分子，难道新中国建国70年了就培养不出自己的科学家？

在科学技术突飞猛进的新时代，我们比历史上任何时期更接近中华民族伟大复兴的目标，我们比历史上任何时期更需要建设世界科技强国，我们比历史上任何时期更需要战略科技人才。但战略科技人才必须是忠诚党的科技事业，以祖国需要为第一选择，把自己的聪明才智无私奉献给中华民族振兴事业的科学家，而不是习惯于见异思迁，好高骛远，"哪里有好处哪有我"，靠飞机票造就的"名牌专家"！因此，有必要大力提倡"又红又专"，叫响"党员专家"的品牌，让党旗在科研岗位上闪光。

三是打造"前瞻性"的战略科技人才。战略研究不是回顾过去，总结成绩教训，而是科学预见，勾画未来蓝图，因此，战略科技人才必须突出"前瞻性"素质。国家创新发展需要一大批思想新颖、把握前沿、前瞻探索的战略人才。需要一大批具有原创思维方式，敢为天下先的先驱性探索者。离经叛道、逆向思维、颠覆性思路往往是创新精神的具体体现。我们需要瞄准国家战略需求，加强前瞻部署，强化科学预判和技术预见。过去我们习惯于"跟跑"，以缩短与发达国家的科技差距为荣耀，今天我们必须考虑"跨越"，在某些领域率先实现"领跑"，这既需要未雨绸缪的战略研究做支撑，更需要前瞻性的战略科技人才队伍。

前瞻性的战略部署来自前瞻性的创新思想。而创造思想、解放思想、践行思想是国家发展的不竭动力，是民族振兴的关键所在。一个懂得尊重思想的民族才能产生伟大的思想，一个拥有伟大思想的国家才会繁荣富强，一个伟大思想指引的政党才会永葆青春！

四是打造"学识广"的战略科技人才。文理兼通、学科融合、博闻强记、勤学好问是战略科技人才的特质，更是当前培养战略科技人才的共性问题。学科分支越来越细，知识面越来越窄，自认为研究越来越深，实际上是越来越变成"管中窥豹"。名牌大学校长当众念一些低档的错别字，知名教授对中国历史年代不分先后，在国内并不少见。特别是今天"手机上全是信息，肚子里没有知识"，遇到任何问题"查一查"问手机。微信时代的便利以"没有思想、丢失灵魂"为代价！一大堆"谣言化、商业化、碎片化、重复化"的所谓信息破坏了人们的思维方式，形成了一大堆没用的知识堆积，实际上是"有文无化"的文化沙漠。君不见许多"谈笑有鸿儒，往来无白丁"的科技会议上，不论是博士后出站，还是项目论证和课题评审，最后评委花时间最多的不是对内容有不同意见，而是用在文字修改上。一篇简单的结论性小短文初稿，经过了好多博士、教授的修改，居然经常是文法不通、表述不清、词不达意、啰里啰嗦，而评委们需要逐字逐句讨论订正。

科学研究聚焦于揭示自然规律，解释自然现象，但规律性认识是普适性的、是放之四海而皆准的、是能在相关学科都得到"证实"和"适用"的，一旦有一个学科或在某一方面被"证伪"，就不能称其为"规律"。作为战略思想具有引领未来的重大意义，必须在相关领域、相关方面得到"正反馈"，能够相互促进、共同提高，如果一旦在某一方面造成"负面影响"，那也就不能称其为战略思想。

五是打造"谋大局"的战略科技人才。战略科技人才必须具有鲜明的大局意识，习惯于从战略层面、从宏观层面考虑问题。古人云：不谋万世者，不足谋一时；不谋全局者，不足谋一域。如果仅仅关注一个"卒子"，就不可能理解"丢卒保车"的大局。我们科技人才力量雄厚，其中不乏占山为王的科技"将才"，但我们亟需运筹帷幄、布局未来、把握大局的战略科学家。我们只顾在自己学科分支领域越走越远，只认为自己的研究重要，很容易形成"一叶障目不见泰山"，如果善于从战略层面、全局层面、宏观层面认识问题，就会"登泰山而小天下"。

譬如说，海洋科学面对的是一个地球上最复杂、最庞大、最特殊的自然系统。国人自古推崇"经国济世"，实际上"经国"充其量只能"济国"，因为全世界所有国家的面积加起来都不及海洋的一半，所以只有经略海洋，才能真正"济世"。

世界上的海洋是联通的，海水是流动的，全人类拥有同一片海洋。海洋是人类命运共同体的依托和支撑。如果仅仅局限于很窄的学科领域，几乎难以解决海洋的任何问题，因为人类对海洋的认识还非常肤浅，陆地上每一种农作物、每一种花卉蔬菜都有不少人专门研究。但对海洋生物来说，连最起码的分类认识都是难题。况且海洋中的问题往往是全世界的难题，绝不是靠某一学科领域能解决的。譬如，海洋灾害令人谈虎色变，一次海啸往往造成几十万人死亡，但哪个学科能独立解决海啸难题？海洋中海水与大气交互界面的"海-气相互作用"、海水与海底交互界面的"水-地相互作用"、海水与陆地交互界面的"海陆相互作用"，都是学科交叉融合的重大可持续发展问题。所以海洋科学特别需要谋大局的战略科学家，需要海洋战略研究的指导引领，需要从国家意志出发筛选研究领域，特别是面对海洋领域可持续发展的重大问题，需要全人类共同努力，实现真正意义上的人海和谐，才能真正维护海洋的健康，才是真正打造人类命运共同体！

作者简介：

李乃胜，理学博士，海洋地质学研究员、国际欧亚科学院院士。

1992 年获国务院特殊政府津贴；1995 年入选首批"百千万人才工程"；出版专著 20 多部；发表战略研究论文 120 余篇，5 次获省部级科技奖励。

发挥海洋科技优势　为海洋强省建设献力

徐承德

（自然资源部第一海洋研究所，山东 青岛 266061）

摘要： 围绕《山东建设海洋强省行动方案》，充分发挥驻鲁涉海机构的优势，推动建设海洋强省是我们责无旁贷的责任。本文概括反映了山东、青岛的海洋科技优势，将第一海洋研究所科技、职能与支撑方面与《山东海洋强省建设行动方案》进行融合，为建设山东海洋强省提出了意见和建议，以便为做好海洋强省建设出策献力。

关键词： 机构优势；科技平台；意见建议

根据习近平总书记"要更加注重经略海洋"的指示精神，2018 年 5 月，山东省委、省政府颁布了《山东海洋强省建设行动方案》（以下简称《行动方案》），对加快建设海洋强省作了全面部署。上合组织青岛峰会后，习近平总书记在山东考察时又做出了"发展海洋经济、海洋科研是推动我们强国战略很重要的一个方面，一定要抓好"的重要指示，为推动海洋强省建设注入了新的活力。新时代新起点新要求，加快建设海洋强省迫在眉睫，意义重大而深远。山东是海洋大省，在海洋资源、海洋产业、海洋科技等方面优势突出，本文围绕建设海洋强省十大行动，在发挥海洋科技优势方面，将自然资源部第一海洋研究所职能和支撑方面与《行动方案》进行融合，为做好海洋强省建设出策献力。

1　青岛的海洋科技与优势

山东是我国沿海大省，在海洋资源、海洋产业、海洋科技等方面优势突出，在海洋强国建设大局中具有举足轻重的地位。开发海洋资源，发展海洋产业，提高海洋经济对国民经济的贡献率都离不开海洋科技的引领作用。山东海洋科研力量占据全国半壁江山，海洋科技力量基础雄厚，海洋院校、科研单位基本都位于青岛。它聚集了全国30%以上的海洋教学和科研机构，50%的涉海科研人员和70%涉海高级专家和院士。青岛海洋科学与技术试点国家实验室就位于这里，它是集青岛海洋科技机构的精华的国家海洋高端实验室，由国家部委、山东省、青岛市共同建设。该实验室定位于围绕国家海洋发展战略，以重大科技任务攻关和国家大型科技基础设施为主线，开展战略性、前瞻性、基础性、系统性、集成性科技创新，依托青岛、服务全国、面向世界，着力突破世界前沿的重大科学问题，攻克事关国家核心竞争力和经济社会可持续发展的关键核心技术，率先掌握能形成先发优势、引领未来发展的颠覆性技术，建成引领世界科技发展的高地、代表国家海洋科技水平的战略科技力量、世界科技强国的重要标志和促进人类文明进步的世界主要科技中心。涉及海洋的院校和科研机构有中国海洋大学、中国科学院海洋研究所、自然资源部第一海洋研究所、中国水产科学研究院黄海水产研究所、中国地质调查局青岛海洋地质研究所等。涉海机构还有山东省政府直属的青岛国家海洋科学研究中心、山东水产研究所、自然资源部北海分局和国家深海基地管理中心等单位，是引领山东海洋经济发展的海洋科技群。充分调动发挥这些机构和人员的潜能，对于建设海洋强省将起到积极的推动作用。

本文主要推荐和介绍自然资源部第一海洋研究所（以下简称"海洋一所"）。

2　海洋一所科研力量及成果

2.1　海洋一所历史沿革

海洋一所始建于1958年，原为海军海洋航海科学技术研究所（系海军第四海洋研究所），1964年整建制划归国家海洋局，更名为国家海洋局第一海洋研究所。2018年改为自然资源部第一海洋研究所。现所址位于青岛市高科技园（崂山）和即墨鳌山卫两个所区。建所60余年来，海洋一所已发展成为国内外知名的海洋科研机构，已拥有近600人的科学研究、技术支撑和业务管理队伍，其中高级职称180余人。

2.2 海洋一所定位

海洋一所是从事基础研究、应用基础研究和社会公益服务的综合性海洋研究所。研究所以促进海洋科技进步，为海洋资源环境管理、海洋国家安全和海洋经济发展服务为宗旨，是国家科技创新体系的重要海洋科研实体。主要研究领域为中国近海、大洋和极地海域自然环境要素分布及变化规律，包括海洋资源与环境地质，海洋灾害发生机理及预测方法，海-气相互作用与气候变化。海洋生态环境变化规律和海岛海岸带保护与综合利用等。

2.3 海洋一所科研总体情况

2.3.1 学科领域与平台建设

（1）学科领域。海洋一所设有8个主要学科领域，涉及海洋科学32个研究方向。

（2）实验室平台。海洋一所牵头组建了青岛海洋科学与技术试点国家实验室的两个功能实验室（海洋动力学与数值模拟、海洋地质过程与环境），所内建有5个部级重点实验室、9个国际科技合作机构；科研装备方面，具有国际一流水平的海洋调查测量设备、实验测试设备和科研辅助设施。截至2017年12月底，海洋一所单价50万元以上的通用设备67台/套，专用设备165台/套。

（3）移动平台。拥有的两条国际领先的大洋级海洋科学综合考察船——"向阳红01"远洋科学考察船，于2016年交付并投入使用。该船船长99.8 m、满载排水量5 180 t，定员80人（32名船员、48名调查队员）、续航力15 000 n mile，是我国目前最先进的综合海洋调查船。2017年8月至2018年5月，跨越印度洋、南大西洋、整个太平洋，历时263 d，行程38 600 n mile执行并圆满完成了"中国首次环球海洋综合科学考察"。通过实践验证了该船可满足深海海洋科学多学科交叉研究需求的现代化海洋综合科考，技术水平和考察能力达到国际海洋强国新建和在建综合考察船同等水平。"向阳红18"科考船，船长86.4 m、满载排水量2 380 t，定员55人（24名船员、31名调查队员）、续航力8 000 n mile，是一艘海洋综合测量船，满足无限航区要求。该船适用于物理海洋和大气科学、海-气相互作用、地质和地球物理、海洋生态和环境保护、遥感和遥测、海岸带和海洋工程等方面的海洋考察。"向阳红01"

和"向阳红18"船已入列国家海洋调查船队以及青岛海洋国家实验室科学考察船队。

2.3.2 科研成果

参与并完成了一大批国家重大海洋专项、973项目、863计划项目、国家科技支撑项目、国家自然科学基金项目、国际合作项目、南北极和大洋考察项目、省部级重点科研项目，获省部级及以上科技奖励250余项，获得国家发明专利授权168项，获得国际专利授权7项，为我国海洋科学事业的发展和海洋经济建设做出了突出的贡献。

（1）我国近海综合调查与评价专项（908）。海洋一所作为908专项主要技术支撑单位，牵头组织了专项前期立项建议、论证、总体实施方案编制以及总报告编写等工作，并负责专项地质样品库建设和管理工作。海洋一所牵头承担39项国家专项任务和40项省、市任务。获得了批量调查数据，取得了系列创新成果。

（2）极地考察与研究。海洋一所作为我国南北极考察的主力军和南极科学考察的开拓者，承担了我国第一个极地专项的总体设计、方案论证与汇总工作，是极地"十三五"科技规划与中远期规划制定的核心研究单位。作为首席科学家单位，圆满完成了中国第五次北极考察，创造了我国北极科学考察的多项新纪录。

（3）大洋矿产资源调查与研究。海洋一所是我国最早开展大洋多金属结核与海底硫化物调查研究单位。1983年，组织中国首次大洋多金属结核调查。1988年，与德国合作首次组织我国热液硫化物调查。2009年首次预测了南大西洋热液硫化物区并被证实，提出了我国南大西洋硫化物调查区并被国家采纳。

（4）927一期工程任务。海洋一所是国家总体技术组副组长单位、国家海洋局总体技术组组长单位。承担了国家测绘地理信息局、总参测绘导航局、国家海洋局和海军航保部4个部门联合的专项前期立项论证、总体实施方案编制、实施中的技术支撑以及总报告编写等工作。

（5）科研成果及转化。2017年度主持完成的"黄海大规模浒苔绿潮起源与发生机制"获得该年度海洋科学技术奖特等奖。此外还获得海洋工程科学技术奖一等奖 1 项、二等奖 1 项；作为第二完成单位初评获得海洋科学技术奖一等奖 1 项，二等奖 1 项。2017 年度发表文章 440 篇，其中 SCI 检索收录 234 篇。获得软件著作权登记 6 项；专利申请 33 项，其中发明专利申请 30 项；获得专利授权 38 项，其中发明专利 26 项。

（6）科技开发。"青岛海洋工程勘察设计研究院"，隶属海洋一所。该院秉持"科技引领、服务至诚、精进臻善、成其久远"的开发工作指导思想，立足于所地关系和谐发展，紧盯国家海洋经济发展和国民建设发展需求，充分发挥自身科研人才、设备、技术等资源优势，注重与政府机构和社会企事业单位的科研合作，积极参加沿海经济建设和高新技术发展事业，为海洋资源的科学开发与利用方面提供了大量科技支撑与服务。具有国家测绘地理信息局颁发的海洋测绘资质"甲级"、国土资源部颁发的地质勘察资质"甲级"、国家海洋局颁发的海域使用论证资质"甲级"、国家住房与城乡建设部颁发的工程勘察资质"综合甲级"、国家认证认可监督管理委员会颁发的资质认定计量认证证书和 ISO9001 质量管理体系认证证书等资质证书。在跨海大桥、沿海核电工程、沿海港口码头建设、海底管（电、光）缆路由、海洋环境分析与预测、海底隧道工程、海洋油气田开发、海上风电开发、海岸整治与生态修复、海洋牧场建设、海洋空间保护与开发规划、实验室测试分析等诸多领域积累了丰富的骄人业绩与成功经验，很好地支撑和服务了当地社会经济的发展。

2.3.3 科研人才与研究生教育

（1）科研人才。海洋一所共有院士 5 人（其中中国工程院院士 3 人，外聘中国科学院院士 1 人，中国工程院外籍院士和美国工程院院士 1 人），正高级职称 74 人，副高级职称 114 人。国家有突出贡献中青年专家 1 人，国家百千万工程领军人才 1 人，国家新世纪百千万人才工程 4 人，"泰山学者" 2 人，"泰山学者"青年专家 1 人，享受国务院政府特殊津贴 10 人。

（2）研究生教育。2002 年经国家人事部批准设立博士后科研工作站，2010 年 2 月经国家博士后管理委员会批准为独立招收博士后科研工作站，现已招聘博士后研究人员 84 人，出站后留本单位工作 29 人，现有博士生导师 17 人。目前拥有硕士学位授权一级学科点 1 个，二级学科专业点 6 个，已连续招收硕士生 33 届合计 557 名，硕士生导师 85 人。已形成一支规模较大、水平较高、事业心强、层次结构合理的海洋研究和调查队伍。

2.3.4 国际合作

（1）与众多国家的交流合作。海洋一所已与东北亚、东南亚、南亚、非洲、欧美、大洋洲等 30 多个重要海洋国家和地区的 50 多个科研单位建立了良好的交流与合作关系，签署并有效执行了 20 余份所际间合作协议，在海洋观测、海洋防灾与减灾、海-气相互作用、海洋生态系统与生物多样性保护、海洋地质、极地研究、海岸带综合管理、海洋工程等领域开展了务实合作，取得了丰硕成果。

（2）参与国际海洋组织的合作与联系。积极参与政府间海洋学委员会（IOC）及其西太平洋分委会（WESTPAC）、北太平洋海洋科学组织（PICES）、国际海洋研究委员会（SCOR）、全球海洋观测伙伴关系（POGO）、东南亚海洋环境管理伙伴计划（PEMSEA）等国际组织以及全球海洋观测系统（GOOS）、上层海洋和低层大气相互作用（SOLAS）、世界气候研究计划（WCRP）、印度洋海洋观测系统（INDOOS）等重要国际计划的活动，并连续成功举办 PICES 年会、CLIVAR 青年科学家论坛、WESTPAC 科学大会、中国-东南亚国家海洋合作论坛等系列大型国际会议，形成了南北呼应、东西并举的国际合作局面。

3 对海洋强省建设的意见与建议

山东发展最大的优势和潜力在海洋，最大的新动能也在海洋。向海洋要质量、要效益、要增长，是海洋强省建设的聚焦点。结合青岛和海洋一所的科技优势，提出新时期加快山东建设海洋强省的意见与建议。

（1）调动发挥科研院所的作用。青岛的涉海科研院所集中，是建设海洋强省的重要支撑部分。上述推荐和介绍海洋一所的科研机构、平台以及人员，是一支涉海科学研究、工程、项目综合队伍和有生力量，建议省委省政府及管理部门给予高度关注，并调动和发挥这支队伍的作用，海洋一所将为强省建设出策、出力。

（2）摸清底数实情，做好战略规划。山东省已出台了《山东省海洋主体功能区规划》，成立了山东省海洋发展战略规划领导小组。建议尽快制定海洋产业发展战略，省直相关部门要积极参与，组织调研组，打破条块分割，进行深入调研。对涉海领域的单位、企业、产业、平台建设等进行专题调查，摸清海洋经济发展底数和实情。在此基础上，集中力量搞好战略规划，围绕规划的落实，制定相应的配套措施与办法，使规划得以落地生根、开花结果。

（3）整合海洋管理职能。山东省应整合涉海管理职能，在省海洋发展战略规划领导小组统一领导指挥下，由山东省科技厅、海洋与渔业厅组织在沿海各县市成立相应的海洋经济综合部门。打通政府与海洋科技、院校发展的通道，组建由省领导、管理部门、科研院所、企业的共同合作体，落实海洋强省建设的十大行动方案。

（4）整合海洋科技资源。山东云集了56所中央驻鲁和市属以上涉海科研、教学机构，有46个国家级海洋科技平台。海洋高级科技人才占全国的50%以上。①建议山东省政府整合这些机构的海洋科研资源；打通科研、产业、资金和成果转化的链条；②建立海洋资源和数据共享机制，推动海洋数据资源共用共享；③加强国内外优秀的科研院所、机构、人才引进，协同创新体系，完善科技研发载体，创新建设一批海洋研究院、涉海重点实验室和工程中心；④借鉴和推广青岛蓝谷管理的做法，出台加强海洋科技创新驱动能力建设政策和措施，培育海洋创新主体，增强科技支撑能力，更加深入实施"科技兴海"战略，推动海洋强省建设快速发展；⑤建议由山东省海洋与渔业厅和山东省科技厅，围绕省委、省政府印发的《山东海洋强省建设行动方案》，制定详细的海洋经济发展指南和海洋科技立项指南，落实行动方案中的项目，实行竞争投标，从源头上改变海洋科研项目立项少、课题小、脱离市场需求的现状。

（5）抓好对外开放合作。①建议制定或完善山东海洋科技国际化交流平台。在加强国内优秀的科研院所、机构、人才引进的基础上，完善海洋科技国际化交流平台；海洋一所在科研和国际合作方面建立了良好的合作关系，可为山东省强省建设出力出策。②建议加强国际海洋博览会、海洋高端论坛组织或承办，加大影响力，召唤国内外海洋有识之士来山东落户发展，以国际先进的海洋科技成果和设备孵化和带动山东海洋经济发展的层级和能级提升。推动山东建设海洋强省发展的进程。

参考文献

[1]　《山东海洋强省建设行动方案》,新锐大众, 2018/5/12 9:13:19.

[2]　省政府新闻办举行新闻发布会. 解读《山东海洋强省建设行动方案》,大众网, 2018-05-17.

[3]　刘成龙. 刘家义就加快推进海洋强省建设听取意见建议,人民网,2017 年 12 月 6 日,发布时间:2017 年 12 月 6 日.

[4]　国家海洋局第一海洋研究所办公室编制.《一所六十年》(1958—2018),2018 年 5 月.

作者简介:

徐承德,男,教授级高工,自然资源部第一海洋研究所原党委书记兼副所长。1977 年毕业于武汉测绘学院。现从事中国海洋学会及侨联海洋特聘专家工作。组织编写并出版了《2014—2015 中国海洋科学学科发展报告》一书。

创新海洋生物技术，发展蓝色生物经济

相建海

（中国科学院海洋研究所，山东 青岛 266071）

海洋是生命的摇篮，资源的宝库，也是国际政治、经济、军事、科技、文化交往的全球通道。世界进入 21 世纪，政治多元化，经济全球化的趋势日益明显。面临着人口、资源、环境的严峻挑战，维护海洋权益、持续开发利用海洋资源和保护海洋环境是新时期赋予海洋科学技术研究的重要使命。21 世纪，全球经济正在向以海洋经济为中心的区域经济集聚发展，世界各沿海国家纷纷加大了对海洋的投入，采取各种措施，调整本国的海洋发展战略，展开了"蓝色圈地运动"。可以推测，随着世界经济的发展，伴随着全球贸易的持续增长以及全球生产现代化的进展，海洋经济还将继续保持快速发展的趋势，海洋领域的竞争将更加激烈。

知识提升经济，技术催生产业。海洋生物技术是指利用海洋生物及其组分生产有用的生物产品以及定向改良海洋生物遗传特性的综合性科学技术。欧盟科学家认为"海洋生物技术广义简洁的定义是：海洋生物学知识与技术用于开发制品和为人类谋利"。生物经济是世纪之交提出的新的经济概念，而蓝色生物经济是生物经济与蓝色经济的交集。本文特指以科学保护、可持续开发和循环利用海洋生物资源和海洋、海岸带生态系统的经济方式。换言之，以海洋生态系统和存在其中的生物资源（包括群体、个体、组织、细胞和基因）为基础，利用先进实用技术和高新技术支撑和催生的生物经济可即为蓝色生物经济。

1 海洋生物技术研发前沿

20 世纪 90 年代以来，海洋水产养殖、海洋天然产物开发和海洋环境保护三方面成为世界各国竞相发展的热点。世界沿海各国都认识到海洋生物技术在开发和利用海洋生物资源中的重要作用，纷纷加大投资研究和开发海洋生物技术。

跨越 21 世纪的海洋生物科学技术前沿主要包括：海洋生物组学、生物有机化学和合成生物学、免疫学和病害学、内分泌和发育与生殖生物学以及环境和进化生物学 5 个方面。

1.1 海洋生物组学技术

各种组学技术包括基因组、转录组学、蛋白组学和代谢组学在海洋生物和生态系统中得到越来越广泛和深入的应用。基于全基因组测序的组学研究能够全面解析生物的基因结构和功能，使人们可以从基因组水平，而不是孤立的单个基因来认识和理解生物的各种生命过程，如生长、发育，抗性等，从而为人们设计和优化生物性状提供了可能。各种不同演化等级的模式生物的基因组被相继测定，海洋模式生物也加入到基因组学研究的热潮中。海鞘、紫海胆、星状海葵、Florida 文昌鱼、淡水枝角水蚤和鹿角珊瑚等海洋（或水生）模式生物的全基因组测序相继完成。20 世纪 90 年代末，美国、日本、加拿大和澳大利亚等国先后宣布启动了包括对虾、牡蛎、罗非鱼、鲇和鲑等水产经济动物基因组研究计划。近年来，我国加大了在水产生物基因组测序方面的支持力度，尤其是国际金融危机期间，相对发达国家的缩减经费而言，我国政府强化了对科技的投入，科学家奋起直追，后来居上，我国的牡蛎、半滑舌鳎、大黄鱼、鲤、牙鲆、日本仿刺参和凡纳滨对虾等的全基因组测序新近先后均在我国宣告完成。我国基因组研究已跨入国际先进行列。

在水产养殖中，提高养殖对象生长速度和抗逆性，一直是科学家追求的目标。我国朱作言先生在世界上率先开展了水产动物的转基因工作，近 20 年以来，鱼类转生长激素基因的研究取得了长足进步。加拿大的丘才良和其同事将生长在寒带鱼类自然抗冻基因分离出来并通过转基因的方法转到海洋生物体，从而提高寒冷环境下生物的生长率和存活率。2013 年年初，美国 FDA 正式宣布："没有任何正当的科学理由阻止生产带有另外两种鱼类外源基因的大西洋麻哈鱼"。转基因动物（特别是转基因水生动物）技术早已成熟，但其安全性一直受到质疑。这种比天然同种鱼类生长快两倍的新品种 17 年前就进入准入市场的法律程序，在反复争议中，终于通过了食物安全和环境安全的论证，成为全球第一个准入市场的可食用的转外源基因动物。

宏基因组学（metogenomics）可以分析给定生物群落的全部基因，而避开——鉴别物种的困难，特别适合于海洋环境微生物群落的研究。深海微生物具有相当稀有、珍贵的基因，它们可表达产生如耐高温和高压特性的蛋白，人们运用分子基因方法克隆耐高温、高压的基因并研究压力和温度的调控在基因中的表达机制。

1.2　生物有机化学和生物合成学技术

随着从陆地上植物和微生物发现的真正的新化合物数量日益减少，海洋天然产物化学家们揭示：几乎所有阶元的海洋生物都具有广泛的独特分子结构。药物学家、生理学家和生化学家已经证明海洋生物独特结构的各种分子构成了整个生命体系的基本框架，这意味着海洋生物在医药和化学工业新产品开发领域具有广阔的前景。不同物种的海洋生物会产生一些化合物，来保护自身被捕食、被感染或有利于生存竞争。科学家证明这些化合物有不少可以应用在农业和医学上。确定这些化合物产生的代谢途径和查明控制生产过程的环境或生理激发器，可以帮助人们开发规模生产这些化合物的技术。运用计算机可以构建和改造来源于海洋生物的某些分子，通过基因技术就可以大量开发生产许多稀有药物。

合成生物学（synthetic biology），最初于 1980 年提出来表述基因重组技术，随着分子系统生物学的发展，2000 年重新提出来定义为基于系统生物学的遗传工程。2010 年，在美国文特研究所，由克雷格·文特（Craig Venter）带领的研究小组成功创造了一个新的细菌物种——"Synthia"。"合成生物学"可以用人工方法，对现有的、天然存在的生物系统进行重新设计和改造，甚或通过人工的方法，创造自然界不存在的"人造生命"。2018 年 8 月，中国科学院分子植物科学卓越创新中心/植物生理生态研究所合成生物学重点实验室覃重军研究团队与合作者历经 4 年努力攻关，在国际上，首次人工创建了单条染色体的真核细胞，是合成生物学具有里程碑意义的重大突破。因此，创造或改造生命系统，获得性能改善的人工生物系统，以应对人类社会出现的环境、能源、材料、健康等需求是合成生物学的核心内容。

1.3 免疫学和病害学技术

免疫学是研究生物体对抗原物质免疫应答性及其方法的生物-医学科学。免疫学技术应用于预防人类和动物疾病是免疫学最重大的成就。生活在海洋环境中的多种多样的动植物随时面对病害、寄生虫和组织病变（如癌变）的威胁。疾病所造成的生态和经济损失是巨大的，我国和世界养虾业被病毒感染造成严重损失就是令人感到切肤之痛的生动例子。

在这一领域中，科学家们正在发展基因探针或免疫化学试剂开展对海洋生物疾病的诊断；创建鱼和贝的细胞培养体系来支持对疾病的分子基础研究；运用 DNA 重组技术开发疫苗；运用分子探针来评估环境体系对生物体的影响，研究生物体和环境之间的相互关系。又如美国为了控制对虾病害，大规模建立健康对虾养殖系统，实施病毒性疾病监控，培育高度健康、优质、无特定病毒病原（Specific Pathogens Free，SPF）的虾苗。近年来，我国科学家水产动物病原致病力和疾病流行的分子基础、宿主免疫体系及其对病原侵染的应答机理和免疫防治的技术原理以及有效途径等方面研究取得了国际瞩目的研究成果。海洋生物组学研究与国际同步发展，科学家还测定和分析了多种鱼类虹彩病毒基因组全序列；在海洋无脊椎动物和鱼类的免疫体系及抗病原感染的机制与网络调控研究上，取得了许多国际认可的研究进展。

海洋生态系统与人类的健康十分密切，海洋环境及海洋食品中存在着形形色色的有害微生物，无时无刻不在威胁着人类的健康。深入了解这些病原与人类免疫体系的相互识别和相互作用的过程与机理，对于确保人类的健康十分必要。

1.4 内分泌学、发育与生殖生物学技术

海洋生物的繁殖、发育和生长都是在一系列激素调节下进行的。这些激素是生物内分泌系统通过整合来自配子和环境的信息后产生的。研究神经内分泌系统在调节生长与发育过程中的中心作用，可以启发人们开发切实有效的繁育技术，来发展名特珍优水产品的生产。目前，越来越多的增养殖生物在人工条件下繁殖成功就是很好的例子。借助于一种独特的转基因技术，日本海洋生物学家应用精原干细胞异体移植技术，成功实现异种"借腹生子"，成功地令亚洲大麻哈鱼生出了"原籍"美洲的虹鳟。利用这种技术可能使某些濒临灭绝

的鱼类继续繁衍下去。

海洋生物两性生长差异是非常普遍的现象，如水产养殖中常见的雌性的舌鳎、对虾和雄性的罗非鱼、罗氏沼虾均比对应的异性有明显的生产优势，单性繁殖成为水产学家刻意追求的目标。

结合内分泌学和分子生物学的知识，也可以利用激素来提高养殖对象的产量。如克隆重要鱼类的激素和促生长因子的基因，通过转基因的方法培育快速生长品系。人工转基因鲤和鲇的生长速度比对照组快50%。科学家还通过确定鲍和牡蛎产卵和附着的控制因子，大力发展经济贝类育苗的商业化。

许多海洋生物在发育过程中都要经历一个高死亡率的危险期，与这一时期相关的许多因子到目前为止还不十分清楚，如果能够攻克这一难关，不少重要养殖对象的育苗、养成技术将会大大改进。

1.5 环境和进化生物学技术

海洋生物技术和计算机技术一样被认为是具有解决复杂科学问题能力的技术，它可以帮助我们了解海洋生态系统的变化乃至全球变化的一些问题。这些问题包括海洋生物的分布、特化、补充和搬迁以及它们的进化、适应、相互作用和生产力的阐述。例如，某些海洋微生物在实验室不能培养，但它们在生化要素的循环和运输中起着非常重要的作用。我们就可以运用单克隆抗体等生物技术手段来研究这些微生物体细胞和其内的活动过程。

海洋生物中的共生关系，给人们以深刻启迪。近年来，大量文献阐述了海洋微生物，特别是海洋共生微生物作为新药资源的巨大潜力。就海洋无脊椎动物来说，其组织的细胞内外栖息了大量微生物，包括细菌、真菌、蓝细菌等，这些共生或内生的微生物为其宿主提供了碳源和氮源，更重要的是可能参与了天然产物的生物合成。对海绵、海鞘、软体动物、苔藓虫等重要药源生物进行的研究发现，通过食物链摄入或共生的细菌、微藻等微生物，可能是某些海洋天然产物或其类似物的真正生产者。

从太阳能直接获得动物蛋白，并非幻想。热带海洋中绿色的牛——砗磲，依靠其共生的虫黄藻利用阳光产生的营养物质为生，生产出高营养价值的动物蛋白。利用分子生物学可以更深刻地了解和认识其代谢途径。又如澳大利亚科学家发现珊瑚的螅状体中含有大量内共生的虫黄藻，它们很可能与珊瑚抗热带浅海强烈紫外线（UV）有密切关系。在热带珊瑚礁由于赤道上空臭氧层较薄，加上热带浅海的高透明度，UV 强度远远超过一般海洋，可贯穿 20 m 水深。澳大利亚科学家们从珊瑚中分离出"S-320"物质，具有很好的抗 UV 能力。

　　生存并繁衍在极端环境下的深海生物，具有抗高压、耐高（或低）温，适应黑暗、高浓度有害化学因子的特殊能力。这些能力是长期在特定环境下进化获得的。研究其分子机理、机制，对于深海特效功能基因的开发与利用大有裨益。

2　蓝色生物经济重点领域

　　海洋生物技术前沿的发展与应用主要集中在现代水产养殖、海洋农业生物安保和食物安全、生物材料和生物制作、海洋生物资源养护和环境的生物修复以及生物膜和防腐蚀五大领域。

2.1　现代水产养殖

　　传统的水产养殖是指在水中开展的鱼、虾、贝、藻的生产。近 30 年来，我国水产养殖业成为大农业中发展最快的产业之一。全国水产品总产量已由 1978 年的 412 万 t 增加到 2015 年的 6 699.65 万 t，渔业产值 11 328.70 亿元。其中水产养殖总产量 4 937.90 万 t，约占我国水产品总产量的 73.70%。我国海水养殖产量 1 875.63 万 t，其中鱼、甲壳、贝藻和其他种类各为 130.76 万 t、143.49 万 t、1 358.38 万 t、208.92 万 t。渔业的发展使我国水产品产量连续 10 多年居世界首位，占我国动物性食物产量的 30%，其中近 70% 来自养殖，水产品出口也已占农产品出口净收入的 50% 以上。水产养殖业已经成为拉动农村经济、增加渔民收入、改善食品结构，提高人民生活水平的重要行业，在保障供给、稳定市场、保障国家粮食安全、促进贸易发展等方面都发挥了重大作用。作为以最低成本的谷物来换取动物蛋白的方法，水产养殖已被国际权威专家认为是世界上获取动物蛋白最有效率的技术，是中国农业对世界的重大贡献之一。在国际上，FAO 认为"水产养殖是连续多年较其他动物源食品生产部门发展更快的行业。自 1970 年以来，与捕捞业年增长 1.2% 和陆地动物养殖业年增长 2.8% 相比，世界水产养殖业年增长率达 8.8%"。据说，为满足不断膨胀的人口以及人均对蛋白的刚性增长需求，"水产养殖的产量要从 2005 年的

4 800 万 t 要增加到 2030 年的 8 500 万 t"，其间还必须直面水产养殖发展中可能带来的对土地、水资源、能源等的耗竭，不断增长的饲料成本和全球性气候变化可能造成的影响等严峻挑战。

现代水产养殖是在人工控制环境下水生生物的生长。这里所指的环境，可以是生物反应器、开放或密封的跑道、池塘或自然水体。养殖的目的是为了生产具有重要经济价值的商品，不仅包括鱼、虾、贝、藻，而且还包括药材、食物添加剂、特定元素富集化合物、多聚体、可替代石油的脂类和食品等。以"传统非食用"海洋生物（海洋极端环境微生物、微藻、盐生植物、棘皮动物、海绵动物、腔肠动物等）为对象，拓展传统海水养殖业，扩大养殖种类，增加"非食用"海洋生物供应源，利用现代生物技术，培育和发展生物能源、功能食品、生物材料、生物医药等高附加值新兴产业群。

海洋生物技术在促进传统产业转型升级方面正发挥着重大的作用，其中最为活跃的领域是海洋种业。除了主要养殖种类的生物育种之外，新的高值养殖种类的人工繁育可以通过综合利用内分泌生理和环境因子调控、生殖和遗传操作技术来实现。金枪鱼价值很高（一条蓝鳍金枪鱼最高卖到 70 万美元），2011 年的捕捞产量较 1970 年下降了 85%，科学家正努力使其成为可人工养殖的新品种。金枪鱼体型巨大（平均 250 kg，最大 680 kg），人工繁育十分困难。2009 年，澳大利亚科研人员在蓝鳍金枪鱼繁育技术方面取得突破，被美国《时代周刊》（TIME）评为世界第二的创新成果。其后，美国和欧盟的科学家也宣称在金枪鱼人工繁育方面取得突破。尽管距离产业化还远，但金枪鱼的人工繁育的研发已呈现出激烈的态势。鳗鲡多年来是亚欧国家和地区养殖的重点，但鳗苗一直以来都依靠野生采捕，被称为海中软黄金。2010 年 4 月，日本国立水产研究所宣布成功完成了鳗鲡的全人工繁育。他们在 2002 年实现了催产与人工授精，随后又克服了孵化、开口饵料优选和及时转换等许多难关，最终使幼体成功变态至玻璃鳗（俗称鳗苗），实现了人工养成并再次繁育，获得了数以十万计的幼体。

2.2 海洋农业生物安保和食物安全

海洋农业在海洋生物经济中发挥了基础性和战略性作用，海洋农业的持续发展十分重要。生物安保定义为管理所有和养殖生产过程中相联系的生物本身健康和环境风险问题。这个风险包括一切外来物种、引进病害生物和养殖生物的病原，破坏生物多样性和跨地域流行的造成养殖生物大面积减产的重大流行性感染疾病以及由于生物技术发展而造成的生物和环境污染问题等。生物安保理解为在养殖生产过程中采取的一整套卫生防御和病原检测、隔离、脱毒等技术和管理措施，严格执行这些措施，就会避免养殖地受到外部病原感染并可有效防止病原在养殖区内的暴发、传播、泛滥。其主要内容包括病原监测与有效控制、健康优质品种的选育与种苗培育、科学合理的养殖工程设施与配套技术、养殖环境的调控与生物修复、养殖生产过程中管理规范和标准的制定与实施等一系列内容。

海洋水产如鱼类和贝类是人类解决食物数量的重要源泉，同时也存在着不少危险的因素，如贝毒、藻毒以及人类对海洋造成的人为污染。近年来，食用海洋食品中毒事件屡见不鲜，海洋食品的安全性问题逐渐成为全世界关注的焦点。运用生物技术可以对鱼、贝进行检测，研究毒性物质的代谢途径，并最终转化为无毒物质。

科学家运用分子技术阐明海洋生物有毒物质的形成途径，分析这些物质的化学特性，确定产生这些有毒物质的基因。他们还发展酶联免疫技术、免疫荧光技术、单克隆抗体技术及 DNA 探针技术对鱼、贝的病毒和细菌进行检测。

2.3　生物材料与生物炼制

海洋生物可以合成大量的具有生物活性的化学物质如蛋白质、酶、多糖和脂类等。这些物质对人类的健康和生命活动都是必需的。科学家目前的工作大多集中在对这些自然产物的鉴定、分离、纯化等初步研究上；今后，生物合成而不是从生物体中提取这些物质，可能更具有经济前景。如模仿叶绿体人工构建一个能量转换系统和自然产物的加工厂。

生物炼制是一种新的工业制造概念，为实现生物能源和生物材料的可持续生产提供了可能，并将成为一种新的制造技术典范。高级生物炼制已被设想作为新型生物产业的基础。通过开发新的化学、生物和机械技术，生物炼制大幅扩展可再生植物基原材料的应用，使其成为环境可持续发展的化学和能源经济转变的手段。海洋具有惊人的初级生产力，如 2008 年 6 月中旬开始，大量浒苔从黄海中部海域漂移至青岛附近海域，青岛近海海域及沿岸遭遇了突如其来、历史罕见的浒苔自然灾害。到 7 月 15 日，短短时间清除浒苔超过 100 万 t。科学家们现在已经着手研究"变废为宝"的技术与途径，将浒苔炼制为生物质油或其他精细化工材料。

对于尚未得到充分认识和加以充分利用的海洋生物，尤其是特有、稀少和特殊环境下新生物资源，要发展高通量筛选技术，及时发现弥足珍贵的活性物质，发现药物的先导化合物；通过对这些海洋生物及其组分的深度开发利用，获得安全有效的新药物，源源不断地开发可用于医药、农业、工业、环保和国防等海洋新制品、新能源，实现海洋生物资源高值化利用，逐步推动形成海洋生物药物和制品的新产业群，促进经济发展，造福人类。

海洋具有独特的环境、丰富的另类物种和奇妙的基因资源，越来越多的科学家把目光投向海洋。曾领导塞莱拉基因科技公司完成了人类基因组测序的克雷格·文特尔，也把研究兴趣转移到海洋微生物上，初步的研究已发现了约为人类基因数目两倍的全新基因。深海微生物群落长期生活在高压、高温/低温等极端环境下，具有显著区别于陆地生物的独特的代谢途径以及适应于该环境的信号传导和化学防御机制。这就意味着其生命活动中生成的形形色色的化合物有许多也是可资利用的天然产物。

2.4　海洋生物资源养护和生境的生物修复

海洋是全球生命支持系统的一个基本组成部分，蕴藏了难以估计的丰富资源，也是人类生存环境的重要调节器。海洋占地球表面积的 71%，它是一个巨大的流体，具有高渗透压、高压、高温和低温等与陆地截然不同的生态环境，使其成为生命的发源地和许多特有的生物的栖息地。现代海洋中有 16 万种生物，分属于 49 个门。我国经分类鉴定的海洋生物有 22 629 种，分属于 46 个门。

据 FAO 统计，全球过度开发、枯竭和正在修复的渔业资源量从 1974 年的 10% 上升到 2008 年的 32%，其中 28% 的渔业资源存在过渡捕捞现象，3% 的渔业资源已经枯竭，且仅有 1% 的渔业资源正在修复中。

生物资源养护（biological resource conservation）是指采取有效措施，通过自然或人工途径对受损的某种或多种生物资源进行恢复和重建，使恶化状态得到改善的过程，生境修复（habitat restoration）是指采取有效措施，对受损的生境进行恢复与重建，使恶化状态得到改善的过程。

沿海地区是世界经济发展中心，乃至政治、文化中心。中国40%的人口生活在占国土陆地面积13%的沿海地区，生产了近60%的GDP，目前人口向沿海迁移的势头有增无减。人类活动导致陆海相互作用加剧，近20年来，城市化进程加快、化肥农药和工业排污急剧增加、河流水利工程和近海养殖大量增多，对我国近海生态环境及其可持续利用产生了巨大的压力。没有良好健康的海洋环境，就没有国家的可持续发展，当然更谈不上海水养殖业的健康持续发展。通过生物技术确定负责降解的基因，并加强它对某种特定物质降解的功能。开发有针对性的海洋生物，这一工作蕴藏着巨大的市场潜力。日本从1 945 m深海底泥分离的可降解油类的细菌。在以色列，从海洋细菌分离出一种用于石油工业的新型石油乳化剂，其产品远销包括美国在内的十几个国家。科学家们发现许多海洋细菌的生物修复的"高招"，如有以硫化物或苯类作为食物的本事，可以用来降解令人棘手的污染物。

据美国科学家R. Costanza估计，全球海洋生态价值为20. 949万亿美元/a，其中近海生态价值为12. 568万亿美元/a。2007年发布的《美国未来10年海洋科学优先研究计划和实施战略》，明确将海洋生态作为研究重点，并将其提到人类福祉的高度。2010年6月发布的《NOAA未来十年战略规划》将"健康的海洋：在健康、富有生产力的生态系统中维持海洋渔业、生境以及生物多样性"确定为重要战略目标。2010年5月，全球环境基金（GEF）和联合国环境规划署（UNEP）共同发布了《海洋生态系统恢复战略》，确定了渔业环境修复的3个关键：海洋渔业、热带珊瑚礁和沿海大陆架海洋生态系统。

2.5　国防建设的需要

利用海洋生物技术控制污损生物的生长、繁殖与附着，从而减轻对航海船舶、舰艇和相应有关设施的损害和影响。海水淡化技术、抗盐耐海水生物种植技术等应用，可以解决海军的饮食和用水问题。随着军队现代化建设的深化，海洋生物技术将会在国防建设中得以充分应用，如现代仿生技术、生化武器、水生生物声学技术、侦察技术和伪装隐蔽技术等。

海洋具有非常严酷的腐蚀环境，桥梁、船舶、管线、码头等以钢铁为主要结构材料的设施时时面临腐蚀的危害。腐蚀不仅造成材料的浪费，有时还导致灾难的发生。因此，海洋环境下钢铁腐蚀控制技术研究具有重要意义。

污损生物和海水腐蚀是降低船舶营运效力、破坏海洋设施和建筑乃至影响海军国防能力的两个主要因素。迫切需要从分子水平发展控制这两个过程的方法。这就需要我们深刻地理解生物体附着的机制、生物膜生长的过程以及此过程影响生物附着和电化学腐蚀的机理。

这方面的例子还有：科学家发现牡蛎贝壳上的有机基质可以防止污损生物的附着。生物膜两种相近的污损生物有相互抑制生长的作用，这启示人们可以从其中一种的体内提取这种基因，作用于另一种污损生物，从而起到抑制其生长的作用。近些年来，海洋抗污损研究明显增加，反映了该问题在现实经济社会中的重要性。

3　发展核心技术，实现新旧动能转换

习近平主席多次强调："关键核心技术是国之重器，对推动我国经济高质量发展、保障国家安全都具有十分重要的意义，必须切实提高我国关键核心技术创新能力，把科技发展主动权牢牢掌握在自己手里，为我国发展提供有力科技保障"。

"十三五"起始，科技部组织了专家对海洋农业关键技术的发展做了大体预测，专家们认为近中期如下几种关键技术特别应予关注。

3.1　海洋生物组学及其转化技术得到实际应用

组学及其转化技术是把握资源再生的过程与规律的重要手段，为人类利用和保护生物资源提供新方法、新途径。当前，美国、日本、澳大利亚等纷纷将经济海洋生物（鱼、虾、贝、藻）的组学及转化技术研究列为重点发展方向；我国也在积极加快研究脚步。组学包括基因组、转录组、蛋白组和代谢组学等，是从整体揭示和认识海洋生物资源物种遗传、代谢的组成、特征及互作网络关系。我国未来 5~10 年内，将重点全面完成重要经济价值的物种的全基因组测序等多组学研究及转化研究。预计未来 10~20 年内，完成高通量基因功能评价与高通量分子标记育种创新平台，实现从传统的"经验育种"到定向、高效的"精确育种"的转化，将独特的海洋生物功能基因应用于食品安全、人类健康和环境整治等。

3.2 集约化、智能化绿色海水养殖技术得以大规模应用

海水养殖在今后相当长一段时期仍然是向全球不断增长人口提供更高需求海产品的主渠道，集约化和智能化是提升和改造传统的养殖方法、提高生产效率和单位效益、进行风险管控的重要手段。目前，集约化、智能化绿色海水养殖技术已在挪威、美国、加拿大、日本等国家和地区得到广泛应用，如挪威的抗风深水网箱实现了鱼类养殖、管理和收获的集约化与机械化。我国海水养殖的产业规模大，但集约化与智能化水平亟待提升。在陆基养殖中要突破养殖水体净化处理技术，循环利用全部或大部养殖用水，实现低耗能、零排放的工厂化养殖；离岸深水养殖仍需重点突破离岸深水网箱、深远海岛礁养殖装备、养殖工船等关键工程装备与数字化、自动化管理技术，并建立严格的生物安全保障体系。我国未来5~10年将确保集约化养殖的健康、清洁全过程生产，实现"订单渔业"的产业化应用。预计未来10~20年，我国将会实现智能化养殖关键技术与工程装备的规模化应用。

为了保证海水养殖持续健康发展，必须深入研究野生种类的驯化和培育，利用细胞、分子技术，实行人工遗传改良，建立起创新的种质体系，源源不断地提供新的优良种苗，实现养殖良种化。同时在人工控制的水环境下，驯化鱼、虾、贝、藻资源，发展清洁高效、环境友好的海洋生物新生产体系已成为当前提高水体生产力的重要方式，也成为向人类提供更丰富更安全的水产品、观赏生物、药用保健生物和新材料的重要途径。

新生产模式与传统生产模式相比，有很大的不同：

	传统模式	现代模式
生产目的	食用的鱼、虾、贝、藻	食用或更广泛用途的有机体、细胞及其组成
种质种苗	基本来自野生	人工优选乃至分子设计
病害	药物防治	生物安保、免疫防治
方式	捕捞和粗放养殖	增殖和集约化养殖
生产结构	结构简单、三产比例失调	多样化、个性化；三产结构合理
产品安全	难以保险	健康无公害
生产设施	简易、高耗能	工程化，节能降耗
生产链	短，直接上市或冰冻储存	延长，产物精制实现高值化
生产效益	自然排放，污染严重，难以为继	低或零排放，环境友好，持续发展

3.3 智能化海洋牧场管控装备与技术得到快速发展和广泛应用

海洋牧场是实现我国近海渔业资源恢复、生态系统和谐发展与"蓝色碳汇"的重要途径。现阶段，美国、日本、韩国的海洋牧场建设在人工鱼礁构建、鱼群驯化、海藻场建设、休闲渔业等方面做出了成功范例。我国在海洋牧场发展理念和建设实践的起步较早，但存在生态模式和管理效率低、预测预警体系不健全等突出问题，现代海洋牧场仍需重点解决生境修复与生物资源养护、生态安全与环境保障技术、3S 技术（遥感技术 RS、地理信息系统 GIS 和全球定位系统 GPS）应用、信息数据远程交换互通、安全追溯技术、物联网和人工智能技术、牧场管理信息化、生物驯化、自动化采收等关键技术。我国未来 5~10 年，海洋牧场生态安全与预警预报体系趋于完善，综合效益得到明显提升。预计未来 10~20 年，海洋牧场实现工程化、机械化、自动化和信息化，海洋牧场的管控实现智能化。

3.4 海洋生物资源炼制技术促进建立新型生物产业群

建立在对不同生物蛋白、多糖、脂类和生物活性物质等组分构成认知的基础上，开发适用各自生物的炼制工艺与技术，创制高端和高值化产品，具有重要的经济和社会效益。国外海洋食品加工产业呈现出高端化、高值化和多元化发展趋势，质量安全控制技术日趋成熟。我国技术创新能力不强、产品种类不多、产业化能力不足，仍需突破海洋功能化食品、生物质新材料、生物新能源、生物制品乃至药品的研制与质量控制技术。预测未来 5~10 年，我国将开发出多个具有市场竞争力的海洋微藻能源、生物基材料和新药、海洋生物制品。预计未来 10~20 年，我国将系统掌握海洋生物资源的高值化利用的原理和创制技术，涌现一批极具国际竞争力的海洋生物制品和海洋药物的创新企业。

3.5 深远海与极地重要生物资源勘采技术得到有效应用

全球公海大洋性渔业产量约占世界海洋渔业产量的 11%，随着近海渔业资源量显著下降，深远海与极地生物资源开发蓬勃发展。当前远洋与极地生物资源成为世界渔业发达国家关注和争夺的热点，国际上更加注重节能型渔船、生态型和高效型捕捞技术以及资源与渔场预测技术研发。我国深远海与极地资源勘采技术亟待提升，仍需重点突破深远海重要生物资源发掘与探测、功能性渔用新材料和精准渔法渔具开发、南极磷虾高效捕捞与综合利用等关键技术。我国未来5~10年将攻克捕捞对象的行为分布与环境关系、南极磷虾、秋刀鱼、头足类和灯笼鱼等重要生物资源的精准捕捞与综合利用技术，单船作业效率提高30%，单位渔获物能耗降低10%。预计未来10~20年，我国将系统掌握深远海与极地重要生物资源的精准探测与综合利用技术，全面提升深远海与基地生物资源探测与开发能力。

3.6 生物信息技术在生态灾害防控中得到实际应用

近年来，我国近海有害藻华等生态灾害频发，破坏海洋生态环境，危害近海养殖业发展与人类健康，对核电冷源安全构成威胁，亟待行之有效的防控手段。通过采用生物信息技术，可对有害藻华种的生理、生化及环境响应特点从分子水平予以阐释，结合生理生化方法共同考察改性黏土等应急处置方法对藻华生物生长和增殖的影响，将深入阐释预防和控制其快速增殖的机理，进一步完善对藻华灾害的防控方法。国际上较早将生物信息技术应用于有害藻华领域研究，对藻华种的多样性及生态适应机制已有初步认识。随着高通量测序技术的发展，越来越多的海洋生物基因信息将得到注释。预计未来10~15年，我国有望利用生物信息技术，深入认识不同类型的生态灾害，有针对性地利用宏基因组、宏转录组及宏蛋白组学技术研究有害藻华的发生、发展及消亡过程，结合基因芯片技术对不同类型的藻华实现早期预警；深入揭示改性黏土技术对有害藻华的消除机制，实现利用分子信号对有害藻华的高靶向、高效率防控目标。

多学科高度交叉融合，科学、技术和工程紧密结合，官、产、学、研、军共同协作，已成为最具竞争力的海洋（生物）技术创新的关键。

海洋生物技术正在强有力地催生蓝色生物经济产业群。人们清楚地认识到：海洋生物技术应当并能够应对当下世界面临的种种挑战和为经济复苏做出贡献。它不仅可以创造工作岗位、财富，也有利于发展更绿色、更智慧的蓝色生物经济。欧洲科学基金会乐观估计，"欧洲在10年内将成为全球海洋生物技术的领先者，海洋生物技术当前的全球市场价值为80亿欧元，如果工业界与科技界共同合作，市场价值将以每年12%的增速发展"。

海洋技术的商品化、产业化已成为国内外高技术发展的重要内容。随着海洋生物技术的不断进步，新型生产方式将会不断涌现。在过去的 15 年里，美国大约淘汰了 8 000 种老的职业，同时又产生了 6 000 种新的职业，就 2002 年美国仅生物技术产品产值达 2 885 亿美元。我们要选择高附加值的产品对象且具有明朗的产业前景，促进海洋产业新型生产方式的创建。海洋药业、生物环保产业等都将成为我国海洋产业新的增长点。

海洋经济高效和可持续发展必然依靠海洋高技术的创新和产业化。当今世界的海洋高技术正面临大发展的战略机遇期，我们必须紧紧抓住这一大好机遇，认真落实科学发展观，不断推进海洋科技的自主创新和关键技术的创新与集成，重点解决制约国家海洋经济发展的重大科技战略问题，全面提升我国核心创新能力，实现新旧动能转换，为海洋经济建设和社会可持续发展提供知识基础和技术支撑。

作者简介：

相建海，中国科学院海洋所研究员，原所长。海洋生物学家。《中国海洋与湖沼》（英文）主编。曾任国家 863 资环领域专家委员会主任，全国人大第八届至第十一届代表。

打造青岛国际海洋科技合作枢纽城市

徐兴永

（自然资源部第一海洋研究所，山东 青岛 266061）

作为我国首批 14 个沿海开放城市之一，对外开放是青岛最大的特色和优势，过去 40 年，青岛始终走在对外开放的前沿。党的十八大以来，青岛市启动实施了国际城市战略，成立了由书记、市长担任主任的市国际城市战略推进委员会，组建了青岛市国际城市战略推进中心，发布了《青岛市落实开放发展理念推进国际城市战略实施纲要》（青发【2016】9 号）。近年来，青岛的国际化程度不断提高，青岛市国际城市世界排名快速提升，实施国际城市战略取得积极成效。

2017 年 12 月 6 日，青岛市明确提出了"建设国际海洋名城"的奋斗目标。为落实党的十九大报告提出的"推动形成全面开放新格局"目标，乘风上合，2018 年 6 月 5 日，青岛市委、市政府发布了《关于加快形成全面开放新格局的意见》（青发【2018】27 号），力争到 2022 年，全力打造在全球具有重要影响力的国际海洋名城；7 月 27 日，青岛市发布了《青岛市推进实施国际城市战略"国际化+"行动计划对标案例指导手册（2018—2019）》，青岛市将对标纽约湾区、旧金山湾区、东京湾区三大国际知名湾区，打造国际海洋名城。青岛是我国海洋科研力量最为集中的城市，海洋科技资源优势明显。打造具有全球影响力的国际海洋名城，更重要的是发挥青岛海洋科技引领作用和突出优势，积极参与全球海洋科技合作，深度参与"一带一路"建设，把青岛打造成为国际海洋科技合作枢纽城市，才能将青岛打造为具有全球影响力的国际海洋名城。

1　青岛国际海洋科技合作现状

1.1　青岛海洋科技突出优势和引领作用

青岛市拥有青岛海洋科学与技术试点国家实验室、中国科学院海洋大科学中心以及涉海科研院所等 23 家，海洋科研单位和科技人员的数量分别占全国总数的 30% 和 60% 以上，海洋科技资源优势突出，海洋科技交流合作频繁，已成为我国海洋科技的制高点。如，青岛蓝色硅谷拥有青岛海洋科学与技术试点国家实验室、国家深海基地管理中心等世界级海洋科技创新平台，汇聚了世界各地海洋人才 4 500 余人，被东亚海国际组织列入东亚海第四期项目计划并定位为东亚海蓝色知识与技术平台，成为国家"十三五"规划确定的重点创新示范区。习近平总书记在上合青岛峰会结束后考察的第一站就选择了蓝色硅谷，参观了青岛海洋科学与技术试点国家实验室。未来，青岛蓝谷将引领海洋基础科学、近海应用技术和深海应用技术实现跨越发展。争取到 2020 年，将蓝谷打造成为世界著名海洋科技新城，成为支撑青岛海洋国际名城的重要一极。

1.2 青岛参与全球海洋科技合作情况

近年来，青岛海洋科学与技术试点国家实验室及驻青涉海科研院所在国际海洋科技合作方面成绩显著，已经在南北极、印度洋、太平洋等海域开展了大量的科学调查和研究，并与亚洲、非洲、欧洲、美洲的很多国家建立了密切的海洋科技合作关系，在国家海洋战略中起着关键作用。特别是通过与 21 世纪海上丝绸之路沿线国家的全方位海洋科技合作，驻青科研院所已成为连接我国和海上丝绸之路沿线国家的重要纽带。如，青岛海洋科学与技术试点国家实验室一直重视国际合作与交流，主动融入世界海洋科技创新发展交流平台，联合全球布局海洋科研，在海洋科技创新中协同发展，很快成为海洋高端科研资源集聚的焦点。在海洋国家实验室的发展规划当中，拟建设 5 个国际研究中心，成为对接国家战略，吸引国内外海洋领域的领军人物参与，共同促进全球海洋科技合作与发展。自然资源部第一海洋研究所已与东北亚、东南亚、南亚、非洲、欧美、大洋洲等地区的诸多研究机构建立了稳固的合作关系，并积极参与国际组织的活动，相关工作有效配合了我国海洋外交工作的开展。①牵头发起和参与实施了包括"建立东南亚地区的海洋预报系统"等一系列国际和地区合作项目。②承办了包括"中韩海洋科学共同研究中心"、"中印尼海洋与气候中心"、"中俄海洋与极地联合研究中心"等 9 个双边或多边国际合作机构，为进一步深化国际合作搭建了稳固平台，建设了一批海外观测站，并实施了一系列联合调查航次。③培养了一批具有国际影响力的专家队伍和国际合作管理团队。中国科学院海洋研究所一直积极主动开展对外合作，已经同美国、加拿大、法国、德国、意大利、俄罗斯、西班牙、英国、澳大利亚、挪威、日本、韩国、越南、新加坡等 20 多个国家学术交流与合作，与多个世界著名的海洋科研单位建立了长期友好的合作关系。中国水产科学研究院黄海水产研究所是科技部授牌的"国际科技合作示范基地"，与欧盟、韩国、日本、美国等多家海洋研究机构建立了合作关系，国际交流与合作十分活跃。此外，中国海洋大学、青岛海洋地质研究所等单位也开展了大量国际海洋科技合作工作。通过开展国际海洋科技合作，青岛已经成为我国海洋科技交流合作的枢纽。

近年来，世界级海洋论坛纷纷落户青岛，彰显青岛海洋科技交流与合作实力。青岛陆续组织召开了"东亚海国际会议"、"世界海洋大会暨海洋发展黄岛论坛"、"海上丝路港口城市国家峰会暨发展论坛"、"2017 国际海洋创新发展论坛暨 2017 年国际海洋创新创业大赛"、"CLIVAR 开放科学大会"、"WEST-PAC 第十届国际科学大会"、"第三届 NPOCE 国际开放科学大会"、"全球海洋院所领导人论坛"等世界顶级涉海会议，扩大了海洋科技国际合作与交流，大大提升了青岛的国际影响力。据统计，2018 年青岛举办 80 项重点会展活动，海洋特色显著，2018 年下半年将召开的东亚海洋合作平台黄岛论坛、2018 青岛国际海洋科技展览会、国际海洋基因组学联盟会议、青岛国际海洋技术展与工程设备展览会、青岛国际帆船周·海洋节、中国国际航海博览会等涉海国际会议和展览，将进一步提高青岛的国际海洋科技合作与交流，凸显青岛国际海洋科技合作枢纽作用。应充分发挥青岛海洋科技优势，加强国际海洋科技合作，必将强化青岛作为国际海洋科技合作的枢纽作用，助力青岛打造为具有全球影响力的国际海洋名城。

2 青岛海洋国际科技合作存在的问题

青岛海洋科技资源优势突出，海洋科技国际交流合作频繁，已取得丰硕成果，但也存在一些问题。

（1）青岛海洋科技合作与交流缺乏统筹规划和顶层设计。由于青岛海洋科技资源分散，青岛海洋科学与技术试点国家实验室、驻青科研院所等分属不同部委管理，围绕不同的国际热点问题，参与全球海洋科技合作，很难深入参与全球海洋治理，深层次融入全球海洋科技创新网络，国际海洋合作的层级和投入有待提高。

（2）缺乏国家级海洋国际合作平台。由于青岛缺乏国家级海洋国际合作平台，海洋科技国际合作与交流还没有形成合力，难以深度参与国际规则制定和"一路一带"等国家战略，还没有真正实现国际海洋科技等领域的开放合作。

（3）缺少具有国际影响力的涉海国际会议。"东亚海洋合作平台黄岛论坛"、"全球海洋院所领导人论坛"、"青岛国际海洋科技展览会"等虽具有一定的影响力，但缺乏如博鳌论坛有国际知名影响力的会议。

（4）缺少国际海洋科技装备转化平台。青岛海洋高科技研发及产业基础优势明显，但没有形成高端特色的海洋科技成果转移转化平台，应积极筹建国际海洋科技转化平台，才能实现高端海洋科技成果转化落地，充分发挥青岛的国际海洋科技合作与交流枢纽作用。

3 打造国际海洋科技合作枢纽城市建议

为加快实施国际海洋科技合作枢纽城市战略，建议如下。

（1）做好顶层设计，推进海洋科技国际合作与交流。依托青岛海洋科学与技术试点国家实验室、驻青科研院所等海洋科研力量，围绕海洋与气候变化、海洋资源可持续利用、海洋环境安全等国际热点问题，积极参与全球海洋科技合作，深入参与全球海洋治理，深层次融入全球海洋科技创新网络，拓宽国际科技合作新渠道等，出台配套政策，大力提升国际海洋合作的层级和投入水平，加快国际海洋科技合作枢纽城市建设。

（2）成立国家级海洋国际合作平台。统筹整合青岛海洋科技资源、形成合力，谋划国际合作新机制、深度参与国际规则制定，发展国际合作平台和网络，积极推动成立东亚海洋合作平台、"一带一路"合作中心等国际合作平台，深度融入"一带一路"国家战略，推动国际海洋科技等领域开放合作。

（3）建设海洋科技前沿信息共享与发布平台。联合在青海洋科研机构，联合国际组织共同打造前沿海洋科技成果和数据发布的权威平台，促进海洋科技领域的资源共享与积极创新，加强科技新成果的展示，为顶级涉海国际会议的举办和国际海洋科技装备转化平台的建设提供支撑，推进青岛市建设国际海洋名城的步伐。

（4）积极主办世界顶级涉海国际会议。继续办好"东亚海洋合作平台黄岛论坛"、"全球海洋院所领导人论坛"、"青岛国际海洋科技展览会"、"青岛国际海洋技术展与工程设备展览会"、"青岛国际帆船周·海洋节"等国际会议和海洋科技展览会，积极主办或承办有国际影响力的海洋科学大会，提高青岛国际海洋科技合作与交流的枢纽作用。

（5）建设国际高端特色的海洋科技装备转化平台。以建设国家海洋技术转移中心为契机，发挥青岛海洋为主要特色的高科技研发及产业基础条件和优势，在打造国家级海洋技术转移交易平台的基础上，形成高端特色的海洋科技成果转移转化平台，建立"青岛国际海洋科技展览会"和"青岛国际海洋技术展与工程设备展览会"等交流平台，谋划建设国际海洋装备转化平台。

作者简介：

徐兴永，男，博士，研究员，现任自然资源部第一海洋研究所科技处处长，主要从事海洋地质与第四纪环境、海岸带地质灾害等研究和海洋科技管理工作。

加快海水养殖转型升级
促进其产业可持续发展

马绍赛

（中国水产科学研究院黄海水产研究所，山东 青岛 266071）

摘要：本文阐述了我国海水养殖的发展、特点及其对产业的贡献；客观分析了海水池塘养殖、近海网箱养殖和海水大棚养殖等养殖模式在生产过程中对区域生态环境造成的负面影响，指出转方式调结构实现产业的转型升级的必要性和可行性；同时介绍了深远海养殖工程装备和循环水高效养殖工程化方面的研究成果，以展示产业转型升级与走向"深蓝"技术支撑能力与水平，并根据本人对海水养殖的实践、观察、认识和体会，就其转型升级问题提出个人意见与建议。

关键词：海水养殖；转型升级；保护近海；拓展外海；养殖浪潮

1 产业发展概况

我国是海洋大国，具有 300 万 km² 的海洋国土，其中 20 m 等深线以内浅海面积 0.16 亿 hm²，40 m 等深线以内海域面积 0.53 亿 hm²，大陆海岸线绵延长达 1.8 万 km，海洋渔业是我国粮食安全保障的重要组成部分，成为优质蛋白的"蓝色粮仓"。我国著名科学家朱树屏先生和曾呈奎先生早在 20 世纪五六十年代就分别提出了"海洋农牧化"和"耕海牧渔"的战略性与前瞻性创想[1-2]，在其推动下，海水养殖在我国得到了迅速发展，相继掀起了 5 次海水养殖浪潮。第一次养殖浪潮出现在 20 世纪 60 年代，以海带、紫菜养殖为代表的海藻养殖浪潮；第二次养殖浪潮出现在 80 年代，以中国对虾养殖为代表的海水虾类养殖浪潮；第三次养殖浪潮出现在 90 年代，以扇贝养殖为代表的海洋贝类养殖浪潮；第四次养殖浪潮出现在 20 世纪末，以大菱鲆、半滑舌鳎养殖为代表的海水鱼类养殖浪潮；第五次养殖浪潮出现在 21 世纪初，以海参、鲍鱼养殖为代表的海珍品养殖浪潮[3]，5 次海水养殖浪潮对产业发展起到了极其重要的促进带动作用。自 20 世纪 90 年代以来，我国的海水养殖总产量一直居世界首位。2016 年，海水产品总产量达 3 490.15 万 t，海水养殖产量达 1 963.13 万 t，占海水产品总产量的 56.25%，其中藻类养殖产量 216.93 万 t，甲壳类养殖产量 156.46 万 t，贝类养殖产量 1 420.75 万 t，鱼类养殖产量 134.76 万 t，水产品人均占有量达 49.91 kg，渔民富了，渔村强了，更多的人从中享受到获得感，这不能不说是一个伟大的创举。

2　产业发展遇到的问题

由于海水养殖在一个相当长的发展阶段，其定位和指导思想主要是以发展近海养殖为重点，以满足人们对水产品的需求为目标，以提高产量为追求，致使在完全忽视生态养殖容量的情况下，不断地扩大养殖规模，使得近海海域生态承载不堪重负。特别是在海水虾类养殖浪潮、海水鱼类养殖浪潮和海珍品养殖浪潮过程中，由于筑建养殖池、打建养殖大棚、布设养殖网箱，从而大量占用了浅海滩涂，生态湿地遭到了一定程度的破坏，其自然生态功能大大地被削弱，甚至丧失。不仅如此，在养殖生产中，养殖废水几乎不做任何处理肆意排放，加重了养殖区域及其周边海域的污染程度。此外，有些鱼类大棚养殖，开采地下水作为养殖用水，破坏了地下水系，甚至导致水位下降海水倒灌，出现土地盐化现象。海水养殖及其他人类活动所造成的诸多生态环境问题，无疑给海水养殖发展带来了严重的负面影响。20 世纪 90 年代初，中国对虾养殖暴发性流行病的发生，使得整个产业遭受灭顶之灾的打击，中国对虾养殖年产量从 20 万 t 左右降到数千吨，甚至更少，直至今日仍然难以恢复[4]。而后，其他海水养殖产业，如扇贝养殖、海水鱼类养殖、海珍品养殖等各种病害接踵而至，形成频发多发态势，经济损失巨大，产业发展遭遇前所未有的严峻挑战。不可危言，养殖病害发生有种质退化，有病毒传播，有生物遗传等诸多原因，但养殖水域生态环境不断恶化的诱发作用无可置疑。更让人痛心的是大连池塘养殖海参 2018 年夏季高温导致大量死亡事件，可谓"全军覆灭"、"惨不忍睹"。虽然看起来这次死亡事件似乎带有一定的偶然性，但从海参池塘养殖这种粗放型的养殖模式来看，其本身是没有能力抵御包括高温在内的诸多环境变化的影响，因此，所导致死亡的结果是必然的。

3 产业的转型升级

为保持海水养殖健康可持续发展，旧的生产方式必须转变，落后的产业结构必须调整，传统的产业发展理念必须创新，由注重产量增长转到更加注重质量，由单纯追求经济效益转到更加注重生态环境保护上来，走产出高质高效、产品安全可靠、资源节约、环境友好的养殖产业现代化道路。2013 年 2 月，国务院常务会讨论通过的《关于促进海洋渔业持续健康发展的若干意见》中，针对海水养殖的发展提出了"控制近海养殖密度，拓展海洋离岸养殖和集约化养殖，提高设施装备水平和组织化程度"。2016 年原农业部现农村农业部发布了《农业部关于加快推进渔业转方式调结构的指导意见》，明确提出"稳定近海养殖规模，拓展外海养殖空间，支持养殖生产向外海发展"。这为我国海水养殖转型升级发展确定了新的战略方向，也对已具雏形的第六次海水养殖浪潮发展确立了新的定位。大家知道，第一次海水养殖浪潮到第五次海水养殖浪潮均以品种带动产业发展为显著特点，而第六次海水养殖浪潮的特点体现在先进技术、高效生产模式、生态友好理念、现代管理机制、标准化生产流程、产品可追溯制度以及产品安全保证措施等综合方面，其内涵更加丰富，特点更加综合。

4 产业转型升级的技术支撑

近 20 年来，特别是"十五"以来，广大的科技工作者紧紧围绕国家需求和产业发展需求，充分发挥自身业务专长，联合有实力的企业，针对养殖工程化、设施与装备、遗传育种、营养饲料、疾病防控、养殖工艺等开展了一系列研究，取得了大批具有自主知识产权的创新成果，这些成果在产业应用中凸显了显著的效果和巨大的推动作用，同时也为产业转型升级与走向"深蓝"提供了强有力的技术支撑。在此介绍两项具有代表性的成果，以展示在深远海养殖工程技术与装备和循环水高效养殖工程化技术研发方面的能力和技术水平。

4.1　深远海养殖工程技术与装备

围绕着深海抗风浪网箱，国家"863"计划、科技攻关计划、科技支撑计划、公益性行业（海洋、农业）专项以及地方科技计划等均立项开展研究，先后研制出了 HDPE 圆形浮式网箱、升降式网箱、碟形网箱、浮绳式网箱、抗风浪金属网箱等新型网箱，及其水下监控、活鱼起捕、养殖环境监测、自动投饵、网衣清洗、自动起网、鱼类规格分选等配套设施装备，并建立了卵形鲳鲹、军曹鱼、大黄鱼、红鳍东方鲀、鲈、许氏平鲉、大泷六线鱼等海水鱼类的深水网箱养殖技术。2015 年，青岛海洋科学与技术国家实验室启动了"深远海养殖平台工程技术与装备研发"项目，由中国水产科学研究院黄海水产研究所牵头，聚集国内深远海养殖主要技术力量，集成前期研究成果，协力推进深远海养殖进程。由中国水产科学研究院渔业机械仪器研究所联合相关企业，启动了我国首个针对南海海域深远海养殖的大型平台构建工作。项目建立在 9.6 万吨级阿芙拉型油船船体平台上，设计养殖水体 7.5 万 m^3，可形成年产 4 000 t 以上养殖能力以及 50~100 艘南海渔船渔获物初加工与物资补给能力。目前已完成养殖平台的整体设计及船舶改装设计方案，并制作出适于深远海养殖的新型升降式网箱。

由中船重工武昌船舶重工集团承包建造的"海洋渔场 1 号"，2017 年 9 月运抵挪威，布设在位于挪威中部的特伦德拉格地区远海，并已投入使用。该渔场平台呈圆形，直径为 110 m，总高 68 m，水下部分 45 m。整个设施由 8 根缆索连接海底固定，可抗 12 级风浪。空载重量 7 700 t，设计使用年限 25 年。网衣面积相当于 5 个标准足球场那么大。中央有一座 5 层楼房，其中包括总控制室和工作人员生活区。这座渔场安装了 2 万余个传感器，100 余个水下水上监控设备和 100 余个生物光源，在饵料供应、环境监测、去污、防腐全过程都实现了智能化和自动化。只需 3~9 人即可操控，最多可容纳 9 人在深远海作业和生活，一个养殖季可实现养鱼 150 万条，出产三文鱼约 8 000 t，产值在 1 亿美元以上。

4.2　循环水高效养殖工程化技术[6]

中国水产科学研究院黄海水产研究所、中国科学院海洋研究所、中国海洋大学、中国水产科学研究院渔业机械仪器研究所等科研单位联合相关企业，相继开展了"十五"国家"863"计划课题"工厂化鱼类高密度养殖设施工程优化技术"研究、"十一五"国家支撑计划课题"工程化养殖高效生产体系构建技术研究与开发"的研究和"十二五"国家支撑计划课题"节能环保型海水工程化高效养殖技术集成与示范"研究。课题瞄准国际先进水平，立足国内实际，面向产业需求，坚持实用、节能、高技术的理念，针对海水循环水高效养殖关键技术和工程装备进行自主创新，取得了一系列重大的技术突破。以"十一五"国家支撑计划课题"工程化养殖高效生产体系构建技术研究与开发"课题研究进展为例，该课题在"十五"国家"863"计划课题"工厂化鱼类高密度养殖设施工程优化技术"研究的基础上，进一步优化了循环水养殖工程工艺，改良与研发了多功能蛋白质分离器、多功能固液分离器装置、模块式紫外线杀菌装置、高效溶氧器装置和固体颗粒清除装置；构建工程化鱼类循环水养殖高效生产系统 10 080 m²，单位产量大于 30~35 kg/m²，循环利用率大于 90%；改建工程化虾类养殖高效生产系统 10 200 m²，单位产量大于 4 kg/m²；研发的在线自动水质监测系统，实现了单机多点自动监测与自动报警。进行了人工湿地处理海水养殖外排水试验研究，建成与工程化虾类养殖高效生产系统相匹配的海水养殖废水的无害化处理人工湿地，包括预处理池、一级表面流人工湿地、二级垂直流人工湿地和蓄水池等，日处理能力 2 000 m³，对氨氮、磷酸盐的去除率分别高达 88% 和 90% 以上；建立了生物挂膜操作工艺与方法。目前，一个节能环保型高效海水循环水养殖工程化体系已经形成，并在产业中得到了广泛的应用，这为近海池塘、大棚等养殖模式的转型升级提供了技术保障。

5　产业转型升级的建言

基于本人对海水养殖的实践、观察、认识和体会，就产业的转型升级问题，在此建言，以供有关方面决策参考。

（1）养护近海，生态优先，因域制宜，提质增效，持续发展。近海海域水深浅，动力弱，交换差，容量小，污染重，无论从养殖自身考虑，还是从生态全局考虑，建立以人工鱼礁为载体，以藻类为基础，以鲍鱼、海参、海胆、夏夷扇贝以及埋栖性贝类和蟹、蛸等大型底栖经济生物为主要对象，并通过自然诱鱼形成与生态承载力相适应的健康的生态系统，乃科学之举，利在当下，功在千秋。

（2）转方式调结构，新旧动能转换，淘汰落后产能，创新养殖模式。近海网箱养殖、滨海池塘养殖、陆基大棚养殖、高位水池养殖等养殖模式，极具特色，在产业发展中得到广泛推广应用。然而，其生产过程中对生态的负面影响显现无疑。要痛定思痛，乘新旧动能转换之机，逐步升级这些污染较重的养殖模式，以节约环保型高效工程化循环水养殖模式取而代之，实现零排放，无污染。在过渡期间，要坚决贯彻执行农业农村部养殖废水达标排放的规定，以遏制养殖对区域生态环境的影响。

（3）培植规模养殖企业，建立新体制机制。通过政策引导，资金扶持，堵疏兼济，将小、散、乱的养殖生产进行改革改造整合，实现集团化经营体制。以市场需求为导向，全面实行订单营销，市场需要什么，就养殖生产什么，市场需要多大规格，就养殖生产多大规格，市场需要多少，就养殖生产多少，保证产品安全，建全可追溯制度，打造产品品牌。

（4）改变旧观念，建立新构想，谋划新发展，面向深远海，拓展新空间。要从海洋强国、生态文明和蓝色粮仓建设的战略高度来认识发展深远海养殖的重要性，确定我国发展深远海养殖的原则、目标和重点任务，突破制约深远海养殖发展"瓶颈"的技术，以推动我国深蓝渔业的形成和发展。

（5）搭乘"一带一路"顺风车，加强与南海周边国家的海水养殖合作，探索多种合作机制，在有争议的水域进行养殖生产开发，实现互惠互利，合作共赢。建立多种形式的养殖或渔业生产平台，如固定式的大型海上鱼场和游弋式海上养殖工船，以实现深蓝渔业的战略性布局，以"屯渔戍边"彰显海洋主权，实现对"蓝色国土"的长期守护。

（6）加强科技创新，建立"产、学、研+"的支撑体系。深远海养殖是一项多学科、多产业交叉的系统工程，在设施装备与工程方面涉及海洋工程、渔业工程、机电工程、信息工程、自动控制和金属材料等多个学科领域；在鱼类养殖方面涉及遗传育种、种苗繁育、营养饲料、疾病防控、养殖技术与工艺等；在产品加工与物流方面涉及渔获捕捞、活鱼运输、深冻保鲜、船载加工等。因此，需要加大研发经费支持力度，组织相关专业领域研发力量，开展联合攻关。

参考文献

[1] 杨红生.我国海洋牧场建设回顾与展望.水产学报,2016,40(7):1133-1138.

[2] 李乃胜,等.经略海洋(2017).北京:海洋出版社,2018:98-104.

[3] 李乃胜.海水养殖"五次浪潮"引领蓝色技术革命.科学时报,2009-01-07.

[4] 王清印.从野生到家养——中对虾养殖评述,中国海水养殖科技进展丛书.北京:海洋出版社,2014:21-22.

[5] 农业农村部.海洋牧场系列报道之三:海洋牧场迎来发展黄金期,农业农村部大力推进海洋牧场建设.中国水产,2018.

[6] 马绍赛,曲克明,朱建新.海水工厂化循环水工程化技术与高效养殖.北京:海洋出版社,2014:2-3.

作者简介:

马绍赛,男,中国水产科学研究院黄海水产研究所原科研处处长、研究室主任,研究员(二级),中国侨联特聘专家,研究方向为:海洋渔业生态环境与生物修复。曾获农业部中青年有突出贡献专家荣誉称号,享受国务院特殊津贴。

海洋温差能利用技术的研究

袁瀚，孙坤元，梅宁

（中国海洋大学工程学院，山东 青岛 266100）

摘要：海水温差驱动的动力循环研究，为海洋能的开发利用提供了新的思路，将会成为未来开发海洋能源的研究趋势。我国作为一个具有丰富海洋能资源的大国必将充分发展利用这种新兴的可再生能源。当下海洋热能领域涉及先进循环理论、多品位能源梯级利用以及高效热动转化等一系列理论基础研究。随着人类对海洋能的不断深入研究，海洋温差发电技术成为一种新兴的海洋温差能利用方法。对于海水温差发电技术的发展与应用，是海洋能利用的重要发展方向，为未来海上能源的持续供应提供了新途径，对我国的海洋权益维护具有极强的现实意义。

关键词：海洋温差能；海水温差发电；多能互补

1　研究背景及意义

人类社会的发展离不开能源，而传统能源，诸如石油、煤炭、天然气等在开发利用中存在着不可持续、大气污染、碳排放过高等一系列难以克服的缺陷。为此，越来越多的学术研究着眼于新能源的开发与利用之上。

新能源的开发利用尚未成熟，风能的发电并网、核能的辐射污染与废弃物处置、太阳能的高成本等诸多问题都在一定程度上限制了这些新能源技术的推广。随着人们对海洋的不断深入研究，海洋能作为一种理想的可再生能源得到了更多的重视。在各种海洋能中，海洋热能具有储量巨大且热源品质稳定的独特优点，极具发展前景。海洋热能的本质是储存在表层海水中的太阳能，对其的开发使用海洋温差发电（Ocean Thermal Energy Conversion，OTEC）技术，利用深层冷海水与浅层温海水之间的稳定温差驱动动力循环系统进行发电。在国际上，日本佐贺大学海洋能研究所的研究处于领先水平，研究进入产业化研究阶段；另外位于英国北部的欧洲海洋能中心也启动了该领域研究。海洋热能一直是国际海洋能研究领域的热点。

OTEC技术的应用具有鲜明的区域特性。位于热带海域的表层温海水可达到26~32℃，而在水深为0~1 000 m时，随着水深的增加，海水温度迅速降低到5℃以下[1-2]，表层海水与深层海水之间稳定的温差使得海洋热能的利用成为可能。对于我国，南海的海洋环境[3]为该海域的海洋热能开发提供了绝佳条件；同时，黄海和东海近岸海域的水下冷水团，也使得我国大陆近岸地区具有开发海洋热能的潜力[4]。发展海洋温差能，对于我国上述地区的电力补充具有重要应用价值。随着我国国力的增强，对于热带海域尤其是南海地区的海洋权益维护需求日益高涨。同时南海地形地貌特殊，且岛礁众多，分布广泛，能源供应是影响岛屿经济与生产发展的关键因素。大陆电网不但无法辐射到各个岛屿，而且分散的岛屿分布条件也无法建立大规模的岛屿间电力网络，岛上生活与生产成本较高且不可持续。而海洋温差能具有较强的应用灵活性与可持续性。因此，发展海洋温差能技术，对于我国的海洋权益维护具有极强的现实意义。

目前，对OTEC动力循环的研究主要集中在对热力循环的创新与改进上。OTEC动力循环的热源和冷源分别为表层温海水与深层冷海水，由于是小温差的冷热源，所以动力循环的热效率较低。事实上，该温差下的卡诺循环极限热效率仅为8%，而实际运行的OTEC循环远远低于理想循环的热效率[5]，OTEC循环的实际效率低下是由于存在不可逆热损失和部件管线压力损失等能量损耗。然而，海洋温差能总量惊人，所以提高OTEC循环效率成为当务之急。现有提高OTEC循环效率主要有两种途径：①更换OTEC循环的工作介质；②对现有OTEC循环进行流程改进。对于前者，现有研究结果普遍指出，以氨-水溶液为代表的二元循环工质应用于OTEC循环具有更好的性能表现，其原因在于：氨-水溶液的发生和吸收过程为变温过程，因此换热过程的换热温差更低，同时换热导致的不可逆损失也相对较低降低[6-8]。

2 国内外研究理论述评

目前，较为先进的海洋温差发电的理论和应用研究工作是日本佐贺大学上原春男教授提出采用氨水混合物为工质的"上原循环"[9]和2002年以"上原循环"为原理在印度建成的1 MW的海洋温差发电系统，"上原循环"利用抽气回热改进了吸收式温差动力循环，其优势在于蒸发器与冷凝器热负荷更小，在冷源4℃和热源28℃时的循环效率在4%左右，氨水混合物中氨组分增加则循环效率越高，氨水混合物主要存在于蒸发器中[10-11]。

OTEC动力循环起决定性作用的是其冷热源的温度差。因为其冷源温度即冷海水水温是由海洋环境条件和水深决定的，所以学者们纷纷将目光投入到热源温度。热带沿海地区，因为阳光照射有保证，所以利用太阳能对温海水进行加热也是一种行之有效的方式。Yamada[12]对太阳能辅热的OTEC闭式循环进行了性能计算。结果表明，使用太阳能集热器对温海水进行加热的OTEC循环净效率可提高约2.7倍。

我国从20世纪80年代开展了海洋温差发电研究，1986年在广州完成了开式温差发电试验模拟装置。天津大学等高校近年来在国家"863"项目资助下开展了海洋温差发电系统和相关的研究，建立了相应的试验装置[13]，并对温差发电系统循环方式进行了比较研究和工质选择的研究[14]。另外，国家海洋局第一研究所研究了二级回热对于不同浓度氨水工质间热传递的改善，在此基础上提出了"国海循环"，并进行了相应的试验研究。该循环采用氨-水混合物作为工作介质，混合工质在加热器中加热，在分离器分离出氨气，经过透平做功，其中一部分氨气经过回热器将基本溶液加热到饱和，从分离器中出来的贫氨溶液，在回热器中加热从冷凝器中的基本溶液。该循环有如下特点：①两级回热器的使用，可以使基本溶液更多地吸收贫氨溶液的热量，可以节省下来的氨气更多地通过透平做功，使系统的效率得到提高；②采用间接循环，可以节省占地面积，同时考虑到氨泵的扬程可以得到较好的匹配。

3 海洋温差能循环新技术

目前，海洋温差发电技术仍是一项高科技项目，它涉及许多耐压、绝热、防腐材料等问题以及热能利用效率问题（效率现仅 2%），且投资巨大，一般国家无力支持。但海洋温差资源丰富，对大规模开发海洋来说，它可以在海上就近供电，并可同海水淡化相结合，从长远观点来看，海洋热能转换是有战略意义的。

3.1　引射吸收式动力循环方案

引射吸收式动力循环是一种优于"上原循环"并由海洋温差驱动而且在循环中引入了低温热源的热-动力耦合过程的新型循环，可望提高小温差热源间热力循环的效率，因此，吸收式循环引射中伴随着吸收解吸与压力转化、热能与动力耦合作用等极端复杂的过程。该循环利用引射的能量回收机制实现小温差条件下的吸收式海洋温差动力循环性能的提升；同时也降低了动力循环对冷源温度的需求，使得高水深冷源带来的一系列工程问题得以解决。为未来海洋热能的工程应用中的先进海洋热能系统设计和冷源深度缩减等关键技术问题奠定理论基础（图1）。

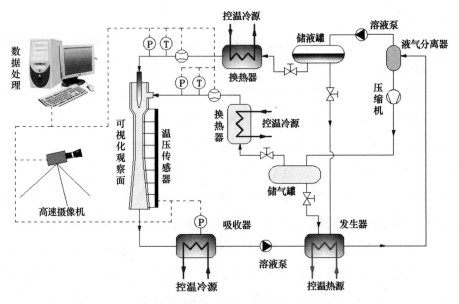

图 1　海水温差循环引射特性系统原理

海水温差引射吸收动力循环，相较海水温差氨蒸汽郎肯循环与"上原循环"，具有更高的功量和热效率，同时循环流程更为简单，是一种新型先进动力循环。

3.2 海水温差蓄冷−发电−海水淡化联供方案

海洋热能利用的多类产出及其合理的实现方式是近年来提出的热点问题。通过蓄冷−发电−海水淡化联产，可望解决海洋温差热力系统冷−电−淡水多种能源和资源产出的热力循环原理问题。此外，多个热力循环通过热量交换耦合机制组成温差循环，在热源条件、各子循环输出工况的波动状态下，温差循环可以保证稳定可控的热力输出（图2）。

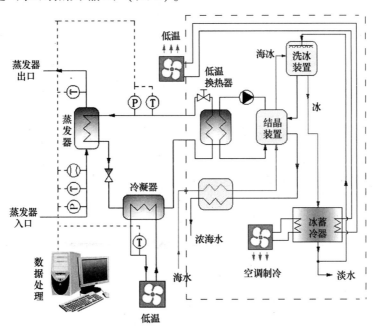

图2 海水温差蓄冷−发电−海水淡化联供系统原理

温差能蓄冷−发电−海水淡化联供系统利用工业、生活余热，驱动氨水吸收式制冷循环子系统完成热量向冷量的转化，同时通过冰蓄冷技术平顺余热系统热能供应时异性所导致的冷量波动，更可在释放冷量的同时实现海水淡化。极大地提升了 OTEC 循环的效能与适用性。

3.3 多能互补温差动力循环方案

海洋热能转化（Ocean Thermal Energy Conversion，OTEC）技术利用浅层温海水与深层冷海水间的温差，驱动热力循环完成热电转化[15-16]，由于冷热海水的低温差特性，其卡诺循环极限效率在 8% 以下[17]。为突破传统 OTEC 循环的低效，可利用太阳能辅热的海洋热能转化（Solar-assisted OTEC，SOTEC）技术，通过太阳能辅热的方式对温海水热源进行加热，从根本上增加冷热源间的温差，实现循环的性能提升。然而，太阳能是一种时异性能源，不仅随时间有周期性的特点，而且根据气象条件会有无规律的突变，不稳定的集热温度会使循环的热力输出产生大幅的波动[18-21]。

针对现有 SOTEC 循环的技术缺陷，提出了一种改进的 SOTEC 动力-蓄冷复合循环，利用蓄冷子循环对热源温度变化作用下的波动能量输出进行转化与储存，循环原理如图 3 所示。该循环采用氨水二元工质，利用引射吸收的方式，将两个热力子循环：引射动力子循环和压缩制冷子循环结合起来，其中压缩制冷子循环可将部分输入热量转化为冷量进行储存。

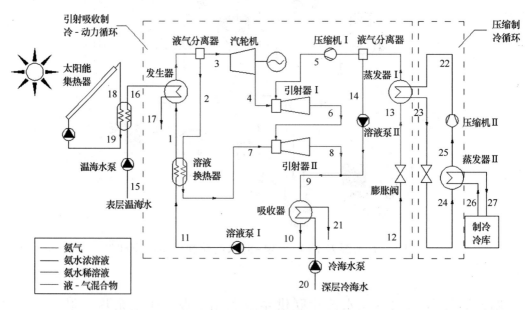

图 3　蓄热式 SOTEC 动力-蓄冷复合循环原理

SOTEC 动力-蓄冷复合循环的优势在于，通过直接对系统蓄冷与动力的输出进行分配，以此解决系统热力输出的稳定性问题。该循环可克服太阳能蓄热方式有限热容的缺陷，是一种更为高效、实时可控的热力循环。

4　结论

　　海洋热能是一种储量巨大的清洁能源。随着技术水平的发展，对海洋热能的研究与开发日益成熟；从长期来看，国际能源成本的不断攀升会进一步推动OTEC技术的发展。对于我国，南海海域的自然环境优势为开发海洋热能提供了卓越的条件。当前，随着国力的增强，我国远洋实力也得到迅速增强，对于热带海域，尤其是南海地区的海洋权益维护需求日益高涨。由于南海地区地形地貌特殊，具有岛礁众多且分布广泛的特点，岛上能源供应成为岛屿经济与生产发展的主要"瓶颈"。不仅大陆电网无法辐射到各个岛屿，而且分散的岛屿分布条件也无法建立大规模的岛屿间电力网络，目前岛上生活与生产主要依靠柴油发电，需不断补充柴油燃料，成本较高且不可持续。而海洋温差能具有较明显的优势：首先，海洋温差电站可以采用浮式电站或陆基电站，具有较强的应用灵活性；其次，海洋热能储量的巨量与稳定性决定了海洋温差发电具有不可比拟的可持续性。因此，发展海洋温差能技术，对于我国的海洋权益维护具有极强的现实意义。

参考文献

［1］　L. Pomar, M. Morsilli, P. Hallock, et al. Internal waves, an under-explored source of turbulence events in the sedimentary record. Earth-Science Reviews, 2012, 111：56-81.

［2］　N.J. Kim, K.C. Ng, W. Chun. Using the condenser effluent from a nuclear power plant for Ocean Thermal Energy Conversion（OTEC）, International Communications in Heat and Mass Transfer, 2009, 36：1008-1013.

［3］　A. Fedorov, C. Brierley, K. Lawrence, et al. Patterns and mechanisms of early Pliocene warmth, Nature, 2013, 496：43-49.

［4］　邹娥梅, 熊学军. 黄、东海温盐跃层的分布特征及其季节变化. 黄渤海海洋, 2001, 19：8-18.

［5］　H. Yuan, N. Mei, S. Hu, et al. Experimental investigation on an ammonia-water based ocean thermal energy conversion system, Applied Thermal Engineering, 2013, 61：327-333.

［6］　D. Wei, X. Lu, Z. Lu, et al. Performance analysis and optimization of organic Rankine cycle（ORC）for waste heat recovery, Energy Conversion and Management, 2007, 48：

1113-1119.

[7] C. Koroneos, D. Rovas, Exergy analysis of geothermal electricity using the Kalina cycle. International Journal of Exergy, 2013, 12: 54-69.

[8] D. Meinel, C. Wieland, H. Spliethoff, Effect and comparison of different working fluids on a two-stage organic rankine cycle (ORC) concept. Applied Thermal Engineering, 2014, 63: 246-253.

[9] H. Uehara, Y. Ikegami, Optimization of a Closed-Cycle OTEC System. Journal of solar energy engineering, 1990, 112: 247-256.

[10] H. Uehara, et al. Performance analysis of OTEC system using a cycle with absorption and extraction processes. Journal of The JSME, No.96-1696, 1998.

[11] M. Ravindran. The Indian 1MW Floating OTEC Plant——An Overview. IOA Newsletter Vol.11, No.2, 2000, International OTEC/DOWA Association, 2000.

[12] H. Aydin, H.-S. Lee, H.-J. Kim, et al. Off-design performance analysis of a closed-cycle ocean thermal energy conversion system with solar thermal preheating and superheating. Renewable Energy, 2014, 72: 154-163.

[13] N. Yamada, A. Hoshi, Y. Ikegami, Performance simulation of solar-boosted ocean thermal energy conversion plant. Renewable Energy, 2009, 34: 1752-1758.

[14] H. Uehara, Y. Ikegami. Optimization of a Closed-Cycle OTEC System. Journal of solar energy engineering, 1990, 112: 247-256.

[15] H. Uehara, H. Kusuda, M. Monde, et al. Shell-and-Plate-Type Heat Exchangers for OTEC Plants. Journal of solar energy engineering, 1984, 106: 286-290.

[16] H. Uehara, A. Miyara, Y. Ikegami, et al. Performance Analysis of an OTEC Plant and a Desalination Plant Using an Integrated Hybrid Cycle. Journal of solar energy engineering, 1996, 118: 115-122.

[17] H. Yuan, N. Mei, S. Hu, et al. Experimental investigation on an ammonia-water based ocean thermal energy conversion system. Applied Thermal Engineering, 2013, 61: 327-333.

[18] H. Aydin, H.-S. Lee, H.-J. Kim, et al. Off-design performance analysis of a closed-cycle ocean thermal energy conversion system with solar thermal preheating and superheating. Renewable Energy, 2014, 72: 154-163.

[19] M. Amyra, S. Sarip, Y. Ikegami, et al. Simulation study on enhancing hydrogen production in an ocean thermal energy (OTEC) system utilizing a solar collector. Jurnal Teknolo-

gi, 2015, 77.

[20] P. Ahmadi, I. Dincer, M.A. Rosen. Energy and exergy analyses of hydrogen production via solar-boosted ocean thermal energy conversion and PEM electrolysis. International Journal of Hydrogen Energy, 2013, 38: 1795-1805.

[21] N. Yamada, A. Hoshi, Y. Ikegami. Performance simulation of solar-boosted ocean thermal energy conversion plant. Renewable Energy, 2009, 34: 1752-1758.

作者简介:

梅宁,男,中国海洋大学工程学院教授、博士研究生导师。英国海事科学技术及轮机工程学会会士(IMAREST Fellow),全国侨联第十届委员、中国侨联特聘专家委员会海洋专家委员会委员、青岛市侨联副主席。

海洋生态资本评估技术导则编制说明

陈尚[1]，任大川[2]，夏涛[1]，李京梅[2]，杜国英[3]，王敏[1,3]

（1. 自然资源部第一海洋研究所生态中心，山东 青岛 266061；

2. 中国海洋大学经济学院，山东 青岛 266100；

3. 中国海洋大学生命学院，山东 青岛 266003）

摘要： 海洋生态资本是能够直接或间接作用于人类社会经济生产、提供有用的产品流或服务流的海洋生态资源。海洋生态资源包括海洋生物资源及其生境资源。海洋生态资源的存量价值由海洋生物资源存量价值和海洋生境资源存量价值构成。本文介绍了编制海洋生态资本评估技术导则的目的、编制原则和评估内容的定位；深入比较了海洋生态资本与海洋生态资源、海洋生态系统服务、海洋生态资产等概念的差异；重点探讨了海洋生态资本价值的构成要素，并分析了如何筛选评估指标。另外，还探讨了单位价格和单位成本确定、评估价值修正、评估方法的验证等问题。

关键词： 海洋生态资本；生态资源；价值；评估；技术导则

1 编制导则的背景、目的和意义

世界银行把人类社会生产活动依赖的资本划分为 4 项：自然资本、人力资本、人造资本和社会资本[1]。自然资本指能为人类产生效益的自然资源，包括气候、水体、生物、土地、矿产等[1]。生态资本指能为人类产生效益的生态资源，包括生物及其生境（土壤、地表大气、水体）。生态资本是自然资本的重要组成部分。海洋生态资本指为人类社会产生效益的海洋生态资源[2]。海洋生态资本对于社会经济发展的重要性已经得到学术界、产业界和管理部门的关注。海洋生态资本是国家竞争力的重要组成部分，保障海洋生态资本的安全已经成为国家安全的重要因素之一。21 世纪是海洋的世纪，世界各国都将海洋资源的开发利用作为经济发展与综合国力提高的重要砝码。随着人类社会的飞速发展和陆地资源的日渐稀缺，海洋已成为人类社会经济发展的最后空间和资源宝库。

《中国海洋 21 世纪议程》中指出，我国管辖海域范围内的一切自然资源，都是极为宝贵的国家财富，应列入国有资源核算体系，通过资源价值评估、产权登记和有偿使用等措施进行资本化管理。相关部门应当运用先进科学知识和技术手段，有计划地对不同海区资源现状及可持续利用水平做出评价和预测，为制定政策和开发保护规划提供科学依据。

开展海洋生态资本评估有着广泛的应用需求。例如，政府在审批围填海等开发活动，企业在进行投资收益论证时，需要掌握可能造成的生态资本损失。政府在制定区域环境保护行动方案（如渤海环保总体规划）、开展环境修复整治时，需要评估可能产生的生态资本改善。当政府应对溢油、化学品泄漏、赤潮等灾害时，需要快速评估造成的生态资本损失规模。政府在制定海岸带开发规划、海洋经济规划、海域使用规划时需要掌握近海生态资本分布状况，了解近海生态系统的服务能力。各级海洋管理部门，在日常的海洋管理业务工作中随时需要查看海洋生态资本分布图。

自然资源部环保司批准编制《海洋生态资本评估技术导则》，现已完成报批稿[3]。编制本导则的目的旨在为评估我国近海生态资本数量提供一套统一的、实用的、相对完善的技术方法。它既可以评估不同海域（全国范围、某一海区或某地沿海区域）生态资本的本底值，也可应用于评估同一区域不同年份的海洋生态资本变化趋势。根据本导则评估海洋生态资本，可为海域资源的有偿使用和产权登记、海洋资源的合理配置及海洋经济可持续发展提供有力的科学依据和技术支撑。

本导则所建立的海洋生态资本评估框架体系和计算方法不仅在国际上具有重要的学术理论价值，而且将在沿海地区资源价值评估及资本化管理、生态补偿及环境影响评价中具有重要的应用价值，同时也将成为我国政府落实科学发展观、调整产业政策所需要的重要技术手段。当前国家正在推进生态环境补偿政策，推动传统的海洋经济向蓝色经济升级转型。国家发改委正在编制《生态补偿条例》，自然资源部正在制定《海洋生态损害补偿赔偿办法》。基于本导则对海域的生态资本进行科学合理评价，是评估海洋生态价值损失、制定生态补偿标准的重要基础。

综上所述，编制《海洋生态资产评估技术导则》对于管理部门来说，意义重大。

2　编制原则和确定导则主要内容的依据

2.1　编制原则

该标准编制遵照《标准化工作导则　第 1 部分：标准的结构和编写规则》2009 年版的规定执行。根据以下 5 条原则确定《海洋生态资本评估技术导则》的主要内容。编制原则如下：①考虑我国现阶段海洋环境保护和海洋资源可持续利用的政策导向；②针对我国近海海域的生态特点与开发与利用现状；③考虑我国目前海洋科技能力和社会经济发展水平；④考虑我国目前的行业统计制度与统计水平；⑤与正在起草的《海洋生态损害补偿赔偿办法》等管理办法相衔接。

2.2　技术导则的定位

本导则定位于为掌握我国近海生态系统的生态资本规模提供一套指导性的评估框架体系和一般性的实用技术方法。海洋生态资本评估涉及内容很多，鉴于目前的理论水平、方法限制和经费限制，应选择那些重要的、广泛利用的、方法成熟、具有可比性的资本要素进行评估。另外，考虑到前瞻性和引导性，本标准采用了较成熟的先进方法，可在使用过程中改进，今后修订时完善。本导则所规定的评估要素、评估指标及其计算方法考虑了我国绝大部分近海海区的生态特点。所需评估数据可以从论文、调查研究报告或者统计报表获得，或者可以通过现场调访、问卷调查及其他省时省钱的方式获得。本导则不针对特殊生态类型（如珊瑚礁、红树林、海岛），但是评估的思路和方法可供参考。

2.3　技术导则内容的确定

2.3.1　评估内容和评估步骤

1）海洋生态资本评估的内容

海洋生态资本评估包括海洋生态资源的现存量评估和海洋生态系统服务评估，并分别评估其物质量和价值量。海洋生态资源现存量评估目前主要考虑具体海域中海洋生物资源的现存量。海洋生态系统服务评估包括具体海域提供的海洋供给服务、海洋调节服务、海洋文化服务和海洋支持服务的评估。这4项服务属于流量，计算时期为1年。先计算其物质量，后计算其货币量（单位：人民币万元/a）。

海洋生态资源存量价值和海洋生态系统服务价值的性质不同、计量单位也不同（存量价值单位为元，服务价值单位：元/a），应分别评估汇总，不应进行简单加总。

2）规定海洋生态资本评估的步骤

海洋生态资本评估程序分4步。

第一步：接受委托后，进行现场调访、样品采集和社会经济活动调查，搜集整理海洋生态数据、功能区划、社会经济等资料，初步筛选出评估的范围和对象。

第二步：编制评估大纲，明确评估工作的主要内容和报告书的主体内容。明确要评估的海域范围、时间期限，确定要评估的生态类型、生态资本要素和评估指标，确定计算公式、所需参数和数据。

第三步：依据评估大纲，开展各项工作，评估海域的各项生态资本。

第四步：按格式和要求编制海洋生态资本评估报告，进行评审验收。

2.3.2　评估空间范围和时间期限

具体评估海域空间范围的确定，不应完全按照自然界限确定，应根据统计资料所覆盖的最小区域进行适当调整。评估海域内，若存在多个生态类型或者评估要素的空间分布差异显著，应将评估海域划分为多个单元进行分区评估。

评估的时间步长以1年为单位，如果数据跨年度，应换算为1年。

2.3.3　评估数据

评估数据主要有3个来源：一是统计数据；二是论文报告；三是实地调查

和社会调查。

统计数据应采用各行政区域（省、市、县）的统计年鉴、行业统计年鉴和政府部门提供的统计数据，在评估中宜根据实际需要选择使用。

相关的海洋类研究论文、调查报告、研究报告可提供评估所需要的一部分数据，或者可从它们的作者或有关机构获得更详细的数据和信息。

通过上述途径无法获得的数据，应通过现场调访、问卷调查，甚至现场调查等方式获取。

3 相关概念的比较

3.1 海洋生态资源与海洋生态系统服务

参照联合国环境规划署关于自然资源的定义，"自然资源指在一定的时间和技术条件下，能够产生经济价值，提高人类当前和未来福利的自然环境因素的总称"。本导则把海洋生态资源定义为"在一定的时间和技术条件下，能够产生经济价值，提高人类当前和未来福利的海洋生态环境因素和条件的总称"。海洋生态资源包括海洋生物及其生境（包括海水、表层海底）以及它们组成的海洋生态系统整体。海洋生物及其生活的海水、表层海底，通过生态过程共同组成海洋生态系统整体。

海洋生态系统服务指人类从海洋生态系统获得各自效益。它来源于海洋生态资源，但并不增加海洋生态资源的数量。它通过海洋生态系统整体产生，每一项生态系统服务的产生都需要海洋生物的参与，甚至是生物主导形成的，不是某一项资源单独能够产生的。在海洋提供的总共 4 组 14 项生态系统服务中，绝大部分不体现为生物和生境资源形式。如果人类不使用，有的服务就自然消耗掉，不会增加海洋生态资源的现存量。

海洋生态资源是存量，海洋生态系统服务的存在形式与生态资源的存量不同，它不是海洋生态资源的流量。两者之间不是简单资本的存量–流量关系，不能简单加总。

3.2 海洋生态资本与海洋资源

海洋生态资本与海洋资源是两个显著不同的概念。前者包括海洋生物及其生境（海水、表层海底）以及海洋生态系统整体；后者包括海洋生物、海水、矿产、海洋能、海洋空间、海洋旅游 6 类资源，但不涉及海洋生物、海水和表层海底的耦合关系以及生态系统等内容。两者都包括海洋生物资源、海水资源和表层海底资源。表层海底以下的矿产（如石油、天然气、可燃冰、煤、黄金）并非海洋生态系统的组分，形成之后也未参与生物过程，因此不属于生态资源，也不构成生态资本。海洋能（如波浪能、潮汐能、温差能）和空间资源（如海洋运输）虽与海水有一定联系，但未涉及生物过程，不属于生态资源，因而也不属于生态资本。旅游资源是海洋生物、水体、海岸、沙滩、滩涂、海岛、大气等多要素的综合体，包含了部分海洋生态资源。

另外，海洋生态资本价值与海洋资源价值也有不同的内涵。前者包括两项海洋生态资源（生物、生境）的存量价值和海洋生态系统服务价值，但不包括海洋能、海洋空间、海底矿产等资源的价值。后者包括海洋生物、海水、海底矿产、海洋能、海洋空间、海洋旅游 6 类资源的价值，但不涉及海洋生态系统服务价值等范畴。

3.3　海洋生态资本评估与海洋生态资产评估

海洋生态资本评估和海洋生态资产评估都是给海洋生态资源（环境也为一种资源）定价。两者的评估对象相同，都是评估海洋生态资源。两者采用的评估方法基本相同，都采用市场价格法、替代市场法、支付意愿法、修复成本费等环境经济学、生态经济学的常用的方法。但是二者具有如下差别。

（1）开展海洋生态资产评估和海洋生态资本评估工作的用户、目的、应用和实施机构明显不同。按照资产评估模式，资产评估用户主要是各类企业和个人，主要目的是查清企业和个人拥有各类资产的价值，主要用于市场交易、企业上市、成本-收益分析等，需要精确评估，评估实施机构主要是会计事务所等相关机构。然而，海洋生态资本评估用户是国家省市各级政府，主要目的是查清国家、省、市管辖海域生态资源的价值，用于分析海洋经济系统中海洋生态资源的贡献率，分析海洋环保对海洋经济、海洋产业和国民福利的贡献，为确定生态补偿标准提供基础数据。海洋生态资本评估的实施机构将主要是海洋研究机构和国家省市海洋业务中心。海洋生态资本评估不是为了海洋生态资源的买卖和交易，不需要精确评估。而且海洋生态资源的价值很难（至少是目前）做到精确评估，达不到资产评估所需要的精确度。

（2）资本是一个经济学概念，指能够为人们提供产品和服务等收益流的物质、能量或信息的存量，其基本特征是收益性和生产投入性。资产是一个会计学概念，指个人或企业所有的能够带来未来收益的物品和资源，其基本特征是收益性和权属性。二者研究对象相同，但是研究内容各有侧重。会计学界习惯于用资产的概念，经济学界习惯于用资本的概念，当然也存在混用。资产评估强调产权界定以及根据产权控制收益的流向，通常是为了企业的市场交易。资本评估强调在国家省市尺度宏观经济系统中，资源作为一种投入性生产要素的价值，以便政府部门掌握地区经济结构和发展能力，不是为了市场交易。

（3）国外大多数学者把自然资源称为自然资本，这是主流的观点。本导则评估的海洋生态资源是自然资源的组成部分，相应地称为海洋生态资本也是恰当的。Serageldin（前世界银行副行长）把资本分为4类：自然资本、人造资本、人力资本和社会资本，这个体系得到世界各国的广泛认可。国际著名生态经济学家、生态系统服务研究权威 Costanza 等 10 多位国际知名学者于 1997年在顶级学术杂志《Nature》发表了《全球生态系统服务价值与自然资本》。国际知名环境经济学家 Daly 和 Paul Hawken 等也推出了研究自然资本的专著。当然，也有少数学者称为自然资产或环境资产。

既然主流和权威的观点把自然资源称为自然资本，那么，生态资源理应称为生态资本。只有如此，才能应用自然资本的理论和研究范式来给生态资源定价，才能在概念、方法和理念等方面与国际接轨。

（4）国外学术界和管理部门，的确存在着"自然资产"、"环境资产"的叫法。"自然资产"或"环境资产"研究的主要目的是把生产过程中所消耗的自然环境和资源作为折旧扣除，进而计算绿色 GDP（SEEA 2003）。但是，"生态资产"概念是我国学者提出的，是中国特色，国外很少这么叫。通过国际主要的学术文献搜索引擎（Elsevier 公司的 Sciencedirect），分别检索到 245 篇关于"natural capital"（自然资本）和"ecological capital"（生态资本）的英文文献、33 篇关于"natural asset"（自然资产）和"ecological asset"（生态资产）的英文文献。通过国内主要的中文学术搜索引擎（维普），分别搜索到 328 篇关于自然资本和生态资本的中文文献、122 篇关于自然资产和生态资产的中文文献。

（5）编制本导则的目的旨在为评估我国近海生态资源价值提供一套统一

的、实用的、相对完善的技术方法。我国海域均为国家所有，因此，开展海洋生态资源定价并不强调其权属界定和资源收益的分配流向问题，不需要明晰的权属界定，不是为了海洋生态资源的买卖和交易。主要目的是掌握海洋生态资源作为生产要素在国家、省市级社会经济生产系统中的作用，分析海洋环保对海洋经济和国民福利的贡献，作为确定生态补偿标准的基础。掌握海洋生态资本的规模、组成及其时空分布，是实施海洋生态资源的资本化管理的基础，可为海域使用审批、环评审批、环保绩效评价、海域生态资源的有偿使用、产权登记、合理配置、生态补偿与赔偿提供科学依据。因此，从应用需求来说，把海洋生态资源看做资本，开展生态资本评估更合适。

因此，本导则主要依托于经济学（重点是资源与环境经济学、生态经济学、自然资本理论）的理论、方法和范式，规定了海洋生态资本概念、评估指标体系、评估工作流程和评估技术方法。

"海洋生态资本"和"海洋生态资产"两个概念都有其合理性，不存在正确与否的问题。但是，"海洋生态资本评估"和"海洋生态资产评估"两项工作有明显的差异。站在评估工作的角度来看，考虑到本导则的应用和目的，称为《海洋生态资本评估技术导则》为宜。

4　海洋生态资本价值的结构要素和评估指标

4.1　海洋生态资本价值的评估指标体系

根据自然资本理论，海洋生态资本是存量，其本身有价值。另外，海洋生态资本还能产生收益–生态系统服务流。海洋生态资本的存量价值主要来自两项海洋生态资源，即海洋生物资源及其生境资源。后者包括海水资源和表层海底资源，与海洋生物紧密相关，有海洋生物栖息。这两项生态资源一起组成海洋生态系统整体。

海洋生态资本本身是存量，其本身有价值。但是，海洋生态资本的价值不仅体现在海洋生态资源的存量价值，更多地体现在这两项海洋生态资源（海洋生物及其生境）组成的海洋生态系统整体为人类提供的服务价值上面。海洋每年产生的绝大部分服务价值不会变成实物量提高海洋生态资源的存量，只有人类使用才变得有价值。海洋生态资源和海洋生态系统服务不是简单的存量和流量的关系。因为二者的物质形态和内涵有很大差别。

海洋生态资本价值指海洋生态资本为人类带来的货币化收益，包括海洋生态资源的存量价值和海洋生态系统服务价值。

举个类似的例子，房主拥有一套房屋用于出租，产权 70 年，其市场价值 80 万元（这是存量价值），每年租金 5 万元（收益流价值）。出租 70 年，房主拥有这套房屋获得的资本价值 430 万元，其中 80 万元是存量价值（假如市场价没有显著变化，也不考虑折旧），350 万元就是实现的收益价值。租金收益它不会增加到存量价值上去，经过 70 年房屋的存量价值还可能折旧贬值。如果空着或者没有租出去，房主 70 年拥有的资本还是 80 万元的存量价值。这套房屋资本的总价值包括其存量价值和每年的租金收益。

再举一个例子，一个农户拥有一亩苹果园，种植了 1 000 棵苹果树，每年苹果产量是 5 000 kg，能卖 5 万元。这个农户拥有的资本存量是 1 亩土地、1 000 棵苹果树以及灌溉设施。每年 5 000 kg 苹果是苹果园生态系统提供的产品流，不是资本存量，不会变成苹果树增加到存量上去。5 000 kg 苹果及其价值 5 万元相当于这亩苹果生态系统为农户提供的产品流及其价值。

海洋生态资本价值的结构要素包括海洋生态资源存量价值和海洋生态系统服务价值。海洋生态资源存量价值由两个存量价值要素组成：海洋生物资源存量价值与海洋生境资源存量价值。海洋生态系统服务价值由 4 个服务价值要素组成：海洋供给服务价值、海洋调节服务价值、海洋文化服务价值和海洋支持服务价值。海洋生态资本价值的结构要素体系详见图 1。

评估海洋生物资源价值主要考虑那些具有经济价值、目前已经大规模开发利用的海洋生物资源，包括 5 个评估指标：鱼类、贝类、甲壳类、头足类和大型藻类。另外一些海洋生物，如广泛分布的微生物、浮游植物、浮游动物及小型底栖生物等，由于目前还未进行大规模商业开发，或者在可预期的时间范围内不具有经济开发的前景，所以在评估中没有考虑。

然而，海洋生境资源（海水和表层海底资源）现存量的生态价值目前难以定量化和货币化，而且其一部分价值已经体现在海洋生态系统服务价值中。因此，目前暂不评估。按照资源经济学方法评估得到海水资源价值和表层海底资源价值，反映的是其经济价值，不是其生态价值，不属于海洋生态资本价值。

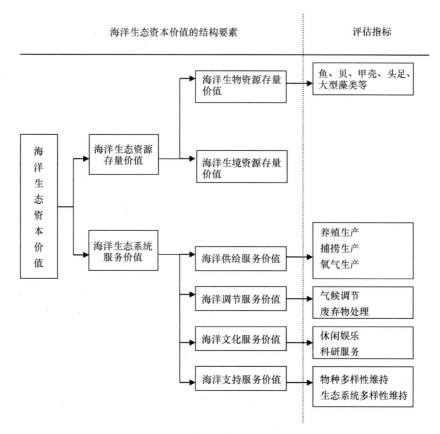

图 1　海洋生态资本价值的结构要素与评估指标体系

海洋生态系统服务价值由 4 个要素组成：供给服务价值、调节服务价值、文化服务价值和支持服务价值。供给服务价值评估设计 3 个指标：养殖生产、捕捞生产和氧气生产。调节服务价值评估设计两个指标：气候调节和废弃物处理。文化服务价值评估设计两个指标：休闲娱乐和科研服务。支持服务价值评估设计两个指标：物种多样性维持和生态系统多样性维持。而基因资源提供、干扰调节、生物控制和文化用途的物质量目前难以计量，其价值量难以货币化；初级生产和营养物质循环难以货币化计算，因此，这 6 项服务目前没有考虑。

4.2　具体评估指标说明

4.2.1　海洋生物资源、养殖生产、捕捞生产评估分类说明

对于海洋生物资源存量和捕捞生产评估，分为鱼类、甲壳类、贝类、藻

类、头足类、其他6类，不包括在鱼类、甲壳类、贝类、藻类、头足类之内的生物种类皆归为其他类。对于养殖生产评估，分为鱼类、甲壳类、贝类、藻类、其他5类，不包括在鱼类、甲壳类、贝类、藻类之内的生物种类皆归为其他类。这样分类主要是考虑我国海洋生物资源和水产统计资料的主要种类划分习惯和分类方法。

4.2.2 水产品单价数据选取及平均市场价格计算说明

评估海洋生物资源存量、养殖生产和捕捞生产时，水产品单价数据应选取评估海域最临近的水产品市场的价格，最好是水产品批发价格。如果采用离评估海域较远城市的批发市场价格，则价格中包含了较多的运输成本、冷冻成本和物流企业的利润等，会导致评估的价值与真实的价值差距更大。

水产品平均市场价格计算，首先根据产量确定某一类水产品的主要品种，根据主要品种的市场价格和该品种产量占所有主要品种总产量的比例来确定这一类水产品的平均价格。

4.2.3 气候调节评估说明

气候调节采用海洋吸收二氧化碳的量进行评估。导则推荐两种方法：①基于海洋吸收大气二氧化碳的原理计算（碳通量）；②基于海洋植物（浮游植物和大型藻类）固定二氧化碳的原理计算（光合作用）。

第一种方法较为准确，但我国近海进行海–气界面二氧化碳通量监测的站位非常少。

第二种方法根据海洋植物的光合反应方程计算海洋植物固定的二氧化碳的量，已经是净吸收量。但是海洋浮游植物细胞的寿命一般只有几天，死亡分解后就会迅速释放出二氧化碳。因此，基于这个方法评估的气候调节服务值将有所高估。

基于海洋吸收大气二氧化碳的原理计算气候调节的物质量，需要知道我国各海域吸收二氧化碳的速率。根据宋金明和韩舞英的研究，该速率分别是渤海 $36.88\ t/(km^2 \cdot a)$、北黄海 $35.21\ t/(km^2 \cdot a)$、南黄海 $20.94\ t/(km^2 \cdot a)$、东海 $2.50\ t/(km^2 \cdot a)$、南海 $4.76\ t/(km^2 \cdot a)$。

另外，本导则采用我国环境交易所的二氧化碳排放权的单位价格计算海洋生态系统的气候调节服务，而不是造林成本法。造林获得的收益不仅包括调节气候，还包括生产氧气、防风固沙、涵养水源、调节空气质量、保持水土及维持营养物质等多种服务，所以采用单位造林成本法计算海洋生态系统提供等气候调节服务价值不合适。导则中规定采用评估年份为我国上海、北京、深圳、广州等环境交易所或类似机构二氧化碳排放权的平均交易价格。2014年全国二氧化碳排放权的平均交易价格为40元/t，作为气候调节服务的计算单价。

4.2.4　海洋植物光合作用释氧固碳数量关系说明

氧气生产和气候调节都是基于海洋植物光合作用来实现。植物光合作用关系式如下：

$$6CO_2（264\ g）+6H_2O（108\ g）\rightarrow C_6H_{12}O_6（180\ g）+6O_2（192\ g）$$

$$初级生产固定的\ C\ 为\ 72\ g\ \longleftarrow\ 干物质（C_6H_{10}O_5）为\ 162\ g$$

由此可知，植物每生产162 g干物质并固定72 g C，可吸收固定264 g CO_2，释放192 g O_2，即植物每生产1 g干物质会吸收1.63 g CO_2，释放1.19 g O_2。同时，植物每固定1 g C会吸收3.67 g CO_2，释放2.67 g O_2。因此 O_2 的生产量和 CO_2 的吸收量可通过植物干重或者初级生产力来计算。

4.2.5　废弃物处理评估说明

废弃物处理采用两种方法进行评估：①采用环境容量值进行评估；②采用海洋处理废弃物的数量进行评估。

第一种方法评估是在满足人为规定的一定水质标准下，海域能处理废弃物容纳量及其经济价值。目前，计算环境容量的入海废弃物主要是COD、无机氮和无机磷。但目前我国近海大部分海域没有进行环境容量评估，因此在数据可得性上存在困难。

第二种方法评估是海域实际接纳的废弃物数量和产生的经济价值，相对而言数据资料的获得较为容易。但评估结果有两种可能：①不大于环境容量，废弃物排放处于海洋环境可承受的范围内，符合可持续利用的要求；②大于环境容量，废弃物排放超过了海域环境容纳能力，会对海洋生态系统造成破坏，不符合可持续利用的要求。因此，该评估方法不能说明海洋环境是否遭到损害、是否能够可持续利用。

计算废弃物处理的物质量主要采用排海废水作为指示物，也可以采用废水中的污染物质作为指示物。城镇生活废水和工业废水一般先排入河流、沟渠等通道，经过一段旅程到达入海口排入近海。在河流和沟渠连续有水流的情况下，可以假设达到渗漏平衡，蒸发量也忽略不计，因此废水中的水量不减少，但是污染物由于重力作用有一部分会滞留在河流和沟渠底部，应扣除掉。根据四川科技出版社《环境统计手册》，滞留率取20%。

4.2.6　科研服务评估说明

科研服务的价值评估理论上最好采用科研成果转化的经济效益评估，但难以获得相关统计数据。采用成本法评估价值也是环境经济学经常采用的评估方法。科研服务的价值量利用评估海域相关科研成果的政府科研经费投入进行评估。科技论文是科研成果的主要形式，也是容易统计的指标。全国的海洋科研投入容易获得，但是具体评估海域的科研投入很难获得。我们采用发表的与评估海域有关的科研论文数量来间接评估投入到评估海域的科研成本。用每篇海洋科技论文的平均科研成本乘以评估海域论文数，可得评估海域科研服务价值量。

根据国家海洋局2006年8月发布的《2005年海洋科技年报》，2005年政府海洋类科研经费投入总计17.7亿元。其中，科研项目经费10.42亿元，其他拨款7.28亿元。同年，发表的海洋类学术论文共4 949篇，其中在国外刊物上发表论文1 245篇，在国内核心期刊上发表论文3 587篇。由此可得，每篇海洋类科技论文的平均科研经费投入35.76万元。

4.2.7　休闲娱乐评估说明

对于休闲娱乐服务价值评估，导则推荐了收入替代法和旅行费用法。收入替代法根据旅游收入进行评估，旅行费用法的评估结果包括了实际的旅行支出和消费者剩余。

若评估海域尺度较大、旅游景区较多（多于8个），难以针对每个景区开展问卷调查，建议使用收入替代法。应用收入替代法的基本前提是滨海城市的旅游收入主要来自海滨以自然景观为主的旅游景区。把滨海城市（以县级为单位）的旅游收入分摊到具体的滨海景区，分摊比例考虑景区的级别和景区占用海岸线的长度。

若评估海域旅游景区较少（少于8个），开展问卷调查较为可行，建议使用旅行费用法评估，包括分区旅行费用法和个人旅行费用法。分区旅行费用法适用于景区知名度较高、游客较多并且来源地分布广泛的情况，而且旅行费用与旅行距离存在显著正相关关系。而个人旅行费用法主要适用于以当地或邻近地区游客为主的景区，同时不同游客到景区旅游的次数呈现出较为离散的特征。

4.2.8 物种多样性维持和生态系统多样性维持评估说明

海洋生物多样性维持服务指海洋中不仅生活着丰富的生物种群，还为其提供了重要的栖息地、产卵场、越冬场、避难所等庇护场所。虽然海洋中每一种生物、每一块生境对维持生物多样性都有贡献，但是海洋生物多样性维持服务的价值主要体现在珍稀濒危生物和关键的生境上，例如国家级的保护物种和保护区具有较高的维持服务价值。

海洋生物多样性维持服务分为海洋物种多样性维持服务和海洋生态系统维持服务两类。海洋物种多样性维持服务主要通过海洋珍稀濒危生物的维持和保存来实现。本导则中海洋珍稀濒危生物包括已经评定的国家(省)级保护物种以及在当地有重要的科学价值、文化价值、宗教价值或经济价值的海洋物种。海洋生态系统多样性维持服务主要通过维持高生物多样性价值的关键生境来实现。具有高生物多样性价值的关键生境包括已经评定的国家(省)级自然保护区，国家(省)级海洋特别保护区、国家(省)级水产种质资源保护区。

海洋生态系统物种多样性维持服务价值采用人们对于各种海洋珍稀濒危生物的支付意愿进行评估。海洋生态系统多样性维持服务价值采用人们对于各类海洋保护区的支付意愿进行评估。

本导则采用条件价值法（CVM）对支付意愿进行评估，该方法是目前国际上广泛运用的环境资源价值评估方法。在具体评估中，为了获取尽量真实的支付意愿，评估人员须通过问卷设计、背景介绍和调访交流等过程使被调查者对海洋保护物种和海洋保护区形成尽量充分的认识，保证评估结果的有效性。

对于问卷调查范围，导则推荐主要对评估海域临近城镇居民进行调查，而不考虑农村居民。原因在于城镇居民所处地域较为集中，进行随机抽样调查可行性较强，城镇居民的相关社会经济资料也较为全面、详细和易得；而农村居民较分散，进行调查需要太多的人力、物力和财力。因此，评估中所需的支付意愿只针对城镇居民，同时评估结果也只能表示物种和生态系统多样性维持对于评估区域城镇居民带来的价值。若人力、物力等各方面条件允许，也可以考虑对农村居民开展问卷调查。

4.2.9 评估价格、单位成本与评估价值修正

1）单位价格和单位成本修正

评估某年的海洋生态资本时，如果部分生态资本要素不能获得同年的单位价格或成本，推荐采用其他年份的单位价格或成本进行代替，但应根据消费价格指数或生产价格指数进行修正。

对于海洋生物资源、养殖生产和捕捞生产的单位价格，由于我国80%以上的海水产品被作为食品直接消费和食用，而作为原料进入水产品加工企业的只有不到20%，因此应利用消费价格指数进行修正。

对于氧气生产、气候调节和废弃物处理的单位价格或成本，由于其对应的产品或物质主要作为生产过程中的原料和投入，因此应利用生产价格指数进行修正。

2）评估价值修正

评估多个年份的海洋生态资本价值并进行比较时，为保证生态资本价值的变化能够准确反映生态资本实物量的变化，应在各年评估价值中剔除通货膨胀带来的影响。首先，应确定其中一年为基准年，推荐选用最末一年或最初一年。然后，将其他年份的评估价值按照价格指数向基准年进行逐年递推修正。由于生态资本价值评估所使用的单位价格中既包含消费品价格，也包含生产投入品价格，因此生态资本价值中属于消费部分用消费价格指数修正，属于生产部分用生产价格指数进行价值修正。

5 评估方法的验证

本导则采用的方法，在国家海洋局"908"专项课题中得到应用，在万平方千米尺度（海盆尺度）开展验证，编写了渤海、黄海、东海和南海的海洋生态资本和服务价值评估报告。本导则规定评估流程和技术方法在山东海洋与渔业厅资助的"908"专项中得到应用，在千平方千米尺度（地级市尺度）开展验证，编写了《山东近海生态资本评估》报告，揭示了山东近海生态资本

价值的空间分布规律，编绘了山东全省及其7个沿海地级市的近海生态资本空间分布图集，在国内外尚未见到同类成果。本导则在福建海洋与渔业厅资助的"908"专项中得到应用，在百平方千米尺度（海湾尺度）开展验证，编写了《福建罗源湾生态资本评估》和《福建东山湾生态资本评估》报告。

参考文献

［1］Serageldin I. Sustainability and the Wealth of Nations—First Steps in an Ongoing Journey. Washington, D. C: World Bank, 1996:18-19.

［2］陈尚，任大川，李京梅，等. 海洋生态资本概念与属性界定. 生态学报,2010,30(23):6323-6330.

［3］陈尚，任大川，李京梅,等. 海洋生态资本评估技术导则(报批稿). 2010.

作者简介：

陈尚,男,中国海洋大学博士,自然资源部第一海洋研究所研究员,国际标准化组织海洋环境评价委员会委员,从事海洋生态价值、生态损失和生态补偿的科学与政策研究。

青岛市海洋生态文明意识调查研究

王炜，赵林林，张朝晖

（自然资源部第一海洋研究所，山东 青岛 266061）

为创建国家级海洋生态文明示范区，推动青岛市海洋生态文明建设，了解掌握市民海洋生态文明意识，按照国家海洋局相关文件（国海发〔2012〕44号）的要求，开展了海洋生态文明建设示范区问卷调查。

1 调查问卷发放及回收情况

2014 年，青岛市常住人口 904.62 万人，根据文件要求，此次调查共发放调查问卷 2 000 份，回收 1 904 份，回收率 95.2%，其中有效问卷 1 756 份，占回收问卷的 92.2%。

调查发放范围包括政府机关、事业单位、国企、私企、外企、社区、医院、学校（高中以上）、农村、街头随机调查等，问卷发放比例政府机关比例不超过 10%，事业单位比例不超过 20%，企业比例不超过 40%，学生不超过 15%，农民比例不超过 10%。调查过程进行拍照证明。

存在以下情况的调查问题被视为无效卷。

（1）作弊卷：一人答多份卷，笔迹相同的；存在诱导作答的。

（2）漏答卷：存在一道及以上试题未填写答案的。

（3）错答卷：所选答案为不存在选项的。

2 调查对象基本情况

调查对象中，男性占 54.44%，女性占 45.56%。

（1）调查对象的年龄在 18~35 岁的占 47.32%，36~55 岁的占 40.95%，56~65 岁的占 8.66%，65 岁以上的占 3.08%（图 1）。

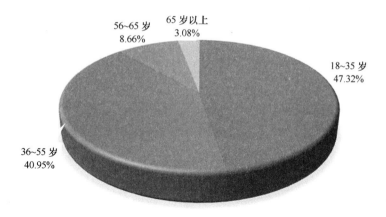

图 1　调查对象的年龄分布

（2）调查对象的文化程度为初中及以下的占 9.51%，文化程度为高中、中专、技校、职高的占 25.28%，文化程度为大专的占 18.62%，文化程度为本科的占 39.18%，文化程度为硕士/博士研究生的占 7.40%（图 2）。

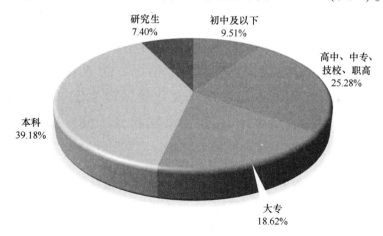

图 2　调查对象的文化程度分布

（3）调查对象的职业为公务员的占 9.97%，职业为国有企事业单位的占 29.38%，职业为私人企业的占 16.23%，学生占 19.87%，农民占 13.67%，其他职业的占 10.88%（图 3）。

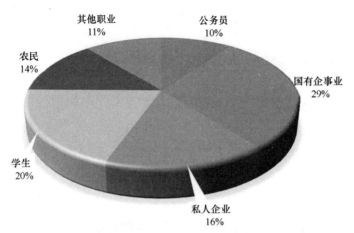

图 3　调查对象的职业分布

3　调查问卷结果分析

3.1　得分计算方法

按国海发［2012］44 号文件有关调查问卷发放及统计要求，调查问卷共设计 20 个问题，其中第 1~4 题为基本情况，第 5~20 题涉及海洋管理、海域使用、生态保护、海洋政策、海洋文化等海洋生态文明建设各方面。第 5~20 题为有效得分选项，共计 16 题，每题满分 1 分，按 10 分制换算最后得分（表 1）。

表 1　调查问卷的每选项具体分值标准

题号	A	B	C	D
5	1	0	0	0
6	1	0.6	0	0
7	0	1	0	0
8	0.8	1	0.6	0
9	1	0.6	0	0
10	1	0.6	0	0
11	1	0.6	0	0
12	1	0.6	0	0
13	1	0	0	0

题号	A	B	C	D
14	1	0	0	0
15	1	0	0	0
16	1	0	0	0
17	1	0	0	0
18	1	0.6	0	0
19	1	0.6	0	0
20	1	0	0	0

每题得分的具体计算方法：

假设总样本数为 N，则该题 A 项具体得分 =（NA /N × 100% × 该题 A 项具体分值）× 10/16

该题的每个选项具体得分相加之和即为该题最后分数。

3.2　得分结果

经过计算，青岛市海洋生态文明意识问卷调查得分为 9.16 分。每个选项的具体调查结果如下。

5. 您是否了解当地正在开展国家级海洋生态文明示范区建设？

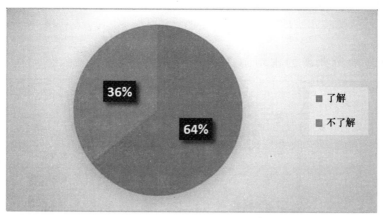

6. 您对当地经济社会发展形势是否满意?

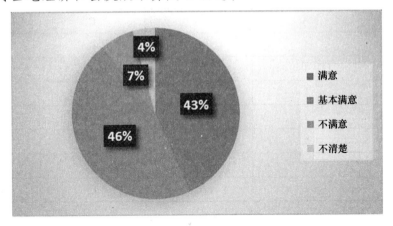

7. 您认为当地是否有污染海洋环境的企业?

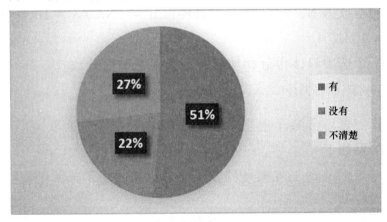

8. 您对当地所开展的围填海工程是否支持?

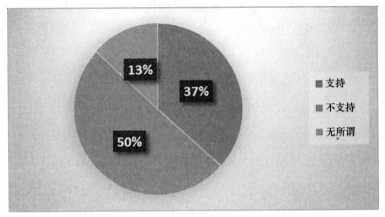

9. 您对当地的海岛保护与利用现状是否满意？

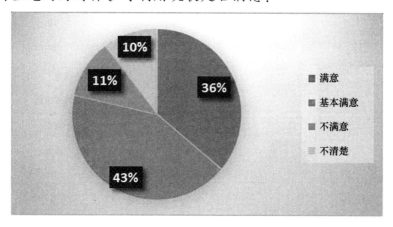

10. 您对当地的海洋环境保护（工作）是否满意？

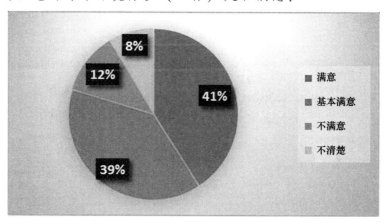

11. 您对当地的海洋环境整体状况是否满意？

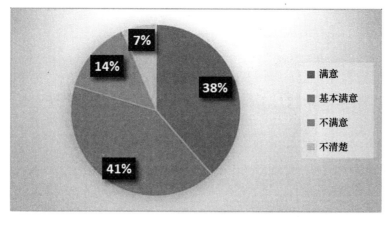

12. 您是否对当地的滨海景观感到满意？

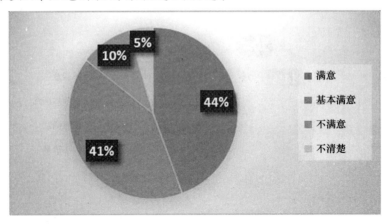

13. 当地是否有海洋展览馆、博物馆等设施？

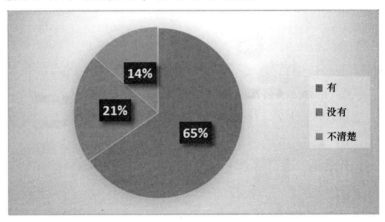

14. 您是否参加过有关海洋知识的科普教育活动？

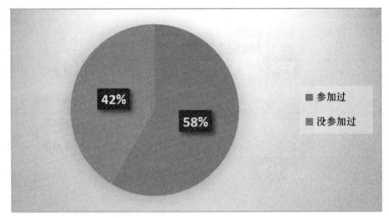

15. 您参与过海洋保护的相关活动吗?

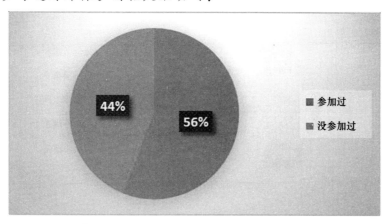

16. 您是否了解当地的海洋历史文化与习俗?

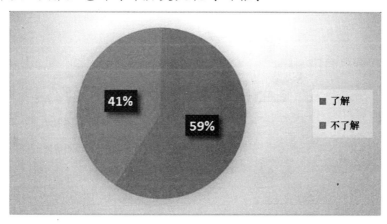

17. 您是否了解相关的海洋法律法规与管理政策?

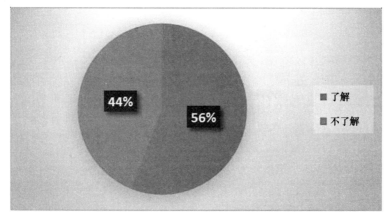

18. 您是否对当地的海洋管理工作满意？

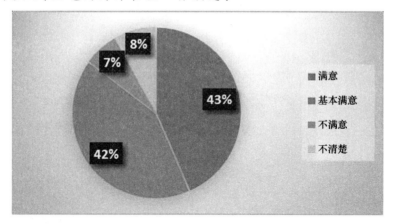

19. 您对当地的海洋执法工作是否满意？

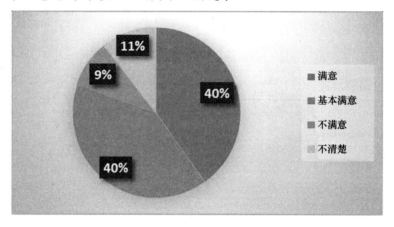

20. 您是否收到过海洋灾害的预警预报信息？

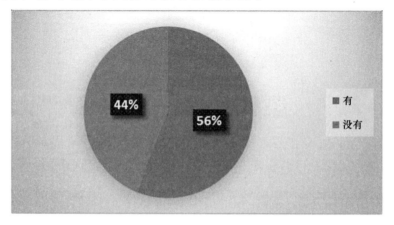

4 结论与分析

9.16分的结果反映了青岛公众意识的海洋生态文明意识较强，公众对海洋事务较为关注并有所了解。对比全国其他市、县的调查结果（表2），青岛的海洋生态文明意识仅低于横琴、南澳、长岛等海岛地区，高于其他沿海地市。

表 2 其他海洋生态文明示范区调查结果

省份	申报地	最低应发数量	实收数量	有效样本	无效样本	总分
福建	厦门	2 000	2 329	2 307	22	8.22
	东山	1 000	994	983	11	8.59
	晋江	1 000	1 966	1 881	85	8.33
广东	横琴	1 000	206	206	0	9.84
	南澳	1 000	221	220	1	9.63
	徐闻	1 000	1 723	1 607	116	8.31
山东	日照	2 000	2 193	2 126	67	8.97
	长岛	1 000	1 022	1 015	7	9.74
	威海	2 000	1 500	1 467	33	8.12
浙江	象山	1 000	1 130	1 099	31	6.47
	玉环	1 000	1 584	1 529	55	7.30
	洞头	1 000	1 024	1 019	5	9.00

调查结果显示，青岛市社会各界普遍关注海洋生态环境问题，支持青岛市申报国家级海洋生态文明建设示范区，改善海洋生态环境；公众参与海洋保护和海洋科普活动的热情较高，对当地的海洋历史文化与习俗十分了解，对海洋行政主管部门的环保、管理、执法、防灾减灾等工作基本满意。

青岛市公众的海洋生态文明意识的提高，是与青岛市委、市政府高度重视海洋生态文明示范区创建工作以及多年来青岛在海洋方面的大力宣传和科普教育的广泛投入紧密相关的，也从侧面反映出了青岛公众关心海洋、爱护海洋的内在心里和期盼，对海洋生态文明建设的坚持和信心。

作者简介：

王炜，自然资源部第一海洋研究所工程师。研究方向为海岸带综合管理，参与编制了《青岛市国家级海洋生态文明建设示范区规划》。

第三篇　海洋产业发展

试论健康海洋与服务人类健康

李乃胜

摘要：全球海洋的微塑料污染唤醒了人们强烈的"健康海洋"意识，但何为健康海洋，如何维护海洋健康以及海洋健康与人类健康的关系又是缺乏公认标准，缺乏调查研究的重要创新性命题。本文试图从海洋生态系统健康、海洋动力系统健康和海洋地质系统健康等方面论述健康海洋的内涵，并尝试性探讨健康海洋与人类健康的关系。

关键词：健康海洋；海洋生态系统；海洋环境污染

对地球来说，海洋是生命的摇篮，大气的襁褓，风雨的温床，资源的宝藏。对人类来说，海洋是航运的通道，商贸的窗口，经济的依托，食品的保障。只有海洋自身健康，才能有效地服务人类健康；也只有人类有效地呵护海洋，才能保障海洋健康。因此二者是互为因果，相辅相成的统一体。

当前，几乎全球海洋的每一个角落都不同程度地受到"微塑料"的困扰。人类在不经意间每年把上千万吨塑料投入海洋，经过海洋的自然粉碎处理，变成了微塑料。不管是滤食性、草食性、肉食性海洋动物都难逃食用微塑料的厄运，而人类又离不开海洋食品，因此形成了"鱼吃塑料，人吃鱼"的恶性循环。最终是人类作茧自缚，自食其果，既破坏了海洋健康，又损害了人类健康。

1 何为"健康海洋"

自原始的"天地玄黄、宇宙洪荒"开始，大自然亘古不变的最根本规律就是"均衡"。斗转星移，各行其道；芸芸众生，各从其类；无不遵循均衡法则，万事万物，概莫能外。

就植物来举例说，牡丹花好空入目，枣树花小结实成！玉兰树开出了最美丽的花朵，却结出了最丑陋的"歪瓜裂枣"；榴莲树开花不过"毫米级"大小，但结出的榴莲果可重达 20 kg！地衣苔藓等低等植物经常是被大自然遗忘的角落，但它们的生命能力在整个自然界可谓名列前茅。螺旋藻属于最低等的单细胞盐藻，但对人类的营养价值比日常水果蔬菜可高出近 1 000 倍！这就是大自然的"公平"！

再看动物界，不管某种动物多么"优秀"，总有一条致命的"软肋"，也总有可怕的"天敌"；不管某种动物多么"低等"，总有一套生存的"绝招"，也总有一件防身的"武器"。爬行类的海龟行动缓慢，但众多伶牙俐齿的庞然大物都对它束手无策。水母全身没有骨头，甚至会片刻化成一滩水，却几乎没有天敌，在不少海域几乎变成了君临天下的"国王"。海参、海星都是低等的棘皮动物，却蕴含着超出人们想象的"高能"活性物质。这就是大自然的"互补"！

因此，就生物界来说，任何一个剧毒的物种，也必然是一种难得的"良药"。任何一种生物协调发展都是宝贵的资源，如果一旦暴发性生长都是严重的生态灾害。近年来暴发的黄海"绿潮"就是典型的例子。"浒苔"作为一种大型绿藻，不但本身无毒无害，而且可多用途开发利用。但 2008 年青岛"奥帆赛"前夕，突如其来，一夜之间铺天盖地，几乎"绿化"了黄海近岸水域，对"奥帆赛"海区形成了巨大的"威胁"，也对青岛滨海环境造成了极大的破坏，只能调动千军万马战"浒苔"！但几乎是"杯水车薪"。如果研发大型设备，进行大规模开发，它又来无影去无踪，就像匆匆过客，夏天已过瞬间消失，因此不具备持续开发的可行性。所以年复一年，只能靠网堵船捞，望洋兴叹！

再看人类赖以生存的地球，始终遵循着均衡法则。地球或自转或公转，始终处于运动状态。地壳在均衡规律的作用下，一刻也不停地通过各种途径释放积累的应力，由此带来的造山运动，或隆起、或断陷、或挤压、或张裂、或地震、或火山，不断地形成高山深谷；而以太阳的作用为主体的风化剥蚀，通过日晒雨淋，冰冻水击，雪崩山塌，风吹沙磨，冲刷淤积，不断地削高填低，使高山变低，深谷变浅。这就是自然界的"循环"！

珠穆朗玛峰号称世界屋脊，但青藏高原除了"高天"，还有"厚土"，就是发育了地球上最厚的地壳。喜马拉雅山下一个深达 300 km 余的地壳呈"反山根"状插入上地幔中。因为地壳物质比地幔轻，所以青藏高原虽是世界第一高峰，但对地球来说，总体上维持了重量平衡。同理，马里亚纳海沟是典型的万丈深渊，但上地幔物质剧烈"上拱"，形成了一条隐藏地下的地幔潜山，如果除去海水深度的话，其地壳厚度不过一两千米，所谓的"地壳"就仅仅是那些海沟底部的沉积层而已。

由此可见，自然界何为"健康"？就是如何满足"均衡"法则，越趋近"均衡状态"就越接近"健康"。对一条河流来说，流水的动能与携沙量平衡就是健康，健康的河流就会不冲不淤，河床持久，河岸稳定。但河流仅仅是地球表面一条弯弯的曲线，其动能来源也仅仅是简单的"水位差"。可海洋是地球上最复杂、最庞大的自然系统，海洋的"健康"自然就不可能有统一的标准，也很难形成统一的认识。

尽管海洋保护国际基金会自 2012 年起就发布海洋健康指数，试图从 10 个方面来评估海洋生产力，动用了近百个全球数据库，通过对每个目标进行评估为海洋健康状况打分，但这些指标的争议非常之大，因为主要是围绕着人类经济活动选取，对广袤的海洋来说，充其量是"九牛一毛"。更重要的是由于人类对海洋的认知程度非常低，从海洋中选取自然数据难度很大，数据的"均匀分布"更是短期内不可能解决的问题，因此，其科学性和客观性也就大打折扣。故迄今为止，很难有一个客观公正又令人信服的标准来界定"健康海洋"。

由此可见，探讨健康海洋的标准是一个充满了创新性的命题，自然会变得非常复杂。但不管指标千变万化，大自然给出的唯一标准，就是看今天的海洋是否接近"均衡"状态！但海洋是否均衡也是一个非常难以判断的复杂问题，因为我们生活的地球是一个蓝色的"水球"，海洋覆盖地球表面的 70.8%，平均深度接近 4 000 m。不管对地球的成因如何理解，"火成论"也好，"水成论"也罢，都不可否认海水对地球来说是与生俱来的。因此，海洋的均衡，既受到地球自转与公转的自身影响，也受到太阳、月亮，甚至其他星球的影响，是地壳内生动力与外生动力的综合反映。第四纪以来，又增加了人类对海洋的影响，特别是伴随着当今社会大踏步向海洋进军的征程，对海洋的损害程度也越来越高。所以说，海洋的均衡只能是一种理论概念，永远也不会达到真正的

"均衡"。因此，健康海洋也只能是一个理论目标。随着人类影响的加大，海洋健康指数肯定会连年下降，但它能从另一个侧面唤醒人类社会通过"人海和谐"的努力，使海洋朝着"均衡"的方向不断发展，也就是朝着健康海洋的目标不断前进。

2　健康海洋的内涵

国人自古推崇"经国济世"，实际上"经国"充其量只能"济国"，因为全世界所有国家的面积加起来都不及海洋的一半，所以只有经略海洋，才能真正"济世"。

海洋是地球的命脉，海洋在全球范围内调控生态、滋养生命、影响经济、孕育文明。无论是现在，还是未来，没有海洋健康，就没有人类的繁荣。今日海洋无偿赠予我们的，正是关乎明日人类存亡的无价之宝。

我们习惯认为，海洋之博大浩渺，相对于人类社会来说，是取之不尽用之不竭的。但目前，世界上超过52%的海洋渔业资源已消耗殆尽；全球75%的珊瑚礁正在遭受威胁；而全球仅有3%的海洋面积被设为海洋保护区。

过度捕捞使渔业资源已逼近"临界点"，一些大型掠食性鱼类种群数量已骤减70%以上，一些物种可能在几十年内彻底灭绝。白色污染更加触目惊心，全球每年至少有1 000万t的塑料制品被丢弃到海洋中，相当于平均每秒钟就有一卡车的塑料垃圾倒入海中。科学家预测，到2050年，海洋中塑料垃圾的总重量可能将超过鱼类。这些无法降解的塑料微型碎片，导致每年约100万只海鸟、近10万头海洋哺乳动物死亡。特别需要高度关注的是，因富营养化造成的海洋生态灾害，如：赤潮、浒苔、水母等生物的暴发性生长，严重破坏了海洋食物链，给海洋生态环境造成了巨大影响。

21世纪是全球公认的"海洋世纪"！在海洋世纪的开端，有必要呼吁世界沿海各国，进一步认识海洋，关心海洋，经略海洋；以"人海和谐"为目标，全人类共同努力，拥抱海洋世纪，共筑"健康海洋"！

（1）海洋生态系统健康。水中王国，五彩缤纷，千奇百怪。海洋是生命的发源地，也是生物多样性的聚宝盆。海洋中起码聚集了地球上80%以上的生物种属，地球上形体最大的动物在海洋中；最高大的植物也在海洋中；寿命最长的生物在海洋中；最极端、最密集、最古老、最微小的古菌群落也在海洋中。靠太阳生长的生物生活在浅海表层;不靠太阳活着的"热液生物"生活在深海底部。只可惜迄今人们对海洋生物的调查认知还非常肤浅,大多数海洋生物对人类来说还处于未知的"神秘世界"。但海洋科技界公认,海洋生态系统的健康状况越来越成为整个海洋健康的最重要的标志。

对于海洋生态系统来说,生物群落包括相互联系的动物、植物和微生物。大鱼吃小鱼,小鱼吃虾,虾吞海疼,疼食海藻,海藻通过光合作用,制造有机物质,维持着这个弱肉强食的食物链。海洋生态系统的物质循环和能量转移都是一个动态过程,在无外界干扰的情况下,就会达到一个动态平衡状态。一个环节的破坏,就打碎了这种"平衡",就可能导致整个食物链乃至整个海洋生态系统的破坏。

人类对海洋生态系统的影响集中表现在两个方面:一是不合理的、超强度的开发海洋生物资源,例如近海区域的酷渔滥捕,使海洋渔业资源严重衰退;二是海洋环境污染导致生态环境恶化,含有重金属离子的工业废水被排放到海洋中;众多化工废气、废水、废料被排放到海洋中;面大量广的农用化肥农药通过河流最终汇集在海洋中;甚至核废料也倾倒在海洋中等。这些污染物给海洋生态系统造成了灭顶之灾,有些海域干脆出现了海洋生物"荒漠化"。

总体来说,近海生态系统处于"不健康"或"亚健康"状态。突出表现为:一是海洋生态系统退化,生物多样性减少。进入 21 世纪以来,滨海湿地、珊瑚礁、红树林等海岸带生态环境受人类活动影响不断加重,生态系统出现不同程度的衰退。海湾、河口及滨海湿地无机氮含量持续增加,氮、磷比失衡日益严重,使海洋生态系统受到严重威胁。大规模的海洋捕捞活动和单一性海洋养殖业的盲目发展,造成捕捞过度和近岸海水污染、富营养化严重,导致多种渔业资源衰退,生物多样性明显降低;二是海洋生态灾害频发,海洋生态环境风险加剧。赤潮、绿潮、水母等海洋生态灾害发生频率不断增加,规模不断扩大,赤潮生物种也由几种增加为几十种,给海洋生态环境造成了重大损害;三是近海污染日益严重,使海洋生态系统平衡失调。首先受到危害的是海洋植物,继而是海洋动物,而最终受损的还是人类自身健康。据报道,仅 2016 年 1—3 月间,人们在英国海岸发现的大型海豚、鲸类尸体多达 61 具,尸检报告显示,这些动物大多死于海洋污染。

(2)海水动力系统健康。海水是海洋的基础,没有海水就不称其为"海洋"！海水是地球上最重要、最庞大、最复杂的资源体系，也构成了地球上最重要的动力系统。自古无风三尺浪，1 平方千米海面储存的波浪能就足足超过一个三峡大坝。可见海水动力系统的平衡、开发、利用是何等重要！而这种源于自然，到目前为止人类难以控制，甚至难以预测的动力系统是否健康稳定，关键是靠自然界的"均衡"作用调节。但自科学诞生那天起，人们就知道，自然科学的目的就是认识自然现象，揭示自然规律。当年英国人之所以高呼：上帝创造了世界，但牛顿发现了上帝创造世界的方法！就是自牛顿时代起，人们就明白：一切自然现象都是可以认识的，都是有规律可循的。从科学发展的角度来看，人类有能力认识、预测、呵护、利用海洋水动力系统的健康！

由于海洋动力系统的不平衡，使海洋灾害频发，令人谈虎色变。风暴潮灾害、海浪灾害，海冰灾害、海雾灾害、飓风灾害、海啸灾害等突发性事件都源于海水动力系统的"不均衡"。

在印度尼西亚发生的海啸，至今使人惊魂未定，毛骨悚然，因为到目前为止，救灾还正在进行中，其灾害损失规模有可能超过历史上 2004 年 12 月 26 日的大海啸。那场海啸由印度洋 9.1 级地震引发，造成了东南亚 13 个国家的 22.6 万人死亡。

风暴潮是由台风、温带气旋、冷锋的强风作用和气压骤变等强烈的天气系统引起的海面异常升降现象，又称"风潮"。如 1970 年 11 月发生在孟加拉湾沿岸地区的一次风暴潮，曾导致 30 余万人死亡和 100 余万人无家可归。

海洋与大气相互作用关系十分复杂，任何一种海洋与大气现象的出现，都对全球不同地区带来不同的影响，厄尔尼诺、拉尼娜现象也是如此。既是大气与海洋相互作用的结果，反过来又在不同程度上影响着不同地区的大气和海洋。它的出现，往往使南美洲西海岸形成暴雨和洪水泛滥，给东南亚、澳洲和非洲带来的却是干旱少雨。

世界上很多国家的自然灾害因受海洋影响都很严重。例如，仅形成于热带海洋上的台风（在大西洋和印度洋称为飓风）引发的暴雨洪水、风暴潮、风暴巨浪以及台风本身的大风灾害，就造成了全球自然灾害生命损失的 60%。台风每年造成上百亿美元的经济损失，所以，海洋水动力系统是全球自然灾害的最主要源泉。

更令人遗憾的是不少海水动力系统平衡的破坏是人为因素造成的。譬如：

不少大型水下海洋工程，改变了海洋动力结构，破坏了原有的动力平衡；有些向海延伸很远的大型堤坝，改变了海流的流速流向，破坏了原有的海流循环稳定；有些近岸工程改变了岸线走向，破坏了原有的近岸波浪消减的平衡系统。这些所谓"人定胜天"的工程和违犯自然规律的不科学决策，往往是以惨痛的教训而告终。

（3）海洋地质系统健康。海洋就是由海水和海盆构成的统一体，海水动力系统聚焦海水的能量传递，海洋生物系统反映"水中王国"，而与海盆相关的内容就是海洋地质系统。不管是"盆底"发生破裂还是"盆缘"发生变化，都会对海洋产生巨大影响。由此可见，海洋地质系统稳定是健康海洋的基础，只有盆底完整、岸线稳定，才能奠定海洋"健康"的基础。

板块构造理论揭示，不仅地球是运动的，岩石圈板块也是运动的。由于各大板块的运动既不同向，也不同步，相互链接的板块边缘自然就会成为"不稳定地带"。板块间的张裂、俯冲、剪切、挤压无时无刻不对海盆的稳定性造成致命威胁。环绕太平洋是地球上著名的地质构造活动带，发育了一系列海沟、岛弧和弧后边缘海，形成了全球最突出的环太平洋俯冲汇聚带、环太平洋火山活动带、环太平洋地震活动带。而这个环状"剧烈活动带"恰恰发育在由平坦的"盆底"向"盆缘"转折的部位，因此对海洋稳定性的影响远远超出人类的想象。

海洋中几乎没有一天是"平安无事"的，据统计，地球上每年约发生 500余万次地震，即每天要发生上万次。其中绝大多数发生在海洋中，包括海底火山活动和海底热液喷发以及由此带来的海底断陷、海底滑坡、海底破碎，因为距离海岸太远，又加之海水覆盖，以至于人们感觉不到。但发生在近岸的海底地震、火山爆发、海底滑坡、海岸侵蚀、海水倒灌、地面下沉、河口及海湾淤积等海洋地质灾害不仅威胁海上及海岸，还危及沿岸城乡经济和人民生命财产的安全。例如，我国历史上最强的一次海侵，曾瞬间侵入我国沿海达 70 km，淹没了 7 个县之多。

伴随着人类向海洋进军的征程，特别是近年来，人类开始大踏步走向深海，对海洋地质系统平衡健康的破坏也日益严重。绝大多数海底矿产资源勘探开发都是"掠夺"性的，由此造成了无数的海底断陷、海底滑坡、海底浊流，甚至海底地震；众多的海上和海底建筑工程，包括呈突飞猛进之势发展的跨海大桥和海底隧道，或多或少都不同程度地损害了海洋地质系统的均衡；大规模的填海造地，使本来自然弯曲的海岸线日趋平直化、水泥化，不仅改变了水动力结构，而且造成了大规模的冲刷淤积，使海岸线处于严重的不稳定状态。

3 海洋如何服务人类健康

21世纪是人类崇尚健康的时代，也是健康产业大发展的时代。"小康不小康，关键看健康"，中华民族在实现伟大复兴的征途上，更加注重国民健康，正在打造"健康中国"。而呵护海洋健康就是打造"健康中国"的重要基础。发展海洋事业的目的之一就是服务国民身体健康。

海洋被科学家们称之为人类环境的最后一块"净土"；广袤的海洋能为人类提供大量优质蛋白；海洋药物是未来人类最重要的"蓝色药库"。因此依靠海洋保障人类健康是未来的必然选择，但前提是首先保障海洋自身健康。

（1）海洋是保障人类健康的最后一块净土。海洋是人口、资源、环境协调、可持续发展的最终可利用空间，是环境保护的最后屏障。陆地上燃烧煤炭、石油、天然气等化石燃料造成的二氧化碳，主要靠海洋来降解，陆地上的化肥、农药、工业污染，通过江河流入大海，最终由海洋自然净化。由于人类过度填海、过度捕捞、过度开发，已使不少地区的海洋环境亮起了红灯。河口污染区、海底荒漠化、赤潮绿潮灾害，已成"常态化"。

围绕如何保护利用这块全人类未来的最后一块"环境净土"，目前应突出发展"洁净海洋、低碳海洋、生态海洋"。

发展洁净海洋，就是要下最大决心保护海洋生态环境，着力推动海洋开发方式向循环利用型转变，全力遏制海洋生态环境不断恶化的趋势，让海洋生态文明成为环境保护的高压线，让人民群众吃上绿色、安全、放心的海产品，享受到阳光、碧海、沙滩的美丽生活。

发展低碳海洋，就是要深入研究二氧化碳从大气到海洋的传输吸收过程，探讨从海洋表层到海底深层的循环机理，查明海洋汇碳、固碳的科学规律和环境容量。通过海水循环的"物理泵"作用，解决"冷水汇碳"和"海底封存"的问题。通过海洋动植物的"生物泵"作用，着手"蓝碳计划"，实施"碳汇渔业"，进一步发挥海洋在碳循环中的特殊作用。

发展生态海洋，就是通过增殖放流、资源修复、海洋牧场、海底鱼礁、海底森林等一系列技术措施，克服海底荒漠化，维护海洋生物多样性和海洋生态平衡。

（2）海洋是提供人类健康食品的最后基地。我国是人口大国，食品安全始终是国计民生的头等大事，谁来养活中国？一直是全世界关注的重大问题。海洋必须为 13 亿人提供稳定的优质蛋白来源，海洋有能力为全人类提供健康食品。

伴随着新中国年轻的脚步，面对人口爆炸、资源匮乏的困境，中国人率先尝试人工海水养殖，实现由"捕鱼捉蟹"向"耕海种洋"的根本转变。以山东沿海为基地，中国人先后发起了五次海水养殖浪潮。譬如：20 世纪 60 年代以来，以海带养殖为代表的海洋藻类养殖浪潮；80 年代以来，以中国对虾养殖为代表的海洋虾类养殖浪潮；90 年代以来，以海湾扇贝养殖为代表的海洋贝类养殖浪潮；世纪之交，以鲆鲽类养殖为代表的海洋经济鱼类养殖浪潮以及近年来以海参养殖为代表的海珍品养殖浪潮。同时，海洋科技工作者还成功引进了三大海水养殖品种。分别是从墨西哥湾引进的海湾扇贝、从南美沿海引进的凡纳滨对虾以及从英国引进和驯化的大菱鲆。

海水养殖产业的"五次浪潮"和"三大引种"带来了我国蓝色产业的技术革命，标志着我国的水产业逐步从"捕捞"转向"养殖"；养殖重心逐渐从"淡水"转入"海水"。目前，用基因转移、细胞克隆、多倍体诱导、人工性别控制等现代分子生物技术支撑海水养殖产业正在以前所未有的速度蓬勃发展。作为一个沿海大国，中国人率先实现了"养殖超过捕捞、海水超过淡水"这两大历史性突破。中国的海洋水产品总量稳居世界第一，人均达到 50 kg，远超过世界 20 kg 的人均水平，为 13 亿中国人的食品安全做出不可估量的贡献。因此，中国被全世界沿海国家誉为"海水养殖的故乡"。以中国为代表的"耕海种洋"不仅弥补了因过度捕捞而造成的水产资源匮乏，又作为有效的资源修复模式发展了健康渗透系统。

（3）海洋是维护人类健康的最大医药宝库。海洋的特殊环境孕育了特殊的生态系统，也形成了特殊的药物资源。中国是人口大国，医药产业需求巨大。由仿制药向创新药转变、由合成药向生物药转变、由陆地药向海洋药转变，已成为世界医药行业的发展趋势，在中国尤为突出。向海洋要药，开发"蓝色药库"，保障国民健康已成为"健康中国"的重要环节。

多年来，人类对陆生生物的研究已十分深入，以其为原料的药品与保健品为人类健康做出过重大贡献。然而，随着生态的恶化，不少陆生动物与植物的品种遭受环境污染，濒临消亡，越来越不能满足人类的需求。于是海洋便成为人们必须开拓的新的健康产业资源。海洋里生活着 50 余万种生物，占全球物种的 4/5，海洋的植物物种数为陆地植物的 5~10 倍，动物种数为陆地动物的 60%。很明显，未来的药品与保健品的主要原料基地在海洋。

研究结果证实，海洋生物的保健作用非常突出。从鱼类和贝类中提取的牛磺酸，具有抗氧化、稳定细胞膜的作用，能消除疲劳、提高视力；从海鱼和海藻中分离的高度不饱和脂肪酸有提高儿童智商、延缓老人大脑功能衰退的功能；海藻、海虾和海参等腔肠动物中含有的多糖与皂甙，具有防止动脉硬化、抗癌和增强免疫力等方面的生物活性；从鲍鱼中提取的一种被称作鲍灵素的物质，具有抗菌、抗病毒和抑制肿瘤生长的活性；从扇贝中提取的多肽，具有抗辐射并具有对放射损伤的细胞修复作用。研究发现，海水近 80 种元素中有 17 种是陆地土壤里缺少的，许多海洋生物含有人类生命活动必需的元素异常丰富，如牡蛎的含锌量、海带的含碘量，都大大高于任何陆生生物，因此，海洋生物是制作和提取营养补充剂的良好原料。

鉴于海洋生物开发的广阔前景，进入 21 世纪以来，世界各国争相投巨资开展海洋药物研发。科学家已成功地从海洋生物体内分离与鉴定出 3 000 余种具有生物活性的化合物，表现有抗菌、抗病毒、镇痛、抗肿瘤、抗动脉硬化、提高免疫力等多种保健作用。

利用海洋生物中蕴涵的活性物质，海洋健康产业发展尤其迅速。用鱼油制成的保健品含有大量的 DHA，很受中老年人欢迎；用海带、裙带菜加工的产品种类繁多，颇受妇女们的青睐。以各种鱼、虾、蟹、贝类加工和制取的优质蛋白质、营养素补充剂、牛磺酸制品在市场十分畅销。

4　如何维护"海洋健康"

世界上的海洋是联通的，海水是流动的，全人类拥有同一片海洋。海洋是人类命运共同体的依托和支撑。只有全人类共同努力，实现真正意义上的人海和谐，才能真正维护海洋的健康。也只有健康海洋，才能真正把可持续的资源和空间奉献给当今人类，才能真正促进人类健康。

中国是人口大国，也是海洋大国，健康海洋是健康中国的前提和基础。中国倡导的"21世纪海上丝绸之路"就是未来健康海洋的连接线，也是人类命运共同体的连接线，更是沿海国家促进国民健康的连接线。

4.1　保护海洋生物资源，大力发展海水养殖，保障人类食品安全

海洋生物多样性支持着世界众多沿海国家人口的健康、经济和食物安全，联合国把开发海洋食物源作为实现"将世界饥饿人口减少一半"目标的重大措施，把治理海洋生态荒漠化摆在人类生存战略地位。发展海水养殖业，既能为人类提供优质蛋白，又能弥补因过度捕捞而损坏的生态环境。

努力创建立体化海水养殖新模式，坚持养殖生态与经济效益结合，加快海水养殖由粗放型向集约化转变，大力发展超大型智能化深水网箱养殖、工厂化设施养殖、集约化池塘养殖，提高名优特养殖产品比例。加强水产原良种培育体系建设，对主要养殖品种进行选育和复壮，加大多倍体育种、性别控制、细胞克隆等现代生物技术在苗种培育中的应用。

从水产环境、健康苗种、病害防治、养殖模式、精深加工、安全监测等方面，进行从源头到终端的全程质量安全分析研究，完善现代水产品加工及安全综合配套技术，建立规范完善的食品安全保障体系，确保海洋食品的健康安全。

4.2　开展生态资源修复，发展海洋牧场，恢复海洋生态环境

科学保护和恢复海洋生态环境，遏制海洋生态荒漠化的发展势头，是打造健康海洋、实现海洋生物资源可持续发展的迫切需求。

突破近海经济水域生态与环境综合治理关键技术，建立近海生态安全监测与健康评价技术体系，发展重要生物资源放流增殖技术、产卵场与索饵场生态环境修复技术、海洋碳汇养殖技术。

我国十几年的实践证明，通过重要生物资源放流增殖技术，恢复近海生态环境，是一条成功的道路。着力研究新型海洋牧场建设与近海渔业资源养护及持续开发技术，确定增殖容量、增殖效果、人工育苗最小繁殖群体的评估技术，探讨重要渔业种群产卵场、索饵场、越冬场分布及其洄游路线和重要渔业种群的补充机制及资源种群动力学。研究海洋主要渔业捕捞物种、濒危物种、遗传资源保护物种和珍稀的物种放流与标记技术，研究物种放流的遗传与生态

风险评估技术，建立放流物种的生态多样性跟踪研究技术体系。

同时，建立典型生态环境健康评价、修复、重建与保护技术体系。开展近海生态系统的复合功能可持续性研究，围绕重点海湾生态系统开展保育及恢复技术研究，建设典型海域生物多样性数据库与地理信息系统，评估典型生态系统生物多样性状况、重要生物类群结构与数量的变动模式。

4.3 坚持绿色发展，突出人海和谐，努力减少海洋环境污染

目前，海洋微塑料、海洋垃圾、海洋污染、海洋富营养化、海洋酸化，已是人类面临的共同问题。生物资源过度开发、海岸工程无序化建设，从而导致海洋自然系统功能严重衰退，有些海区"荒漠化"严重。因此，亟须开展环境、生态和资源开发的全面调查，建立全方位、实时化、连续性、定量化污染检测体系及重要海洋生态灾害预测、预报体系，开展近海生态环境修复与控制，构建以生态与环境、资源与经济、管理与防控等信息为基础的数字化平台。

（1）聚焦近海海洋环境与生态安全技术。查清海岸带与近海地区的海洋生物多样性现状，研究典型海域、河口和湿地等生物区系演变规律，探索污染严重和资源破坏严重区域的生态与环境修复，制定濒危物种的保护机制，建设重点区域物种库和基因库，建立海洋生物多样性的保护区。

（2）突出近海生态安全监测和健康评价。研究海岸带污染状况监测技术，建立近海生态环境的监测与评估的技术方法，制定海岸带生态环境退化调控对策，研究海岸带生态分区管理技术，开展近海自然保护区的适应性经营。

（3）推动海洋开发方式向循环利用型转变。秉承以人为本、绿色发展、生态优先的理念，把海洋生态文明建设纳入海洋开发总布局之中，坚持开发和保护并重，像保护眼睛一样保护海洋生态环境，像对待生命一样对待海洋生态环境，全面遏制海洋生态环境恶化趋势，实现"让人民群众吃上绿色、安全、放心的海产品，享受到碧海蓝天、洁净沙滩"的目标。

4.4 以活性物质提取为突破口，加大海洋天然产物开发，打造新型蓝色药库

重点开发针对抗肿瘤和治疗糖尿病、心血管病、抗衰老、抗帕金森氏综合

征等重大疑难病症的海洋药物。密切跟踪研究已进入临床试验的海洋药物的应用开发，研究海洋新药高通量筛选平台和技术集成，开发深海和极地海洋生物活性物质采集、分离、鉴定技术，研制海洋化学合成和半合成药物和海洋多糖、多肽和核酸类的海洋生物技术药物。发展现代海洋中草药，开发滩涂湿地药用盐生植资源。

依托国家海洋药物工程技术研究中心，建设和完善海洋药物与生物制品研究开发、产业化技术研究和专业服务等平台。瞄准正在进行临床试验研究的一类海洋药物，力争尽快实现产业化开发。大力开发医用新材料、海洋化妆品、特种海洋生物酶、海洋生物农药、农作物促生长剂等海洋生物制品。

4.5 发展海水农业，建设"农耕海洋"，拓展新的蓝色经济空间

我国是人口大国，食品安全始终是国计民生的头等大事，海洋必须为13亿人提供优质蛋白来源。面对当前人增地减、灌溉用水匮乏、农业面源污染严重的现实，充分利用盐碱地、滩涂、滨海湿地、海面水域和海底洋盆等空间资源，以海水为媒介发展"海水农业"，真正实现"耕海种洋"、"白地绿化"、"蓝色粮仓"。

一是统筹规划各类养殖业和种植业，发展新型海水农业；二是依靠海水农业促进生态、环境和资源保护，通过建设海洋牧场、海底森林、渔业增殖放流场、生态养殖场，促进海洋生态系统的改良与恢复；三是实施生态型苗种工程，大力培育海洋农业化新品种，不断拓宽海水农业的范畴；四是根据地理特色，构建不同的海水农业技术体系，打造充满活力的新型海水农业技术创新链条。

4.6 强化预警预测技术，发展防灾减灾产业，确保生命财产安全

针对海底地震、海岛火山、台风海啸、风暴潮、富营养化、海洋酸化等生物灾害、地质灾害、海水灾害和突发性海洋污染事件，发展以数值预报为基础的自动化、高精度、时效性的海洋灾害和环境污染预警预报技术，为海洋防灾减灾提供技术支持，为制定海洋环境保护规划提供依据，为防御和减轻海洋灾害损失的决策提供数据支持。

加强海洋预报、防灾减灾、救助打捞、渔业安全通信救助体系和海洋环境信息的服务体系建设，为海洋产业和生命财产的安全提供环境保障。

　　海洋防灾减灾重在预测，贵在预防。如何由政府调动国家资源被动地应急处置变成主动的、长期的、预先的产业性投资是关键，由"头痛医头脚痛医脚"变成"不治已病治未病"是根本。强化政策引导，突破关键技术，发展防灾减灾产业，把海洋防灾减灾变成相关国家和地区的自觉行动，使蔚蓝色的大海真正造福人类。

海洋渔业 3.0

孙松[1,2]

（1. 中国科学院海洋研究所，山东 青岛 266071；
2. 中国科学院大学，北京 100049）

摘要：海洋强国建设、海洋发展战略、海洋资源开发利用、海洋环境保护、海洋经济可持续发展、海洋生态系统健康等已经成为热门话题，海洋资源与环境问题在我国受到前所未有的重视。在大家热议海洋粮仓、远洋渔业、海洋牧场、离岸养殖、冷水团养鱼、养殖工船、透明海洋、智慧海洋、从浅海走向深海、从近海走向大洋、海洋生态文明建设等话题和计划的大环境下，从全球海洋角度，将海洋作为一个整体，从海洋生态系统结构与功能、能流和物流的层面探讨海洋渔业资源发展历程和发展出路，提出"海洋渔业 3.0"发展计划，旨在探讨建立我国海洋渔业可持续发展的系统解决方案。

关键词：海洋渔业；海洋生态系统；海洋管理

1 海洋渔业发展历程

德国政府在 2011 年提出了"工业 4.0"的概念，根据工业发展特征将其分为不同的发展阶段，提出"工业 4.0"的概念和内涵，旨在支持工业领域新一代革命性技术的研发与创新。纵观海洋渔业发展历程，在不同时期也具有非常明显的特征，可以将其分为不同的发展阶段（图 1）。

1.1 海洋渔业 1.0

英国著名博物学家托马斯·赫胥黎（Thomas Henry Huxley，1825—1895年）一生中发表过 150 多篇科学论文，如《人类在自然界的位置》《动物分类

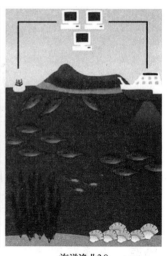

海洋渔业1.0

自然资源丰富，生产能力低下，主要渔业活动是海洋捕捞。发展生产力、提高捕捞能力是渔业生产的主要发展方向。从事渔业生产的主要是"生计型渔民"。

海洋渔业2.0

海洋捕捞业的迅速发展，从事渔业生产的主要是"商业性渔民"；海水养殖业蓬勃发展，养殖水产品产量超过自然捕捞量。海洋捕捞能力过剩，近海渔业资源衰退、远洋渔业徘徊不前，近海养殖受到环境容量和生态系统承载力的制约，海洋生态系统健康和渔业资源可持续发展受到严重挑战。

海洋渔业3.0

"耕海牧渔"的理念应用于渔业综合管理，以恢复近海渔业资源、建设中国近海超级海洋牧场为标志，现代海洋观测技术、信息技术、大数据处理和生态系统评估与传统渔业相结合，建立起基于生态系统承载力的渔业管理体系和基于渔业资源的海洋综合管理体系。

图 1 海洋渔业发展的 3 个阶段

学导论》《进化论与伦理学》等，他对海洋动物的研究尤为著名。作为科学界名人和著名海洋动物专家，赫胥黎[1]1882 年受邀在英国伦敦举行的世界渔业博览会上发表演讲，在这次演讲中他宣称："我相信，鳕鱼、鲱鱼、沙丁鱼、鲭鱼以及大概所有的渔业资源都是取之不竭、用之不尽的，也就是说我们所做的一切都不会影响到鱼类数量的变化，我们所做的一切都不会改变这些渔业资源的状态"。赫胥黎的这种观点在相当长的时间内代表了人们对海洋渔业资源的认识，甚至有一些人到现在还坚持这种观点。在这种思维方式指导下，海洋渔业发展的方向主要是发展渔业捕捞能力，建造更多、更大、能力更强的渔业捕捞船，渔业产量与捕捞能力之间成正比关系。这个时期我们可以将其归结为"海洋渔业 1.0"阶段。

1.2 海洋渔业 2.0

到 20 世纪 60 年代，仅仅依靠海洋捕捞已经难以满足我们对海洋水产品的需求，20 世纪 60 年代我国著名海洋学家曾呈奎先生提出"耕海"的口号，并率先进行了实践，引领我国藻类养殖业的发展；70 年代提出"海洋农牧化"的理念；80 年代开始实践"耕海牧渔"。水产养殖业蓬勃发展，海洋捕捞与近海养殖并重，海洋养殖产量最终超过海洋捕捞产量。海洋渔业在海洋经济中占有举足轻重的地位，带动了沿海经济的发展。海洋捕捞能力迅速增加，捕捞能力过剩，渔业资源受到严重破坏，渔业产量降低、渔获物质量下降，近海渔业资源衰退，远洋渔业徘徊不前，国际渔业纠纷不断。海水养殖业在海洋经济中所占的比例减小，并且受到海洋环境、养殖空间、生态系统承载力等方面的制约，人们对海水养殖未来发展出现困惑。捕捞能力与产量之间不再成正比关系，养殖面积与产量、养殖产量与经济效益之间的关系不成比例。海洋渔业可持续发展出现"瓶颈"问题。这个时期我们将其归结为"海洋渔业 2.0"阶段。

1.3 海洋渔业 3.0

我国海洋渔业发展的出路在哪里？目前最为热议的解决方案是大力发展海上粮仓、建设海洋牧场以及发展远洋渔业。海上粮仓是基于大食物理念提出的概念，主要依托丰富的海洋生物资源，利用现代科技和先进生产设施装备，通过人工养殖、增殖、捕捞及后续加工、贸易等行为，将近岸、浅海、深海、远海和可利用国际公海开发建设成为能够持续高效提供海洋食物的"粮仓"。但是，海上海洋粮仓计划如何实施？远洋渔业是否能够从根本上解决我国对水产品日益增长的需求？如何建设海洋牧场？如何突破海洋渔业发展的"瓶颈"问题，从全球海洋角度将海洋作为一个整体，从海洋生态系统结构与功能、能流和物流的层面分析我国海洋渔业的发展历程和发展出路，提出"海洋渔业 3.0"发展计划，旨在探讨建立我国海洋渔业可持续发展的系统解决方案。"海洋渔业 3.0"计划的核心是立足中国近海，以恢复近海渔业资源为标志，将整个中国近海陆架区作为超级海洋牧场进行综合管理，将现代海洋科技、海洋观测技术、信息科学和新能源等与海洋渔业发展、生态文明建设相结合，海洋渔业发展与海洋综合管理有机结合，建立基于海洋生态系统的渔业资源评估体系和管理体系、基于渔业资源可持续发展的海洋综合管理体系。

2 我国海洋渔业发展状态

2.1 远洋渔业

虽然我国远洋渔业在整个渔业中所占比例较小，看起来有不少发展空间，但是目前全球 85% 的渔业资源处于"完全开发或过度开发"的状态（FAO 报告）[2]，全球海洋中 90% 的大型鱼类已经消失[3]，世界上 3/4 的渔场已经遭到破坏并处于衰退或枯竭状态，世界上大部分渔业区域都受到严格保护和管理，国际社会对公海渔业资源的管理也日趋严格，远洋渔业成本不断加大，海外渔业基地缺失，远洋渔业效益降低，加上远洋渔业的国际纠纷不断，面临着自然灾害与政治因素等多重风险。因此，远洋渔业难以满足我国日益增长的对渔业资源的需求。

2.2 海水养殖

我国现在的海水养殖主要集中在海湾和近岸的狭窄区域，近海养殖所面临的一个很大的问题是空间上的竞争。随着蓝色经济的发展，海水养殖业在蓝色经济中的地位发生了改变，海洋旅游业的发展、沿海工业发展、港口建设和沿海城市化发展等都对海岸带提出空间上的需求。从经济价值的角度，海水养殖的地位逐渐被其他行业取代。在经济利益驱动下，近海水产养殖处于越来越不利的位置。受空间的制约和盲目追逐高产的影响，海水养殖密度过大，环境胁迫力加大。我国近海富营养化和海水污染最严重的区域主要集中在 15 m 以浅的区域，而这个区域恰恰是目前海水养殖的主要区域，近岸水体污染导致养殖生物病害频发，水产品产量、质量和食品安全存在很多问题，可持续发展面临很大挑战。

目前，我国海水养殖产量中的约 70% 是贝类，其他包括大型藻类、对虾、海参和海蜇等，鱼类养殖的数量相对较少。在鱼类的养殖中，工厂化和大型网箱是主要的养殖方式。鱼类养殖的饵料主要是鱼粉，鱼粉主要来自海洋中的其他鱼类，有些甚至是一些重要经济鱼类的仔稚鱼，因此鱼类养殖对生态系统和自然渔业资源造成很大影响，如果不能解决鱼类养殖饵料中的蛋白质来源，鱼类养殖很难得到很大发展。

2.3　海洋牧场建设

海洋牧场建设处于萌芽阶段。目前阶段的海洋牧场概念，在很大程度上体现的是"生态养殖"，养殖区域扩大，综合管理力度加强，但是在海水养殖的模式和内涵上没有实际性的改变，在区域上与传统海水养殖基本一致，仍然是在海湾和近岸，离岸养殖正处于探索阶段。目前海洋牧场建设的一个重要举措是人工鱼礁的投放，在近岸区域大规模投放人工鱼礁，人工鱼礁对近岸水动力环境、沉积环境、生物地球化学循环以及海水溶解氧等造成影响，大规模的牧场建设所产生的资源环境效应需要进行全面评估。从另一方面来说，目前的海洋牧场在很大程度上很难体现"牧"的含义，鱼类在牧场中所占的比例太少。作为海洋生态系统的重要组成部分，鱼类数量的减少所带来的问题并不仅仅体现在渔业资源上，更多地体现在对生态系统的影响。在鱼类数量减少之后，海洋生态系统的结构与功能发生了根本性的变化，很多海洋生态灾害的出现与鱼类数量的减少有很大的关系。在我国，鱼在人们日常生活中所受到的重视程度高于其他海洋生物，"无鱼不成宴"的传统由来已久，"鱼与熊掌不可兼得"表明鱼的珍贵性，这是其他生物难以取代的。因此目前的海洋牧场建设模式难以从根本上解决我国对渔业资源的需求。

3　我国海洋渔业发展的出路

我国海洋渔业发展的出路在中国近海，我国拥有世界上最宽广的陆架，中国近海海洋生产力高、生物资源丰富，在全球渔业资源衰退的大环境下，近海渔业资源的恢复是从根本上解决渔业资源可持续发展的希望所在。

3.1　科学管控渔业捕捞活动

渔业资源的衰退在很大程度上是由于过度捕捞造成的。因此恢复近海渔业资源的关键是对渔业捕捞活动的管控，这也是我国对海洋管控能力的一个重要体现。尽管我国制定了很多渔业管理和保护政策，但是难以从根本上保护渔业资源。以"伏季休渔"为例，从 20 世纪 90 年代开始，我国实行了严格的"伏季休渔"政策，目的是保护鱼类产卵群体，增加鱼类种群补充，提高渔业产量。但是从鱼类种群补充的角度，"伏季休渔"只能保护鱼类从小鱼长到大鱼，使鱼类在夏季能够有一个生长喘息的机会，但是对于鱼群本身来讲最终还是消失了，因为在秋季开捕之后，几天之内这些鱼类就被捕光。因此，休渔政策难以从根本上保护渔业资源可持续发展。从鱼类种群补充的角度，"总量控制"政策的实施才是保护渔业资源健康可持续发展的核心所在。现在渔业管理部门已经提出要减少渔业捕捞量，保护渔业资源，并且确定了相关的数量。但是这个数量只是依靠经验或者主观臆断做出来的，因为渔业资源的种类和数量每年都是有变化的，可捕获量的确定必须建立在科学评估的基础上，而每年渔业资源的可捕获量的评估又是建立在大量的基础生物学研究、生态系统承载力调查、环境变化等各个方面的系统工程。

3.2 保护和恢复鱼类产卵场

影响海洋渔业资源变动的另一个重要因素是鱼类产卵场的消失。由于沿海经济的快速发展，对海岸带的空间需求越来越大，围海造地导致沿岸湿地的破坏，很多重要经济鱼类的产卵场和育幼场消失，加上陆源物质的排放、近岸和河口区域的水质污染等都对鱼类种群补充产生了致命的影响。也许仅仅从经济价值上来看，渔业发展所带来的经济效益远不如围海造地、发展工业和城市化建设等所创造的效益高，但是从长远发展来看，这种思维方式是极为有害的。首先作为一个人口大国，我们不可能通过进口鱼类来解决水产品供给问题，因为世界范围内的渔业资源都处于衰退状态。从渔业资源恢复和可持续渔业发展的角度出发，我们需要在河口和近岸的一些关键区域建立大范围的保护区，禁止工业活动和其他经济活动，维护近岸生态系统的健康，为鱼类的繁衍提供良好的环境保护。鱼类产卵场的恢复包括对鱼类栖息地环境的恢复和高强度养殖活动的清理。此项工程带来的另一个重要效益是近海环境的改变，生态系统服务功能和产出功能双重效益。

3.3 发展离岸养殖

海水养殖和海洋牧场建设仍然是解决我国渔业资源问题的重要途径。我们要发展离岸养殖，利用传统渔场中的高生产力，以离岸岛屿、岛礁和人工岛为基地建设海上牧场，充分利用天然饵料发展鱼类养殖，实现真正意义上的"耕海牧渔"。现代科学技术与传统渔业相结合，利用风力发电、波浪发电和太阳能等现代技术解决远离海岸的海洋牧场建设中的电力、淡水和动力等方面的问题，既解决牧场空间和环境问题，也解决了水产品的质量和绿色发展的问题。

4 "海洋渔业 3.0" 的政策建议及可行性

4.1 "海洋渔业 3.0" 的政策建议

（1）在我国近海实施 2~3 年的完全禁渔，使近海鱼类得到生息繁衍的机会，扩大鱼类繁殖种群亲体，为近海渔业资源恢复打下良好的基础。

（2）在海湾和近岸区域重点发挥海洋生态系统的服务功能，建设海洋保护区，保护鱼类栖息地、产卵场、育幼场和索饵场。这一区域应从生态系统产出功能向服务功能转变，减小海水养殖规模和强度，为鱼类自然种群繁殖和生长提供良好环境。

（3）在我国近海陆架传统渔场和海洋高生产力区，利用岛屿、人工岛和岛礁等为基地建设现代海洋牧场。发挥海洋生态系统产出功能的作用，充分利用丰富的天然饵料，增加鱼类数量，使"海洋牧场"和"耕海牧渔"的理念和内涵得以体现。

（4）加强以海洋渔业资源可持续发展为目标的综合研究，从生态系统能流和物流的角度，将海洋观测、基础生物学、基础生态学、生物资源评估等进行有效结合，精确评估每年渔业资源产量和可捕获量，实行捕捞总量控制，建立新型渔权分配制度。

（5）将出国捕鱼改为出国养鱼，借助"一带一路"计划的实施，建立海外水产品基地。利用我国近海养殖技术和捕捞、养殖企业的资金，帮助发展中国家发展海水养殖、建立生态牧场，同时帮助他们解决水产品出路的问题，对我国而言也增加了水产品供给来源。

（6）实行海洋渔业与海洋环境一体化综合管理，由国家统一指定一个部门负责进行统一管理，消除部门间的不协调和地方割据。渔业资源的恢复和可持续发展需要从整个海洋系统角度，将海洋生态系统的产出功能和服务功能协同发展进行统一规划与管理，以恢复近海渔业资源作为一个主题，目标是建立健康的近海生态系统，实现综合管控海洋的目标。

（7）建立节能、环保、高效的工厂化海水养殖体系。作为渔业资源的重要组成部分，工厂化养殖对于解决水产品供给仍然具有非常重要的意义，新技术、新方法、新材料、新工艺的不断加入，使工厂化养殖具有很重要的发展前景。

（8）维持一支高素质的远洋捕捞队伍，在国际水域开展捕捞活动，进行现代海洋观测技术和渔业技术的有效结合，合理利用和保护远洋渔业资源。

4.2 "海洋渔业 3.0" 面临的挑战

（1）渔民生计问题。实行全面禁渔和总量控制之后，将要面临的一个很重要的问题是渔民的生计问题。目前我国有两种类型的渔民："生计型渔民" 和 "商业性渔民"，这两种类型的渔民应区别对待。"生计型渔民" 基本是传统依靠捕鱼为生计的渔民，应该获得一定的捕捞额度，这些额度可以进行有偿转让，或者由国家按照社保要求给予生活补贴。"商业性渔民" 只是被拥有渔业船队的企业或个人雇佣在渔船上工作的群体，绝大部分是临时性在渔船上工作的内地打工者。商业性渔民应该按照市场运作的路线，在分配或购买的渔业捕捞额度内开展工作。

（2）"总量控制" 额度的确定。海洋综合观测系统的建立与应用、海洋渔业资源调查和渔业资源评估模式的建立等需要依据现代海洋观测技术、海洋信息技术和生态系统评估技术与渔业资源评估模式的有机结合，对海洋科技部门和管理部门都是一个严峻的挑战。渔业资源每年的变动很大，如何进行精确评估，需要开展大量深入细致的研究，建立一支专业化的、专门从事海洋渔业研究与管理的精干队伍，并要对渔业资源进行长期研究。

（3）近海保护区的建立。我国在一些重要区域已经划定相应的渔业保护区，关键是如何落实到位的问题，同时也存在保护区的确定问题。目前我们对很多经济性鱼类的生活史缺乏系统的研究，海洋渔业保护区的设定应该基于对经济鱼类基础研究和海洋生态系统结构与功能研究的基础上进行，还需要进行大量深入细致的工作。最大的挑战在于效益最大化的选择：既要考虑沿海工业和城市化建设发展的需要，也要考虑渔业资源发展的需求，否则不具备可行性。

（4）海洋超级牧场建设。要解决在哪建牧场、投资者与受益者的统一、超级牧场建设技术体系、牧场管理、资源分配等方面的问题。从宏观的层面来看，我们应该将整个陆架区域分为不同类型的海洋牧场，以经营牧场的角度进行海洋综合管理，从近岸产卵场、育幼场保护到陆架区整个渔业资源的合理利用与保护，在牧场建设内涵、理念、关键技术和系统建设方案上都是巨大挑战。

（5）海洋综合管理。海洋牧场建设、渔业资源综合管理、海洋保护区建设等看起来是渔业资源方面的事情，其实是海洋综合管控能力的问题。需要国家制定相应的政策和法律进行纵向管理——统一由一个部门对海洋资源与环境进行综合管控。

4.3　"海洋渔业 3.0" 可行性与效益分析

2016 年在《美国科学院院刊》上刊登了一篇有关全球渔业前景分析的文章，Christopher Costello 等[4]来自 3 个研究机构的 12 名科学家对代表全球 78% 的渔场的 4 713 个渔业数据进行迄今为止最详尽的分析，结果表明，在不同政策导向下，到 2050 年全球渔业的变化趋势明显不同。在基于权利的渔业管理模式下（Rights BasedFishery Management，RBFM），即追求经济价值最优化（而不是渔业产量最大化）的情况下，全球很多区域的渔场都能够得到恢复，98% 的渔场在 10 年内能够得到恢复。这对我们是一个很大的鼓舞，很多专家和渔民相信在我国实行严格控制捕捞的情况下，我国近海渔业资源有望在 3~5 年内得到恢复。其中很重要的措施就是近海渔业资源的综合管理，通过海洋超级牧场建设，将"耕海牧渔"的理念应用于我国近海陆架区域，适度海水养殖与自然海域渔业资源恢复相结合，将鱼类等经济生物作为生态系统重要组成部分，从生态系统结构与功能、能流和物流、承载力等方面对渔业资源进行精确评估，确定在不破坏鱼类种群补充和生态系统健康前提下的可捕获量，实现渔业资源可持续发展。

"海洋渔业 3.0" 的实施对海洋科学的发展将起到带动作用，同时也将改变人们对海洋生态系统服务与产出功能的认识、海洋开发利用与保护观念的改变、海洋牧场内涵的认识，出发点是渔业资源可持续发展，实际上是海洋综合管理体系的建设（图 2），符合我国海洋资源可持续利用、海洋生态文明建设和综合管控海洋的战略目标。

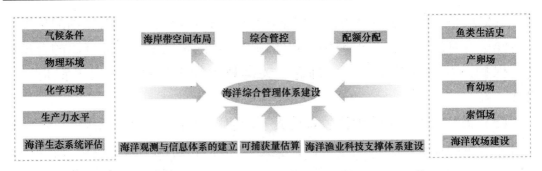

图 2　海洋科研与渔业管理在同一个平台上开展工作

参考文献

［1］ Fisheries Exhibition, London（1883）. The Fisheries Exhibition Literature（1885）, Scientific Memoirs V.

［2］ FAO Yearbook. Fisheries and Aquaculture Statistics 2008—2011.

［3］ The Week Staff. Are the oceans dying? ［N］. The Week, 2011-06-22.

［4］ Costello C, Ovando D, Clavelle T, et al. Global fishery prospectsunder contrasting management regimes. PNAS, 2016, 113（18）:5125-5129.

提高海洋生物资源利用水平
保障蓝色经济可持续性发展

中国海洋大学　牟海津

近年来，尤其是山东半岛蓝色经济区建设进程中，山东省委、省政府采取了一系列措施加强推进海洋生物产业的发展，海洋生物产业呈现出规模、效益质量同步提升的态势。但是，山东省海洋生物产业总体上还属于劳动密集型产业，机械化水平落后，结构简单、技术含量低的产品多，具有显著技术优势和国际竞争力及产业辐射效应的产品少；海洋生物资源利用水平偏低，且往往具有能耗和水耗高、高排放、高污染的问题，严重制约了海洋食品加工、生物制品和海洋生物化工产业的可持续性发展。

1　山东省海洋生物产业现状及问题剖析

我国的水产品总量已超过 6 900 万 t，人均水产品占有量达 36 kg，是世界平均水平的 1.6 倍。据 FAO 预测，到 2030 年，我国的水产品需求将达到 7 000 万 t。山东省是我国的渔业大省，2016 年，全省海洋生产总值达到 1.33 万亿元，比 2012 年增长 47.1%，占全省 GDP 的 19.8%；渔业经济总产值 3 902 亿元，比 2012 年增长 23.7%；水产品总产量 950 万 t，渔民人均纯收入 1.88 万元，渔业总产量、渔业经济总产值等主要指标连续 20 年位居全国首位。水产品加工产品日益多样化（远远超过畜禽类），形成鱼、虾、贝、蟹、藻类等冷冻、冷藏、腌制、烟熏、干制、罐藏、调味休闲食品、鱼糜制品、鱼粉、鱼油、海藻食品、海藻化工、海洋保健食品、海洋药物、废弃资源的再生利用等系列产品。与之形成明显反差的是，山东省海洋捕捞产量持续下降，近海渔业资源衰退严重，高值鱼类尤为明显。

水产品需求的增长一方面需要养殖和捕捞产量的增加；另一方面需要水产

品资源利用率的不断提高。由于现有的水产品加工技术所限，水产品资源利用率严重偏低，成为制约我国水产加工业健康发展的重要"瓶颈"。我国每年水产品加工副产物已达到近千万吨，这些下脚料中含有大量蛋白质、糖类、脂质和小分子活性物质。目前，大多数企业只是将这些鱼类下脚料加工成饲料鱼粉，或者作为废物处理，使这些下脚料没有得到充分回收利用，产品附加值没有提高，不仅造成资源浪费，还导致了海洋和陆地环境的严重污染。

鱼类加工副产品：如鱼头、鱼皮、鱼骨、鱼鳞、鱼鳍、鱼白、鱼鳔和内脏等。鱼类加工过程中的副产物约占原料鱼的40%，保守估计全国总量达到200万 t 以上。目前，我国主要用来生产饲料鱼粉或作为鲜活饲料进行处理，也有部分副产物如鱼鳞等以及鱼加工废水直接废弃或经简单无害化处理后废弃。鱼类加工副产物中的鱼白（精巢），除极少数被用来制备鱼精蛋白等高附加值海洋药物外，大部分被直接加工成饲料或者废弃。

对虾加工副产物：如虾头、虾壳。虾头占虾体重量的30%～40%，我国每年剔除的虾头为 1.5 万～2.0 万 t，可加工制成虾青素、调味品、蛋白肽等产品。山东对虾捕获量一般占全国总捕捞量的一半以上，估计能产生虾头 0.8 万～1.0 万 t。

鱿鱼加工副产物：如鱿鱼皮、内脏、软骨、墨汁、鱿鱼眼、精巢等。鱿鱼在加工处理过程中有20%～25%的副产物，全国总量至少5 万 t。副产物主要用来加工鱼粉，还有部分甚至被当做废物随意丢弃或掩埋。

贝类加工副产物：如贝壳、中肠腺软体部和裙边肉等。贝类副产物占加工总重量的25%，全国总量至少150 万 t。其中，鲍鱼内脏产量大约在 3 000 t。贝壳加工副产物只有部分被用做畜禽饲料添加剂，很多作为垃圾处理掉了。中肠腺软体部和裙边肉则主要用来加工成饲料，例如海参的饲料。

藻类加工副产物：海藻加工副产物中主要含有海藻渣和废弃液。在以海带为原料进行褐藻胶生产的过程中，工业利用率不超过30%，大部分成分成为加工副产物，除一部分用于饲料添加剂或肥料外，其余废弃。全国每年因此而产生的海藻渣（漂浮渣）可达15 万 t 左右，山东省至少占到一半，约 8 万 t。海带加工废弃液中也富含有机质和营养盐，随意排放后成为水体富营养化和赤潮诱发的潜在因素，可以从中提取海藻糖、碘等有用成分。在琼脂和卡拉胶的加工过程中，还形成了产量惊人的含藻液珍珠岩，目前基本依靠掩埋的办法进行处理。

海参加工副产物：如海参煮汁、海参肠、海参卵。海参每年的全国产量超过 20 万 t，山东占据其中的半壁江山。每吨活海参约可加工出干净海参肠 16 kg，依此推算，仅山东地区的海参肠产量即可以达到 1 200 t。目前，小部分通过暂养海参，使其吐净泥沙，得到的海参肠主要用于干制、直接出售、部分加工成海参肠胶囊或口服液。对于绝大部分未来得及处理的带沙海参肠，主要采取废弃的方式掩埋。海参加工液也具有潜在的经济价值，如利用海参加工液酿造新型酱油；另外可以用于对其中的有效成分进行提取和利用，如皂苷、海参多糖和蛋白。

此外，随着海洋生物资源结构的改变，低值海洋生物资源的比重日益增大，成为海洋生物资源开发的重要组成结构。在 2013 年山东省的海洋鱼类捕捞量中，鳀鱼产量 51.6 万 t，占鱼类产量的 32.3%。此外，鱿鱼、浒苔、海星等低值海洋资源的高值化开发与精深加工利用，可望在海洋经济建设中占据重要的一席之地。

新兴海洋战略资源的开发也是海洋生物产业的重要发展方向。南极磷虾是目前世界上资源量较大的甲壳浮游动物，环形分布在南大洋表层水域。据估计南极磷虾的生物量为 6.5 亿~10.0 亿 t，在不影响南极生态系统条件下的最大捕捞量为 400 万~600 万 t，我国在 2010 年 12 月首次派捕捞船赴南极参与南极磷虾探捕，产量为 1 956 t。南极磷虾蛋白质含量丰富，水解产物包含有 18 种氨基酸，其中谷氨酸含量最高，赖氨酸次之；虽然脂肪含量较少但是种类多且多为不饱和脂肪酸，如 EDA、EPA 等功能因子；钙、磷、铁、锌、硒等矿物质元素可充分满足人体需求。南极磷虾大多用于水产和家畜养殖饲料，随着捕捞量的增加和加工技术的改进，南极磷虾渐渐成为人们的日常食品和调味品，如南极磷虾罐头、南极磷虾酱等。其活性物质在医药化妆品等领域的开发应用价值也渐渐被发现，例如富含 EPA 和 DHA 的南极磷虾油、拥有抗皱防晒功能的虾青素、可治疗胃溃疡的消化酶类等。山东省也建立了从事南极磷虾精油等制品的公司，并与国内高校合作在应用领域进行深入研究。

2　现代海洋生物高效利用产业发展前景分析

随着我国海洋生物资源结构的变化以及养殖业和水产品加工业迅速发展，

传统海洋加工模式和产品形式已经难以与时代同步，低值海洋生物资源及加工副产物的高值化开发利用显得越来越重要，吸引了化学、化工、食品、生物、医药、环境保护等众多领域学者的关注。水产品本身水分含量较高，同时水产品体内组织酶很活跃，故下脚料难于储藏，并且通常带有浓重腥味。因此，在传统产业技术体系下，低值水产品及其下脚料加工难度大，成本高，利润低。目前，海洋生物资源高值化开发逐渐得到产业重视，但还存在加工粗糙、技术含量低、卫生安全性不高和缺乏知名品牌与龙头企业等突出问题。下面对具有代表性的海洋生物原料的高值化利用加以分析。

2.1 鱼类副产物

鱼头、鱼骨、鱼皮、鱼鳞中含有丰富的胶原蛋白，是提取明胶的丰富资源；鱼头和鱼皮中含有丰富的油脂和蛋白质资源，可以用来提取鱼油；采用蛋白酶水解的方法提取鱼头蛋白营养液、或者发酵的方式制作鱼头酱油等调味品；鱼头鱼骨、鱼刺等经过粉碎、研磨、超微粉碎加工成鱼骨粉、鱼骨糊、复合氨基酸钙等功能性食品；鱼骨粉可以用作饲料添加剂，还可以加入到鱼香肠等鱼糜制品中。鱼皮作为一种重要的皮革原料，可以被用作制成皮鞋、手套、皮包、皮夹等物品；从鱼肠中提取蛋白酶，这种酶主要存在于鱼体内的消化酶中起加速化学反应的生物催化作用，可广泛用于制造清洁剂，清除色斑和污垢，还可应用在食品加工业和生物研究中；用鱼鳞加工鱼银，鱼银是从鳞中提取的一种价格昂贵的特殊工业用品，外观呈纯银白色，具有高度光泽，除用作药物原料和生化剂外，特别在珍珠装饰业和油漆制造业中具有广泛的用途；经过精深加工制成鱼卷、鱼丸、鱼香肠、鱼排、虾丸等产品，或开发精制成食用鲜鱼浆，进而以其为原料生产风味的方便食品。

2.2 虾头

回收虾头内容物，一部分可以经过风味改良作为海鲜调料基料、营养食品添加剂，还可以作为饲料添加剂；经过分离纯化可以制备活性肽保健品、生物酶制剂；利用酶解、过滤和降压分馏技术生产虾油、虾调味品和虾味素；利用化学处理和超临界提取制备虾青素和甲壳素；提取虾青素、植被虾蛋白粉、甲壳素虾黄酱、虾黄粉、虾香味素。

2.3　鱿鱼

鱿鱼内脏含有 20%～30% 的粗脂肪，不饱和脂肪酸含量丰富，约为 86%，ω-3 系列脂肪酸含量为 37%，因此鱿鱼内脏是生产鱼油的良好原料；鱿鱼软骨（喉骨）约占鱿鱼体重的 2%，其主要成分是由硫酸软骨素和蛋白质组成，因此，鱿鱼软骨是制取硫酸软骨素的重要原料；鱿鱼的眼睛约占鱿鱼体重的 2%，是生产透明质酸的优质来源；鱿鱼皮占鱿鱼体重 10% 左右，含有大量的胶原蛋白。

鱿鱼皮胶原蛋白多项性能优于其他来源的胶原蛋白，是胶原蛋白的重要来源；鱿鱼墨汁具有抗氧化抗菌和治疗溃疡等功能，是很好的药用原料。

2.4　贝类

裙边肉或中肠腺软体部富含氨基酸和牛磺酸，可以利用生物酶技术、喷雾技术和美拉德反应增香技术生产氨基酸、牛磺酸和调味品。贝壳通过物理和化学方法处理可制取活性钙、土壤改良剂和废水除磷材料；还可以加工成珍珠层粉和贝壳粉。珍珠粉广泛应用于医药、化妆品制造；用来作为饲料添加剂；还可做化工原料，如制电石、波尔多液、石膏塑像、水泥，与过磷酸钙、硫酸铵和堆肥制成颗粒肥料。另外贝壳还是重要的中药材，可以用来开发药品，治疗各种疾病。

鲍鱼深加工的脏器副产物中还含有丰富的蛋白质、维生素等营养成分及一些生物活性物质。鲍鱼内脏可以加工成鱼蛋白饲料粉、鱼油、鱼精蛋白与发酵成鱼露等；从鲍鱼内脏中提取纤维素酶、制备鲍鱼多糖等；鲍鱼内脏结缔组织中含有丰富的胶原蛋白，从鲍鱼内脏结缔组织中提取胶原蛋白并制备胶原蛋白多肽；从鲍鱼内脏中提取生理活性物质、纤维素酶、制备鲍鱼多糖等。

2.5　海藻渣

利用海藻渣生产有机肥料、海藻动物饲料、作为造纸原料和海藻膳食纤维；从海藻废弃液中回收海藻糖和海藻寡糖；海带渣中蛋白质含量很高，可以从中提取独立的海藻蛋白；还可以制作吸附剂，消除水面石油污染；制备油污吸附降解剂；制备燃料乙醇。

2.6　海参肠

将带沙海参肠经过反复水洗，酶解的方式得以回收利用，将其制备成肠卵胶囊、海参饮品、海参口服液、海参片制剂等产品；可以从用废弃的海参肠中提取海参肠中的活性物质，如海参多糖、皂苷等。

如何深度开发利用水产品加工副产物，对于水产品加工综合利用和保护环境有重要意义，而且也能进一步促进上游水产捕捞和养殖生产的发展。水产品加工副产物高值化综合开发利用，不仅可提高资源利用的附加值，降低企业的生产成本，提升我国水产品加工业的国际竞争力，而且还能带动相关行业的发展。充分利用水产品加工副产物资源，将加工副产物转化为高附加值产品，实现变废为宝零排放，是 21 世纪科技兴渔的重点和目前渔业生产发展中亟须解决的关键技术问题之一。

尽管近年来对海洋资源综合利用和高值化开发的研究越来越多并取得一定进展，从产业化角度来看，海洋资源利用率的提高仍然是一个亟待解决的问题。未来发展趋势主要集中在如何工业化大规模生产海洋资源高附加值产品、精深加工产品以及加工工艺的技术升级，而不只是停留在原始加工水平，特别是以水产蛋白、脂质、多糖等为主要成分的功能性生物制品的开发，对于提高水产加工业的整体技术水平和工业产值，将产生巨大的推动作用。因此，攻克海洋生物原料及加工副产物的绿色加工关键技术，并开发高值化的海洋生物制品，提高海洋资源利用率、利用价值和产品质量，降低污染排放，促进节能减排，已经成为海洋资源开发领域的迫切需求。

3 山东省现有的海洋生物高效利用产业体系剖析

在当前蓝色经济开发的大时代、大背景下，雄厚的海洋科技力量正在转化为蓝色经济的新亮点。活性物质提取、鲜活海带直接加工、海洋微藻能源、海洋药物开发等一批新兴产业发展急需的关键技术被相继攻克。青岛、烟台、威海、日照等蓝色经济区的代表性城市，已经越来越重视海洋科技在海洋资源开发中的地位和作用。

2012 年，国家确定了将青岛作为蓝色硅谷的核心区，并确定了蓝色硅谷核心区的发展定位：建设中国蓝色硅谷，滨海生态新城。山东半岛蓝色经济区致力于大力发展海洋经济，科学开发海洋资源，培育海洋优势产业。与此同时，一大批以海洋生物资源开发以及利用的现代化企业应运而生，如以海洋水产品的深加工、海藻资源利用、海洋活性物质的提取与利用等为主导产业的企业。

目前，市面上已经出现了许多以海洋生物资源为基础开发的海洋药物、海洋保健品以及海洋生化制品。如中国科学院海洋研究所研制的海洋新药"海昆肾喜胶囊"、"褐藻多糖硫酸酯（原料药）"获得两项国家食品药品监督管理局批准的新药中药二类证书。由中国海洋大学、中国科学院上海药物研究所和上海绿谷制药联合研发的治疗阿尔茨海默症新药"甘露寡糖二酸（GV-971）"顺利完成临床三期实验。自然资源部第一海洋研究所与澳柯玛集团合作项目"共轭亚油酸系列产品产业化"，完成了国内第一套大规模生产共轭亚油酸成套装置的设计、制造、安装、调试和生产，建立起国内第一个大型的共轭亚油酸系列产品的产业化基地，其生产技术、产品品种、质量均达到国际先进水平。

仅青岛市已有 9 个海洋类新药取得一类新药证书，其他类别的药物有近 20 个，一批功能食品、化妆品、生物制品及其中间产物正在研发或进入生产阶段。甲壳质（壳聚糖）系列衍生物加工利用产业初具规模，3 个壳聚糖医用敷料有望近期投入生产，另外 1 个海藻纤维医用敷料已进入中试阶段。青岛明月海藻集团已成为目前全球最大的海藻生物制品企业，主导产品海藻酸钠年产量达 1 万 t，位居世界同行业首位，以海藻酸盐为原料开发海藻酸纤维应用于医用敷料，已成为未来最理想的医用敷料。

表 1 简要罗列了目前已有的现代化产品的名称、原料、有效成分以及应用范围。

表 1　山东省已有的现代化海洋生物制品

名称	原料	有效成分	应用范围
海昆肾喜胶囊	褐藻及棘皮动物	褐藻多糖硫酸酯	化浊排毒，慢性肾病患者
褐藻多糖硫酸酯	褐藻及棘皮动物	L-褐藻糖-4-硫酸酯	1. 抑制肿瘤细胞生长，治疗癌症；2. 治疗心脑血管疾病；3. 治疗肾衰竭
藻酸双酯钠（简称PSS）	褐藻	褐藻酸钠衍生物	1. 降低血液黏度、抗凝血、降血脂、改善微循环；2. 用于缺血性心、脑血管病和高脂血症的防治
泼力沙滋	海藻	多糖类	抗艾滋病海洋药物
D-聚甘酯	海藻	D-聚甘酯	抗脑缺血海洋药物

名称	原料	有效成分	应用范围
共轭亚油酸系列产品	动物类	共轭亚油酸	保健产品
甲壳质（壳聚糖）系列衍生物	虾、蟹、昆虫等甲壳动物的外壳、真菌的细胞壁	甲壳质（壳聚糖）	医药、保健品、化妆品、服装工业
海藻纤维系列产品	褐藻类植物	海藻纤维	服装行业、医用敷料等
海藻酸纤维	海藻	海藻酸盐	医用敷料
海正 1 号胶囊	甲壳动物的外壳	氨基葡萄糖盐酸盐	保健品、医药
螺旋藻胶囊	海洋藻类原生动物	螺旋藻	保健品
海参酒	海参	海参活性成分	保健品
海参蛋白粉	海参	海参蛋白	保健品
海藻肥	褐藻、绿藻等藻类	海藻多糖	肥料行业
海藻饲料	褐藻渣、绿藻等藻类	海藻蛋白、海藻多糖	饲料、饲料添加剂
海藻粉	天然海藻、海洋微藻	海藻多糖、蛋白质、维生素和微量元素等。	医药行业、饲料行业、化妆品行业
人工角膜	海洋鱼类	胶原蛋白	医药行业
硫酸鱼精蛋白	鱼类成熟精巢	鱼精蛋白	用于因注射肝素过量所引起的出血；化妆品行业：美容
深海鱼油	深海鱼类	EPA、DHA	保健品：调节血脂等
鲎试剂	鲎	鲎血液中提取物	在制药和食品工业中，对毒素污染进行监测
河豚毒素	河豚	河豚毒素（TTX）	降血压，麻醉等

近 20 年来，随着山东省水产品加工产业结构的不断优化调整，海洋水产品精深加工的比例和经济效益逐年提高。鱼类、虾类、贝类、中上层鱼类和藻类加工的工业体系正在建立并逐渐完善。烤鳗、鱼糜和鱼糜制品、紫菜、鱿鱼丝、冷冻小包装产品、海藻类等方面食品大规模地被开发和推广，不仅品种繁多，而且质量也达到或接近世界水平。在综合利用方面也研制出了一大批新产

品，其中大部分已投入生产，获得较好的经济效益。据统计，利用各种技术改变海洋水产品原料的原始性状及风味的冷冻加工品、鱼糜制品、罐制品、藻类精深加工产品以及鱼油制品等精深加工品的比例接近 50%。但是，总体而言，山东省海洋食品加工仍处于初级加工阶段。在消费市场上，除了鲜活水产品外，冷冻加工在水产品加工中始终处于支柱地位，占水产加工品总量比重的 60% 以上，而精细化加工的方便食品及精深加工的功能食品等比例偏低，加工产业的增加值率远低于海水养殖及水产苗种等行业。

据联合国粮农组织预测，到 2030 年，世界人口将达到 85 亿，为了维持或增加目前的人均水产品消费水平，对养殖水产品的需求将达到 8 500 万 t。提高海洋食品利用率，实现水产品加工的零排放；开发渔用鱼粉替代品，减少鱼粉原料的消耗；利用水产品加工副产物开发应用农业生产的生物肥料、生物农药等新型海洋生物制品等，也是间接提升人均海洋水产品占有率的重要举措。

从海洋水产品中提取安全、生理活性显著的天然活性物质，是制造高品质保健食品的良好原料。海洋保健食品不仅在有着几千年药食同源、饮食养生文化的中国，即使在欧、日、美等国家也有着广阔的市场。在世界发达国家，以海洋水产品废弃物、低值水产品的加工，对海藻、鱼油、牡蛎和水解蛋白进行深加工，用现代科技手段将其中具有生理调节功能的物质提取制成功能食品已迈出了产业化步伐。根据 2012 年版《中国保健食品产业发展报告蓝皮书》，2010 年约有保健品生产企业 2 600 家，中国保健食品的产业规模超过 1 600 亿元，市场规模超过 4 000 亿元。但以海洋生物资源为原料生产保健食品的产业仍处于起步阶段，主要表现为：产品种类相对较少，产品数量仅占已批准保健食品总数的 10%；原料利用集中，缺乏对新原料的开发；申报功能集中。功能分布集中在增强免疫力、辅助降血脂、缓解体力疲劳和美容 4 项；剂型分布不均匀。主要以胶囊、片剂等非传统食品形态出现；产品以第一/二代产品为主，科技含量较低，难以进入国际市场。

总体来看，山东省在发展海洋生物产业方面存在以下问题。

（1）产品技术含量和创新性总体偏低，产品种类单一，缺乏高精尖产品。企业普遍竞争力不强、以中小规模民营企业为主、科技投入偏少、缺乏具有自主知识产权的核心技术、产品雷同且大部分为初级原料及产品等问题；已有产品的海洋特色不鲜明。有相当比例的海洋精细生物产品是借助海洋概念打造而成，缺乏海洋实质内涵。海洋产品种类单一与技术落后的现象，与海洋科技大省的地位和科研水平严重不符。

（2）产业链脱节，产业带动效应未得到有效发挥。作为高科技产业，形成的产品往往是中间产品，需要通过下游产业对其进行进一步消化和转化，形成应用性更强的终端产品。限于受众对海洋生物高科技产品认知度和认可度的不足，成熟、有序、顺畅的产业链条还未有效形成，该产业对下游产业的贡献力还存在不足，上游产业和下游产业间缺乏应有的呼应，海洋新兴生物产业的优势未能得到充分体现。产业链条拉长加粗和多向分支化发展，是海洋新兴生物产业健康发展的必经之路。

（3）科研转化水平还有待提高。在山东省海洋科研力量布局上，同海洋基础研究相比，海洋科研成果产业化相对滞后。大批由山东省科研机构研发出的产品，远嫁到外地实现转化，可谓"墙里开花墙外香"，对当地经济发展而言应该是一种缺憾。

4 建议与对策

为从根本上改变现有海洋生物产业格局，推动海洋生物产业新旧动能转换和实现蓝色跨越，山东省应加快海洋生物绿色制造业的发展，具体建议如下。

4.1 开发海洋生物资源高值化技术，打造海洋生物高端产业集群

围绕海洋生物资源的高效利用与高值化开发，鼓励技术引进消化、自主研发和产、学、研联合，提高海洋科技原始创新能力，加强利用低值海洋生物资源开发新食品、功能食品、生物制品、生物新材料等的研究与转化；优选战略性海洋生物产业，打造海洋高端生物产业的集聚基地，推动相关配套产业和关联产业的发展，将海洋生物高端产业链延伸到市场终端，形成延续性强、关联度高、多分支的海洋高技术产业链；实施龙头带动效应，积极打造产业集群龙头企业，建设海洋低聚糖、蛋白肽、虾青素、海洋特医食品等一批带动性强的海洋功能制品产业项目。

4.2 提高低值副产物的综合利用水平，充分保证有限海洋资源的利用率

针对海洋生物资源利用率严重偏低的产业现状，鼓励水产加工和海洋生物化工企业利用自身平台建设，加强对海洋低值资源和加工副产物（废弃物）的综合利用，提高海洋资源的综合产值，建立绿色产业技术体系；加强对鱼头、鱼骨、鱼皮、水产动物内脏、贝壳、海藻渣等水产品副产物高效利用后形成的新型生物制品、药品、生物材料等产品的市场培育，拓展海洋新产品开发的市场前景；提高水产加工制品在市民菜篮子中的比例，减少对鲜活水产品的依赖度，以保证水产品副产物的集中高效回收和处理。

4.3 培育生物加工技术等颠覆性行业技术，推动海洋生物产业革命

鼓励和支持蕴含微生物技术、糖工程、酶工程技术和分子生物学手段等高科技概念的产业发展，加快现代生物工程技术在海洋生物产业中的应用，以高端技术、高端产品、高端产业为引领，培育和发展生物加工技术等颠覆性行业技术；加大对海洋功能基因、重要菌种和新酶种等海洋生物资源开发工具的建设，打造现代海洋生物工具资源库；加大对应用科学研究的扶持力度，提早形成相应科技储备，把握海洋生物新资源动态，提高对海洋生物新资源的挖掘、利用和开发能力；大力发展海洋生物加工等高科技生物产业，推动海洋生物产业技术革命。

4.4 强化海洋食品精准营养研究，推进海洋产业与医养健康产业的深层融合

海洋生物资源具有功能基团丰富、结构新颖、活性显著的特色，从海洋环境中获取功能肽、功能糖、鱼油、药物先导化合物等已受到国际的广泛关注；同时针对当前人口老龄化、医患营养供给不足、特殊行业人群膳食需求等现实问题，亟须强化食品精准营养和特需食品开发领域的科研和产业化。因此，加快推进海洋食品的精细化开发和精准营养研究，以强化国民膳食需求和体质水平，同时推动现代医养健康产业发展。

4.5 构建全产业链清洁化生产技术体系，加快海洋生物传统工艺升级

针对海洋生物产业高能耗、高水耗、高排放、高污染问题，鼓励企业引

进、消化、吸收节能环保、低碳经济等领域的先进技术和设备，争取优惠政策对企业技术改造给予适当扶持，推动企业的自主研发和技术改造步伐，推动实施"水产加工零排放"计划，通过现代生物技术手段升级褐藻胶、鱼粉等传统产业结构，实现降低耗能、耗水量，减少原料损耗率，并减少环境污染和废弃物排放。

作者简介：

牟海津，男，教授，博导，中国海洋大学食品科学与工程学院副院长。教育部新世纪优秀人才，青岛市政协委员、致公党山东省科技教育工作委员会副主任、中国农业机械学会农副产品加工机械分会副主任委员、中国民间中医医药研究开发协会海洋医学分会副会长。

海洋生态经济系统适应性管理制度建设初步研究

陈东景

（青岛大学经济学院，山东 青岛 266061）

摘要： 海洋生态经济系统适应性管理是针对海洋生态经济系统中的不确定因素展开的识别、监测、评估、应对、调整等一系列行动的反复循环过程，通过不断调整管理模式以及配置方案来提高海洋生态经济系统的适应能力，促进海洋资源的开发利用不断适应社会、经济、生态环境等各方面协调、可持续发展需要，实现海洋生态经济系统健康及资源管理的可持续性。海洋生态经济系统适应性管理是我国海洋管理不断创新的产物。为了实现海洋生态经济系统适应性管理，要加强多目标融合的海洋生态化转型、多规合一与动态调整、多主体协同参与、责任分担、海洋适应性管理的法制化建设等方面的制度建设。

1 海洋生态经济系统适应性管理内涵与特征

1.1 定义

海洋生态经济系统是一个开放的复杂巨系统。它在自然状态、经济行为、社会行为和管理行为等方面具有很大的不确定性，因此对海洋生态经济系统的管理也应该是适应性管理。海洋生态经济系统适应性管理可以定义为：针对海洋生态经济系统中的不确定因素展开的识别、监测、评估、应对、调整等一系列行动的反复循环过程，通过不断调整管理模式以及配置方案来提高海洋生态经济系统的适应能力，促进海洋资源的开发利用不断适应社会、经济、生态环境等各方面协调、可持续发展需要，实现海洋生态经济系统健康及资源管理的可持续性。

海洋生态经济系统适应性管理是我国海洋管理不断创新的产物。在中华人民共和国成立初期，我国海洋开发与利用水平低下，高度计划经济体制下以政府的绝对权威实施对海洋开发活动的管理。方法机械、高度集中、运动式的管理模式在短期内的确提高了海洋开发利用的经济效益，但是却对海洋生态环境产生了严重的破坏。随着人们对海洋的认识不断深化，在海洋管理体制由分散到统一、再到综合管理的转变过程中，海洋生态经济系统的概念逐渐被政策制定者和管理者所接受，海洋适应性管理的理念也日益形成。

1.2 适应性管理的特征

（1）强调对过程的全生命周期管理。适应性管理是在广泛的研究与沟通中形成的，它以全社会参与，政府与其他利益相关者合理分享管理权利与责任为先决条件。实现适应性管理还需要体制建设、信任构建与社会资本的发展与完善[1]。为了综合考虑管理中不同种类的不确定性，适应性管理并不是简单地表现为反复试验[2]，而是认为从政策制定到实施的全过程是一个由问题识别、政策形成、政策实施、系统监测以及评价与反馈等一系列行动组成的迭代循环过程，并提倡对政策进行全生命周期管理。

（2）强调从知识管理到知识创新的转变。对生态经济系统的适应性管理是一个信息密集型的跨学科、跨领域的尝试。它需要对动态开放系统的复杂性进行综合了解，在多重尺度上监测系统各方面状态、制定决策并对系统反馈做出反应[3]。因为生态经济系统的内在复杂性以及各种不确定性，任何组织或机构难以完全拥有管理所需要的各种知识与信息。也就是说，适应性管理的明显特征之一，就是通过充分的交流、沟通等方式将管理者、科学研究者以及其他利益相关者紧密联系在一起，使知识从个体私有向群体共享转变，实现知识共享与知识创新，从而实现利益共享并形成持续的良好的互动关系。

（3）强调群体决策过程。综合视角下的生态经济系统管理对象不再局限于自然生态系统，而是扩展到包含自然生态系统、经济系统和社会系统的复合系统。对自然生态系统科学认知的不足，单纯的环境管理可以采用控制等刚性的管理方法；但是，人的主动性与系统的不确定性决定了对复合系统特别是非结构化问题的管理上需要应用柔性的管理方法。适应性管理把利益相关者引入到决策制定过程中，能够更有利于资源争端与环境冲突的合理解决。在政策形成阶段，适应性管理综合考虑不同利益相关者的视角、利益与价值观，在多框架下通过沟通、协商与谈判达到对问题的普遍认识与共同的阶段性目标，保证管理决策的公平性与公正性。只有这样，决策才能获得广泛的支持并得以顺利执行，同时也有利于后续的管理目标、计划、方案等的合理调整。因此，决策制定与执行的过程也是信任构建的过程。正如 Pahl-Wostl 所说：管理不是为了寻求问题最优解决方案，而是持续的学习与沟通过程，其中最优先的是交流、共享观点和提出适应性群体策略[4]。因此，将公众等利益相关者群体引入到管理之中，一方面有利于公众等利益相关者从被动接受向主动商议转变，提高政策的公正性与支持度；另一方面，决策执行过程能够广泛地吸纳社会资本，而不是单一的依赖政府投资，最终有助于管理目标的顺利实现。

（4）将社会学习作为出发点。适应性管理是一个以不断提高对系统的认识水平和调整与改善管理策略为基本特征的迭代学习过程[5]。社会学习是适应性管理中最核心的特征[6]。社会学习理论强调社会的主动参与，强调在价值与自我同一性形成中人与环境的动态交互。在适应性管理中，社会学习不单单注重构建学习型政府，而是在包括政府、科研机构、企业以及社会个体层次等更为广泛的空间开展学习。以现行或未来的新技术为依据，通过反复实践、监测、评价及调整，在实践中学习寻求适应各利益相关者群体的最佳管理策略，从传统以保护为特征的专家知识灌输向基于团体的开放学习转变，以保证适应性管理的顺利开展。

2 海洋生态经济系统适应性管理制度

2.1 多目标融合的海洋生态化转型制度

在目前的海洋开发与利用中出现严重的生态环境问题的一个深层次原因是我们的实际生产行为体现了人类中心主义的价值观，而将海洋生态资本的可持续性放在次要位置，甚至选择性忽视。但是，海洋可持续发展的多目标本质，要求我们在制度安排过程中必须将海洋生态资本的可持续利用融入到社会发展价值观念中来。这种制度安排摒弃了将经济利益凌驾于生态利益之上的行为，体现了生态中心主义价值观，将可持续发展的多目标要求转型到海洋生态化发展趋势。这种制度安排以一种融合的内涵将人与海相融合，生态利益与经济利益相融合，当代需求与后代需求相融合，政府与市场相融合。也就是说，这种制度安排不仅仅是简单地将海洋生态环境保护体现在具体的制度条文之中，而是真正地在多目标优化的海洋生态化转型中付诸实践行动，强调人与海的和谐、各种利益的融合，确保人类活动与海洋生态经济系统可持续发展的协调一致。

这种强调融合多目标的生态化转型体现了将人类的经济系统视为生态系统的一部分，而不是强行把生态系统纳入人类的经济系统；同时，这种生态化转型也强调通过技术进步和制度创新，能够科学利用海洋生态系统的自然资源有力地促进经济社会发展。这实质上是一种生态经济的发展理念。遵循这种理念的制度安排消除了人与自然、环境保护与经济发展之间对立"零和游戏"结局，形成了激励相容的结构关系与融合协调的利益互动机制，发展经济有利于生态环境，保护环境也能够带来经济的绿色内涵式发展。

近年来，我国围绕生态文明建设从中央政府层面到地方政府层面均对融合多目标的海洋生态化转型制度设计做了大量工作。从《国家海洋局海洋生态文明建设实施方案》（2015—2020年）、《中华人民共和国海洋环境保护法》（2016年修改）、《国家海洋局关于全面建立实施海洋生态红线制度的意见》、《全国海洋主体功能区规划》到正在开展的"蓝色海湾整治行动"，从2018年1月1日起正式施行的《海洋工程环境保护税申报征收办法》以及刚刚开始试点的"湾长制"到酝酿推行的海洋自然资源资产负债表编制制度等都很好地体现了人与海的和谐、各种利益的融合。并且从实际发展趋势来看，保护海洋生态环境从口号更多地转向实际行动。这些制度安排都是旨在将海洋自然资源和环境的保护责任与经济发展责任、社会建设责任一致起来，强化海洋生态环境治理投入与担责制度。

现阶段为了顺利推进多目标融合的海洋生态化转型，沿海地区亟待关注以下3项制度安排。

（1）创新伏季休渔制度。1995年，我国沿海地区开始全面实施伏季休渔制度。这对保护近海渔业资源，实现海洋渔业生态经济系统的可持续发展具有重要意义。但是执行将近25年的伏季休渔制度对海洋渔业的保护力度越来越弱[7]。随着我们对海洋生态经济系统发展规律的了解日益增多，在适应性管理的理念下非常有必要对该制度进行创新。调整后的伏季休渔制度应该以休渔与限量捕捞符合海洋鱼类生物学生长和分布规律为基本原则，制定灵活的全年分时段、分海域休渔期，让尽可能多的鱼种能够保持正常的再生和更新能力。这种灵活的伏季休渔制度在实现人海和谐的过程中实现了三赢：结构稳定的多样性的渔业资源、可持续的近海捕捞、渔民与管理者的默契配合与相互信任。

（2）建立以生态化转型为核心的湾长制绩效考核制度。湾长制以推进海湾环境污染防治，改善海洋环境为目的，是我国沿海地区提出的海洋生态环境治理新模式。湾长制实质上是以生态经济的理念开展海湾海域治理，实现"人-湾"和谐。为了使湾长制在完善海洋空间管控和景观整治，优化海洋产业布局，实现在生产生活生态化的进程中发挥重要作用，应该尽快建立以生态化转型为核心的湾长制考核制度。这个考核制度应摒弃就保护生态环境而保护生态环境的传统观念，从陆海统筹、河湾共治、生态环境保护与绿色经济发展共进，多方利益相关者积极参与的角度设计评价指标体系。

（3）尽快建立与完善海洋自然资源资产负债表编制与使用制度。应在及时总结前期试点经验的基础上，尽快完善岸线、海域、水质、生物多样性等统计核算体系，对各类海洋自然资源资产的存量、流量从数量、质量和价值量等方面进行全方位的核算，科学评估海洋自然资源资产总值和生态产品服务流的价值。在此基础上，要及时将核算结果纳入沿海地区乃至全国国民经济核算体系，生态文明建设绩效考核体系等，使海洋自然资源有量、有价的观念深刻融入社会经济发展的各方面、各领域，规范人们的向海经济活动，促进向海经济活动的生态效益、经济效益和社会效益多目标的有机融合。

2.2　多规合一与动态调整制度

海洋生态经济系统适应性管理的有效实施离不开科学的规划，特别是对适应性管理的目标、资源投入和支持制度等进行长期规划。目前我国涉及海洋方面的规划包括海洋主体功能区规划、海洋经济发展规划、海洋科技发展规划、海洋环境保护规划以及较多的专项发展规划，这些规划中或多或少地体现了海洋适应性管理的思想和措施，但是不可否认的是，这些规划也存在着规划空间与内容的重叠甚至冲突的问题，这对于解决海域的无序开发、过度开发，海洋生态空间占用过多、生态破坏、环境污染等问题极为不利。为了解决这些问题，应该尽可能地以多规合一思想指导海洋利用与保护的规划编制。综合的规划编制过程，实质上是政府、企业、公众、社会组织等实现海洋协同治理的重要体现和必然要求。这不仅加大了规划编制过程中企业、公众、社会组织以及专业人员的参与和介入力度，而且加强了规划内容和制度的客观性以及实施政策的针对性和有效性。一个从复杂系统论和协同论的角度将多目标有机综合考虑的海洋适应性管理规划，在体现自然规律和社会经济发展规律的基础上，很好地将政府、企业、公众、社会等各主体的利益诉求有机融合，科学设置涉海行为的边界条件，找出实现海洋生态经济系统适应性管理目标的有效路径和具体措施。

为了更有效地实施海洋生态经济系统适应性管理，涉海多规合一主要包括以下内容：建立规划目标、参照标准、适用技术、空间范围、规划周期、主体部门等各个方面实现有机融合机制，防止出现越位、缺位、错位、失位等问题；整合建设统一的数据、技术、审批与监管制度，避免数据的不一致、消除技术壁垒、统一审批程序、统一监管监督；创新规划纵向分层与横向并行的协调配合机制，构建新型的海洋发展规划网状体系。新型的涉海规划很好地体现了陆海统筹思想——既反映了陆域与海域之间的不可分割性，也反映了岸线开发边界和海域开发边界的明确性。新型的涉海规划也很好地支持了海洋生态经济发展新模式——调控海洋生态红线，优化区域空间布局；提升海洋经济绿线，引导海洋经济高质量持续发展；建设海洋环境蓝线，保障海洋环境安全。

当然，海洋生态经济系统不断发展变化，人们的认识水平不断提高以及科学技术的进步要求我们要对海洋适应性管理进行动态调整。动态调整的内容包括规划的阶段性目标的调整、实现路径的调整、具体措施的调整、生产和生活方式的调整、传统科学技术的改进与新兴科学技术的扶持等。这些方面的动态调整也反映了适应性管理过程是主动进行迭代管理和持续改进的过程。

2018年年初国务院机构改革中将原国家海洋局的部分职责整合到新组建的自然资源部，赋予了新时代海洋管理工作新的发展平台和更重要的职责。自然资源部将几个部委的规划职能整合到一起，为真正实现"多规合一"奠定了坚实的基础，这将增强海洋发展规划的制定科学性，实施高效性和动态调整及时性，极大地提高海洋生态经济系统适应性管理水平。

2.3　多主体协同参与制度

目前，我国海洋管理主体构成单一，长期以来都是以政府为主导，这与适应性管理需要各利益相关者共同参与的要求还有很大差距。虽然现在海洋管理，特别是海洋环境治理与保护领域已经出现合作，但是这主要是政府之间的合作，并且这种合作大多数主要是为了解决某个临时性的突发问题而联系在一起的"互助"的合作形态，是临时性的、松散的、没有固定的协作机制[8]。

海洋适应性管理是一个多主体，特别是利益相关者协同参与的治理过程。在经济发展新常态以及建设海洋生态文明的大背景下，海洋管理中在巩固政府的核心地位，发挥好政府的主导作用之外，还应该充分调动公众与社会的参与积极性，从单一的政府治理模式转向政府主导、公众与社会积极参与的协同治理模式，最终形成一种新型的政府间相互协同、公众有效参与、社会组织深度协助、大数据信息共享的海洋管理新格局。

这4项制度是实现多目标优化的海洋生态化协同治理的基础和必要途径。政府间互助协同有利于充分调动跨区域的经济资源、社会资源和自然资源，对海洋生态经济系统进行综合管理；公众有效参与能够让海洋适应性管理的公共政策得到公众广泛理解和行动支持，这是政府、企业和公众进行利益协商的必要途径；社会组织深度协助有助于广泛宣传海洋适应性管理的目标、政策和行动，帮助公众转变海洋开发利用的理念和方式，使公众理解、支持和配合政府的管理行动；大数据信息共享是各主体参与协同治理的重要保障。

政府相互协同治理机制可以按照目前电子政府的技术路径，以政府联盟为组织形式，以利益再分配作为补偿机制的思路来进行设计。海洋管理往往涉及多个地区，明确他们之间的权利和义务、职权职责、打破政治型界墙，协同合作、互助共赢。

虽然我国现在比较关注公众参与政策制定、咨询等，并且也存在比较成熟的形式多样化的公众参与制定安排，但是目前关于海洋环境保护等方面的有关公众参与的制度设计主要散见于《中华人民共和国环境保护法》、《中华人民共和国海洋环境保护法》、《中华人民共和国海域使用管理法》和《中华人民共和国海岛保护法》等法律文件之中。这些法律对公众参与海洋管理做出了原则性和概括性的规定。公众参与主要是消极被动的参与，往往表现为对已经发生的污染等破坏行为进行建议或投诉。为了调动公众参与的主动性和积极性，我们应加强公众参与海洋各项管理工作的制度制定和实施，使公众能够参与海洋开发与管理方面的相关规划、涉海工程评估、海洋环境工程保护税征收听证会和海域使用权拍卖等实质性工作，明确公众参与海洋管理的方式、阶段和效果，最终达到更便于公众反映意见和建议、更便于公众监督举报，以调动他们的参与积极性，提高参与能力和参与水平，增强参与效果。

我国有关海洋方面的非政府社会组织数量比较少、资金和专业人员也比较短缺，发挥的作用比较有限。为了加快 NGO 参与海洋适应性管理的全过程，我国应该加强 NGO 的组织与内部结构治理、沟通平台、协调机制、决策服务与激励规范等方面的制度建设，从各个方面支持 NGO 的发展，使 NGO 在各个环节、各种场合下发出越来越引起关注的声音，协助政府做好海洋保护等方面的监督与宣传工作。

海洋适应性管理全过程离不开全面、准确、及时的信息共享。我国已经在加强海洋生态经济系统的开发、利用与保护等方面的信息平台建设，加大海洋方面的信息共享力度。这不仅让政府部门和企业，更是使公众和社会组织从相关渠道越来越便捷的获得规划、海水质量、灾害预报、重要资源使用等方面的信息。这有助于增强协同参与治理手段的针对性和有效性，提高海洋资源利用效率，提升协同治理主体之间的协同度和融合度。不过，随着新情况、新问题的出现，我国海洋管理信息共享建设还任重道远。以后我们要借助现代信息技术和新媒体工具，构建大数据信息共享平台。这里需要注意两个方面的工作：①加快政府间以及部门间的信息整合与共享，以一站式的方式给公众和社会组织提供尽可能多的信息；②配合国家服务型政府建设，从陆海统筹的视角加快共享与海洋有关的信息，例如各类企业用海、入海污染物、海岸带环境监测、海洋环境保护投入、沿海经济发展以及海洋生态经济系统发展状况评估等数据的及时公开与更新，实现无障碍共享。

2.4 责任分担制度

长期以来，我国海洋生态保护与环境治理的主体单一，主要以各级政府为主导。这种不符合"谁使用、谁受益、谁保护"以及"谁污染、谁治理"原则的海洋管理模式不仅造成政府比较沉重的生态保护与环境治理费用支出负担，而且这种"企业污染、群众受害、政府买单"的不合理局面使海洋生态经济系统面临越来越严峻的不可持续发展的形势。目前我国新出台的《中华人民共和国环境保护税法》、《生态环境损害赔偿制度改革方案》以及《海洋工程环境保护税申报征收办法》已经于2018年1月1日开始实施。这些法律法规将有效破解"企业污染、群众受害、政府买单"的困局，有利于扭转长期以来主要由政府承担海洋生态环境保护工作的局面。这样一来，海洋适应性管理的投入和责任就由原来以政府为主的传统模式转变为政府、企业等共同投入和担责的新模式，这对于海洋生态经济系统实现可持续发展具有重要作用。

在具体实施以上法规的过程中，为了使这种投入和责任分担制度能够充分发挥作用，我们应该注意以下几个方面的制度设计。

（1）建立科学的生态环境损害赔偿具体数额的鉴定方法和海洋环境税征收标准。对生态环境损害修复难度的鉴定评估直接关乎生态环境损害赔偿的额度与力度，过低难以达到惩治违法企业的目的，过高又对涉事企业不公平，均不利于我国环境损害赔偿制度的发展。虽然《中华人民共和国环境保护税法》中给出了环境保护税税目税额的范围，但是各地要统筹考虑本地区环境承载能力、污染物排放现状和经济社会生态发展目标要求，确定环境保护税的征收标准，从而保证征收环境保护税顺利开展，达到开征环境保护税的目的，即保护和改善环境，减少污染物排放，推进海洋生态文明建设。

（2）强化生态环境损害赔偿制度与环境公益诉讼制度的相辅相成关系。在正式实施生态环境损害赔偿制度以前，公共环境损害大多对应的是公益诉讼制度，原告以公益组织为主；生态环境损害赔偿制度的原告是省级、市地级政府。二者虽然在形式上有一定交叉，但主体不同，且环境公益诉讼更有助于社会民众对企业污染的监督和维权，二者间是相辅相成，良性发展的关系。为了促进生态环境损害赔偿制度的顺利实施，在后续实践中可以考虑成立一个专门机构来代替政府从事生态环境损害赔偿追偿工作，由政府官员、环保专家、企业家、民众等参与其中，既增加了机构的专业性、灵活性，也更加有利于监管监督。

（3）建立涉税信息共享平台和工作配合机制。环境保护主管部门应当将排污单位的排污许可、污染物排放数据、环境违法和受行政处罚情况等环境保护相关信息，定期交送税务机关。税务机关应当将纳税人的纳税申报、税款入库、减免税额、欠缴税款以及风险疑点等环境保护税涉税信息，定期交送环境保护主管部门。虽然《中华人民共和国环境保护法》中规定了环境保护主管部门和税务机关各自的任务与职责，但是在实际操作时，还需要认真落实。这种信息共享和工作配合机制也为公众和社会监督提供给了便利。

海洋适应性管理过程的投入和责任分担制度的顺利推进。①一方面可以增加生态保护的资金来源，减轻政府财政投入的负担；另一方面可以增强海洋自然资源使用者、污染者或者破坏者的社会责任。②一方面体现政府的有效管理；另一方面又充分发挥市场在资源配置中的基础性作用。另外，这对于改变海洋自然资源使用者、污染者或者破坏者的经济行为，由事后补偿机制向事前预防机制转变也具有重要的促进作用。

2.5 海洋适应性管理的法制化建设

海洋适应性管理的法制化对于明确各涉海主体的权利与责任，规范各主体行为，加强对各主体的监督等具有重要作用。海洋适应性管理方面的法制化建设主要包括以下几个方面的内容。

（1）海洋适应性管理内容的法制化。依据我国的基本性海洋法律制度和单行海洋法律法规，结合海洋经济发展规划、海洋生态红线选划、海洋主体功能区划、海洋空间规划等，开展海洋环境、海洋文化、海洋科技、海洋产业等领域的具体法制建设，逐步建立海洋环境宏观调控机制，按照统一的监测方案与技术标准，组织开展对全国各海域环境的监测，为海洋生态资源环境实施分类管理提供充分的法律依据。

（2）海洋重要自然资源适应性管理的法制化。我国海洋自然资源种类众多，目前海洋渔业资源的枯竭是备受关注的问题。虽然我们采取了伏季休渔等管制办法，但是渔业资源的再生问题还与其他海洋经济活动（围填海、挖沙、排污）等关系密切。因此，我们在制定单项资源使用适应性管理制度的过程中，要充分考虑这些自然资源之间的内在依赖关系和相互影响关系，增强特定海洋自然资源适应性管理措施的有效性。

（3）海洋自然资源与相关陆域经济活动管理的法制化。无论是从生产环节或生产的价值链的角度讲，海洋自然资源的开发在整个经济活动中均处于非常重要的环节。陆域经济活动的上游供给与下游需求状况、科学技术水平等影响了海洋自然资源的适应性管理的进程和有效性。因此，在制定海洋自然资源适应性管理的制度时，陆域经济活动的影响也不容忽视。

（4）对重要海域适应性管理的制度化。我国沿海地区以《中华人民共和国海洋环境保护法》为依据，建立海洋保护区，采取有效措施保护红树林、珊瑚礁、滨海湿地、海岛、海湾、入海河口、重要渔业水域等具有典型性、代表性的海洋生态系统，珍稀、濒危海洋生物的天然集中分布区，具有重要经济价值的海洋生物生存区域及有重大科学文化价值的海洋自然历史遗迹和自然景观以及对具有重要经济、社会价值的已遭到破坏的海洋生态进行整治和修复。随着社会经济发展以及生态环境的变迁，生态保护区建设要正确处理好经济发展与环境保护的关系，正确处理好重点保护与有效利用的关系，并不断完善不同类型保护区的管理制度，形成我国典型海洋生态经济系统发展的适应性管理制度体系。

总的来说，通过海洋适应性管理工作的法制化建设，最终目的就是从制度建设上不断完善相关法律和法规，以强制手段调整海洋活动中各种关系，使其符合海洋适应性管理目标，保障法律手段、行政手段、经济手段和其他管理手段的有效实施，产生良好的管理效果。

3 结语

对海洋生态经济系统进行适应性管理是不断提高经略海洋能力，实现海洋生态经济系统可持续发展的重要途径。适应性管理的各利益相关主体始终围绕着海洋生态经济系统这个复杂大系统，不断地提高对海洋生态经济系统发展进程中不确定性的认识水平，并且这种认识水平的不断提高也在不断调整和深化各主体之间的相互关系。为了不断提高海洋生态经济系统的适应性管理水平，我们要持续地推进多目标融合的生态化转型、多规合一与动态调整、多主体协同参与、责任分担、海洋适应性管理的法制化建设等方面的制度建设，最终建立起包容性与适应性规划的目标管理、利益相关者的适应性协同管理、以行政区为边界的内部运作环境、公众全面参与的适应性管理平台、以陆海统筹为基础的可持续综合管理的适应性管理体系。

参考文献

［1］ Berkes F. Evolution of Comanagement：Role of Knowledge Generation，Bridging Organiza-tions and Social Learning. Journal of Environmental Management，2009，90：1692-1702.

［2］ National Research Council. Adaptive Management for Water Resources Project Planning. Washington D. C.：National Academies Press，2004.

［3］ 世界银行.中国：空气、土地和水——新千年的环境优先领域.北京：中国环境科学出版社,2001.

［4］ Pahl-Wostl C，Hare M. Processes of Social Learning in Integrated Resources Management. Journal of Community and Applied Social Psychology，2004，14：193-206.

［5］ Byron K Williams. Adaptive management of natural resources-framework and issues. Journal of Environmental Management，2011，92：1346-1353.

［6］ 李福林,杜贞栋,史同广,等.黄河三角洲水资源适应性管理技术.北京：中国水利水电出版社,2015:83.

［7］ 廉维亮.民主党派中央聚焦海洋强国建设：向海图强.人民政协报,2018-05-21.

［8］ 梁亮.海洋环境协同治理的路径构建.人民论坛,2017(6)：66-67.

作者简介：

陈东景,博士,教授,博导,青岛大学经济学院副院长。兼任中国海洋学会海洋经济分会理事。主要从事生态经济学与可持续发展评价方面的研究。

中国海域开发利用经济效率的地区差异分析[①]

钟海玥[1]，聂鑫[2]

（1. 浙江海洋大学 经济与管理学院，浙江 舟山 316022；

2. 广西大学 公共管理学院，广西 南宁 530004）

摘要：当前中国海域开发利用的经济效率存在明显地区差异，探究这一差异的来源和变化趋势有利于更合理地配置海域资源，促进海洋经济协调发展。研究基于 2007—2015 年中国环渤海、长三角和珠三角地区的年度海域使用面积和海洋生产总值分省数据，测算了反映总体差异水平的单位海域使用面积海洋生产总值"基尼系数"和"泰尔指数"，并通过泰尔指数分解找到了差异的来源和变化趋势。结果表明：三类地区内的省际差异是总差异的主要来源，但三类地区间差异对总差异的贡献正逐渐增强，亦不容小觑；地区内的省际差异中，以长三角地区内部省际差异对总差异的贡献最大，但呈明显下降趋势；环渤海地区内部省际差异对总差异的贡献虽低于长三角地区，但持续加大，有超越长三角地区的趋势；珠三角地区内部省际差异对总差异的贡献稳定保持在一个极小的份额。鉴于此，认为应从海域资源节约集约利用的角度出发，重点调控三类地区内部各省（直辖市、自治区）间、适当调控三类地区间的新增用海规模。

关键词：海域开发利用；经济效率；泰尔指数；基尼系数；中国

随着海洋经济对国民经济贡献的增加[1-3]和土地资源开发利用经济、生态顶

① 基金项目：国家自然科学基金（71763001，71403063）；舟山市科技计划项目（2016C41011）；浙江海洋大学科研启动基金。

点的临近，人类对海洋资源开发利用和海洋经济发展的关注程度持续上升，海洋经济正成为各国经济的新增长点[4]，对海洋经济的统计监测工作亦逐步推进，如美国的国家海洋经济项目（The National Ocean Economics Program，NOEP），爱尔兰的海洋社会经济研究单元工程（Social-Economic Marine Research Unit，SEMRU）等。海洋经济统计监测体系的完善和海洋经济统计数据的丰富使得各国对于海洋经济的认识和讨论也日益深入，从最初主要在国家层面讨论海洋相关部门对国民生产总值（GDP）的贡献[5-7]，到后来慢慢加入了海洋经济对就业和工资水平贡献的讨论[8-9]，与此同时，有关区域和地方层面海洋经济行为[10-15]和特定海洋产业[16]的讨论也开始变多。纵观现有海洋经济相关文献，不难发现，中国的海洋经济相关研究普遍滞后于西方国家，这主要是因为中国的标准化海洋经济统计体系建立较晚，相关统计数据较难获得。此外，与其他国家从国家层面的研究开始，再逐步深入到地区与产业层面不同，中国对于海洋经济的研究呈现从地方层面开始，逐步上升至国家层面的讨论的态势，且更倾向于对海洋经济效率[17-20]、海洋经济空间分异[21-23]或海洋经济效率空间差异[24]的研究。

空间发展不均衡一直是中国社会经济发展所面临的最大挑战之一，在海洋经济发展上也不例外，现有诸多文献都从不同角度对中国海洋经济发展的空间差异进行了论证，但这些研究中均未考虑海域要素对海洋经济的影响。海域是海洋经济活动的重要载体，是海洋经济增长的重要投入要素之一，海域开发利用与海洋经济发展息息相关，从各国过去20年海洋经济总量和海域使用面积的变化趋势来看，两者表现出了极强的趋同性，这点在海洋经济增长尚处于依靠要素投入阶段的中国尤为明显，然而，已有中国海洋经济效率的研究中却少将海域作为投入要素。中国是公有制国家，《中华人民共和国宪法》明确规定："矿藏、水流、森林、山岭、草原、荒地、滩涂等自然资源，都属于国家所有，即全民所有"，《中华人民共和国海域使用管理法》（以下简称"《海域法》"）也规定："单位和个人使用海域，必须依法取得海域使用权"，而海域使用权的获得必须经由具有审批权的政府批准，且不能超过该类型用海的法定海域使用权最高出让年限。因此，通过合理调节和适当控制各地区海域使用权证书的发放数量和许可规模可在一定程度上提升中国海域开发利用的边际经济效率，缩小地区差异。基于此，研究从海域资源开发利用经济效率空间差异的角度出发，将中国海域开发利用经济效率的地区差异分解为环渤海地区内部省际差异、长江三角洲地区（以下简称"长三角地区"）内部省际差异、珠江三角洲地区（以下简称"珠三角地区"）内部省际差异以及三类地区之间的差异，并分别测算了其对总体差异的贡献份额。若三类地区间差异是总体差异的主要来源，则说明应该适当优先批复海洋经济更发达一类地区的用海项目，因为此时只有在三类地区间调控海域开发利用规模才可能提高海域开发利用的边际收益；若三类地区内部省际差异是总体差异的主要来源，则说明更适合在三类地区内部进行海域开发利用规模的调控，这样不仅可以提高海域开发利用的边际收益，还可以缩小三类地区间的海域开发利用经济效率差距，促进全国海洋经济的协调发展。

1　研究方法与数据来源

1.1　研究方法

在近 10 年有关地区差异的研究中，基尼系数[22]、加权变异系数[23]和泰尔指数[25]等方法被广泛应用。充分借鉴已有研究成果，以单位海域使用面积海洋生产总值作为对海域开发利用经济效率的量度，参考胡祖光所提出的基尼系数简易算法[26]和谭荣在分解中国各地农地非农化对经济增长贡献差异对总差异的贡献时所提出的"泰尔指数"分解公式[27]，得到了中国海域开发利用经济效率的"基尼系数"计算式和"泰尔指数"分解式。根据胡祖光的算法，以海域开发利用经济效率最高的 20%海域海洋生产总值（GOP）占全国 GOP 的比例与海域开发利用经济效率最低的 20%海域 GOP 占全国 GOP 的比例之差作为中国海域开发利用经济效率的"基尼系数"①。将耕地非农化对经济贡献差异"泰尔指数"计算公式中的建设用地占用耕地数量换成海域使用面积，GDP 增量换成 GOP，得到海域开发利用经济效率差异的"泰尔指数"计算公式：

---

①　受现有海洋经济和海域使用数据地理维度的影响，在对已开发利用海域经济效率进行排序时，以省（直辖市、自治区）为基本单元，若遇前 M 位省（直辖市、自治区）的海域开发利用总面积不足中国全国海域开发利用总面积的 20%，而前 M+1 位省（直辖市、自治区）海域开发利用总面积又大于全国海域开发利用总面积的 20%时，以前 M 位省（直辖市、自治区）海域开发利用面积不足总面积20%的部分占第 M+1 位省（直辖市、自治区）海域开发利用总面积的比重为权重对第 M+1 位省（直辖市、自治区）的 GOP 进行分解。

$$T = \sum_{j=1}^{N} G_j \times \ln\left(\frac{G_j}{S_j}\right) + \sum_{j=1}^{N} G_j \times \left[\sum_{i=1}^{N_j} G_{ij} \times \ln\left(\frac{G_{ij}}{S_{ij}}\right)\right]$$

其中，T 为海域开发利用经济效率差异的"泰尔指数"；G_j 为 j 地区 GOP 占全国 GOP 的比例；S_j 为 j 地区海域开发利用面积占全国海域开发利用总面积的比例；N 为地区数；G_{ij} 为 j 地区 i 省（直辖市、自治区）GOP 占 j 地区 GOP 的比例；S_{ij} 为 j 地区 i 省（直辖市、自治区）海域开发利用面积占 j 地区海域开发利用总面积的比例；N_j 为 j 地区所拥有的省（直辖市、自治区）数。等式右边，第一项，即 $\sum_{j=1}^{N} G_j \times \ln\left(\frac{G_j}{S_j}\right)$ 为各地区间的差异值；第二项，即 $\sum_{j=1}^{N} G_j \times \left[\sum_{i=1}^{N_j} G_{ij} \times \ln\left(\frac{G_{ij}}{S_{ij}}\right)\right]$ 为地区内部省际差异值，其实际上为各地区内部省际差异值的加权和，因此，各地区的内部省际差异对于整体差异的贡献也可从中获取。

中国大陆地区共有 11 个沿海省级行政区划单位（不含香港、澳门特别行政区和台湾省），在海洋经济的相关统计工作和研究中，习惯将其划分为 3 类地区，即：环渤海地区、长三角地区和珠三角地区，本文在分析过程中延续了这一划分习惯。其中，环渤海地区包括辽宁省、河北省、天津市和山东省；长三角地区包括江苏省、上海市和浙江省；珠三角地区包括福建省、广东省、广西壮族自治区和海南省。

1.2 数据来源与处理

依法取得海域使用权证书是在中国开发利用海域资源的前提，基于此，研究以国家海洋局《海域使用管理公报》（以下简称《公报》）中所公布的确权海域面积为海域使用面积，即作为计算单位海域开发利用经济效率的分母。由于海洋捕捞业等并不需要确权海域，这样处理会在一定程度上造成对海域开发利用经济效率的高估，但捕捞政策对于中国各省（直辖市、自治区）海洋捕捞业基本一致，且跨省（直辖市、自治区）作业合法，加之本文的主要目的在于揭示中国沿海三类地区之间及其内部海域开发利用经济效率的差异，故而认为这种偏差对文章结论的影响较小，是可以接受的。《公报》自《中华人民共和国海域使用管理法》（以下简称《海域法》）① 通过的次年，即 2002 年起定期发布，但在对历年的确权海域面积进行梳理时，发现各省（直辖市、自治区）的海域使用确权面积数据在 2002—2006 年间变化十分异常，如天津市的海域确权面积在 2002—2003 年间忽然由 774 hm² 增至 17 253 hm²；浙江省的海域确权面积在 2003—2004 年间由 43 355 hm² 增至 71 487 hm²，但 2005 年又降至 61 561 hm²；上海市的海域确权面积在 2006—2007 年间由 883.07 hm² 增至 14 441.45 hm²。经分析，认为这主要是因为在《海域法》出台前，海域使用权的登记发证工作并不规范，有大量已经使用的海域并未依法获取海域使用权证书，已获取海域使用权的部分海域也存在宗海界址图、坐标与实地不一致的情况，对这部分海域历史遗留问题的处理需要一段时间，因此，认为 2006 年以前的海域确权面积并不能很好地反映海域使用情况。

2006 年，中国 GOP 核算体系通过国家统计局审批，并在 2007 年发布的《中国海洋统计年鉴 2007》中对 2001—2006 年间的中国 GOP 和各涉海产业年度增加值进行了测算[28]，此后 GOP 被作为《中国海洋统计年鉴》中的一个常规统计指标定期测算并发布。综合考虑海域确权面积和 GOP 数据的可靠性可获得性，将研究时间序列的设定为 2007—2015 年。此外，受 2008 年经济危机的影响，在当前已有各国海洋经济变化趋势的研究中，也基本从 2007 年开始，因此，将研究的时间序列设定为 2007—2015 年也便于将研究成果同其他国家的同类成果进行比较。《中国海洋统计年鉴》中的 GOP 数据均采用当年价格进行测算，不能直接进行比较，为消除价格因素的影响，采用居民消费价格指数（CPI）将 2007—2015 年间的 GOP 统一折算至 2007 年的价格水平，CPI 取《中国统计年鉴 2016》中公布历年数据。

2　中国海域开发利用经济效率空间差异的时间趋势

因区域经济发展不平衡所引致的海域资源开发利用经济效率空间差异是不可避免的，且从某种程度上来看，适当的差异更有利于整体开发利用经济效率的提升。将单位海域使用面积海洋生产总值按 50 万元/hm² 一个点标注在沿海

---

① 《中华人民共和国海域使用管理法》于 2001 年 10 月 27 日经由中华人民共和国第九届全国人民代表大会常务委员会第二十四次会议通过，自 2002 年 1 月 1 日起施行。

11个省（直辖市、自治区）的行政区划图上，得到中国各沿海省（直辖市、自治区）的海域开发利用经济效率点密度图（图1）。由图1可知，我国的海

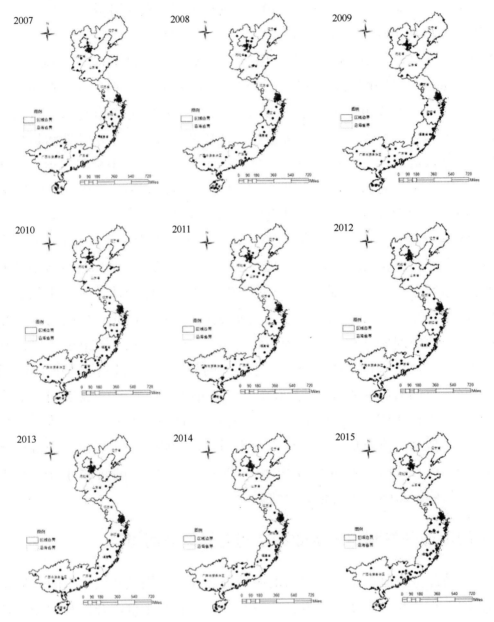

图 1　2007—2015 年中国海域开发利用经济效率点密度

注：图中的一个点表示 50 万元/hm²，比如若某省、市、自治区的单位面积海域的海洋生产总值为 100 万元/hm²，则在图上该省、市、自治区内有两个点。

域开发利用经济效率确实存在较大的空间差异,从省域尺度上来看,点密度最高,即海域开发利用经济效率最高的 3 个省(直辖市)分别为上海市、天津市和广东省,而这 3 省(直辖市)也是 11 个沿海省、市、自治区中社会经济发展水平相对较高的 3 个省级行政区划单位;从区域尺度上来看,珠三角地区的海域开发利用经济效率相对更均衡一些,而环渤海地区和长三角地区则存在明显的海域开发利用经济效率标杆,分别为天津市和上海市。

海域开发利用经济效率点密度图能直观展示海域开发利用经济效率的空间差异,但无法帮助我们判断其具体的差异水平。为进一步探究中国海域开发利用经济效率的空间差异程度和变化趋势,依据前文所述的海域开发利用经济效率"基尼系数"和"泰尔指数"计算方法,计算得到 2007—2015 年间的中国海域开发利用经济效率的"基尼系数"和"泰尔指数"(表 1)。

表 1 2007—2015 年中国海域开发利用经济效率差异的变化趋势

年份	单位海域使用面积 GOP/(万元·hm²)	基尼系数	泰尔指数
2007	193.21	0.507 9	0.588 5
2008	183.86	0.519 9	0.615 1
2009	180.56	0.520 4	0.552 1
2010	192.53	0.544 0	0.610 8
2011	191.27	0.535 4	0.592 9
2012	180.45	0.565 0	0.647 3
2013	166.27	0.590 7	0.693 1
2014	162.10	0.601 0	0.698 3
2015	157.23	0.627 0	0.736 8

注:表中单位海域使用面积 GOP 统一折算至 2007 年价格水平。

2007—2015 年间,中国的 GOP 由 25 048.40 亿元增至 64 669.00 亿元,扣除价格因素的影响,9 年间,GOP 翻了 1 倍不止;海域开发利用面积也由 129.64 万 hm² 增加至了 329.94 hm²,扩大了 2.55 倍。但对比表 1,不难发现,海洋经济总量的增长和海域开发利用规模的扩大,并没有带来海域开发利用经济效率的提升,2007—2015 年间的中国海域开发利用经济效率不但整体呈下降趋势，空间差异也在不断增强，海域开发利用成果并不理想，这说明中国海洋经济规模的提升主要依靠的是大量海域资源要素的低效投入，海域开发利用存在"摊大饼"的风险。

3 中国海域开发利用经济效率空间差异的分解

将 2007—2015 年间中国海域开发利用经济效率的差异在三类地区间和内部进行分解，有助于找到中国海域开发利用经济效率总体差异的来源和变化趋势，从而找到中国海域开发利用经济效率空间差异不断扩大的原因，针对性地提出海域开发利用经济效率提升建议。在对海域开发利用经济效率空间差异进行分解之前，首先对三类地区的海洋经济发展水平和海域开发利用规模进行了比较。

3.1 三类地区的海洋经济发展水平与海域开发利用规模比较

从海域资源的自然禀赋来看，三类地区的海域资源数量自南向北逐渐减少，珠三角地区的海域资源最丰富，长三角地区次之，环渤海地区最少，但三类地区的海域使用面积却呈现完全相反的格局，海域开发利用规模自南向北持续增加，2007 年，环渤海地区的海域使用面积为长三角地区海域使用面积的 1.66 倍，是珠三角地区的 2.88 倍；至 2015 年，这一比例更进一步分别扩大至了 2.69 倍和 5.40 倍，环渤海地区的海域开发利用规模较之长三角地区和珠三角地区要大出许多。更值得注意的是，海域开发利用的规模优势最终并未转化为海洋经济优势，2007 年，环渤海地区的海洋生产总值为长三角地区海洋生产总值的 1.07 倍，是珠三角地区的 1.20 倍；至 2015 年，这一比例分别变为 1.27 倍和 1.03 倍（图 2）。由此可见，三类地区中，珠三角地区的海域开发利用经济效率最高，长三角地区次之，两大地区均明显高于环渤海地区。

3.2 三类地区海域开发利用经济效率差异的分解

采用海域开发利用经济效率差异"泰尔指数"计算公式，基于各沿海省（直辖市、自治区）的 GOP 和海域开发利用面积数据，分解了 2007—2015 年间三类地区之间及其内部海域开发利用经济效率差异对总差异的贡献（表 2）。

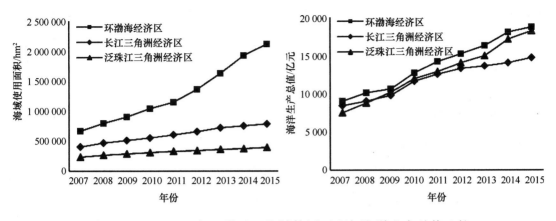

图 2　2007—2015 年三类地区海域使用面积与海洋生产总值比较

表 2　三类地区内部及其之间海域开发利用经济效率差异对总体差异的贡献　　　　%

年份	地区内贡献	其中：			地区间贡献
		环渤海地区	长三角地区	珠三角地区	
2007	89.64	18.82	66.98	3.84	10.36
2008	87.79	18.11	64.36	5.32	12.21
2009	81.68	20.84	55.19	5.65	18.32
2010	81.74	25.03	50.96	5.76	18.26
2011	81.50	26.41	49.53	5.57	18.50
2012	79.03	27.79	45.52	5.72	20.97
2013	76.48	28.19	43.19	5.10	23.52
2014	70.53	28.15	37.09	5.29	29.47
2015	67.05	26.38	35.66	5.01	32.95

　　由表 2 可以看出，2007—2015 年间，地区内部省际差异的贡献一直占据着绝对高的比例，而三类地区间的差异对总体差异的贡献则相对较小。这说中国海域开发利用经济效率的差异主要是由三类地区内部的省际差异造成的，而不是由三类地区间的差异引起的。但从趋势来看，地区间差异的贡献正在不断加大，表明地区间差异正日益成为中国海域开发利用经济效率地区差异越来越重要的来源。结合三类地区 9 年间的海洋经济发展和海域开发利用情况进行分析，不难发现，造成这一现象的原因主要在于环渤海地区的海域使用面积的极

速增加。由图 2 可以看出，自 2010 年起，环渤海地区的海域使用面积较之长三角地区和珠三角地区迅速扩张，说明国家及环渤海地区具有海域使用审批权的政府在这一时期对环渤海地区用海项目的审批不够严格，大批用海项目同时上马，而这其中的有些项目可能存在海域资源粗放、过度使用的情况。

表 2 的数据同时显示，长三角地区内部省际差异对总体差异的贡献最大，但 9 年间在逐渐减小；环渤海地区内部省际差异对总体差异的贡献略低于长三角地区，但 9 年间在逐渐增加；珠三角地区内部省际差异对总体差异的贡献极小，且 9 年间基本保持稳定，略有增加。这说明地区内部省际差异的主要来源为环渤海地区和长三角地区，这也与图 1 所示的情况相一致。在图 1 中，环渤海地区和长三角地区的点密度明显分布不均，且都存在明显的"一枝独秀"现象，环渤海地区的天津市海域开发利用经济效率远高于辽宁、河北和山东；长三角地区的上海市海域开发利用经济效率远高于江苏和浙江；而珠三角地区的点密度则明显要均匀很多，尽管广东省的海域开发利用经济效率要高于珠三角地区的其他省（自治区），但并不像环渤海地区和长三角地区那样，可以在图 1 中看到明显的点密度中心。

结合三类地区各省（直辖市、自治区）的海洋经济发展水平和海域开发利用情况进行分析，可以发现，11 个沿海省级行政区划单位在 2007—2015 年间的海域使用面积增加速度普遍高于 GOP 的增长速度，这也在一定程度上解释了为什么表 1 中海域开发利用经济效率不断降低。具体来看，珠三角地区 4 省（自治区）的海域使用面积增速基本一致，说明珠三角地区 4 省（自治区）的海域使用面积尽管存在省际差异，但差异本身没有什么变化，即 4 省（自治区）间的海域使用面积变化趋势处于平衡状态；GOP 的差距在不断拉大，主要是广东省的 GOP 无论是总量还是增速都大幅领先于其他 3 省（自治区），但由于广东省的海域开发利用经济效率原本就高于同区域其他 3 省（自治区），因此，尽管其内部省际差异有所拉大，但对总差异的贡献并没有太大的变化，只有轻微上升。长三角地区 3 省（直辖市）的海域使用面积差异在不断拉大，主要表现为江苏省海域使用面积的大幅度上升，浙江省的海域使用面积增速虽然也高于上海市，但差别并不太明显；GOP 差距不断缩小，尽管 3 省（直辖市）的 GOP 都有所增长，但浙江省和江苏省的增速要明显高于上海市。对比长三角地区 3 省（直辖市）的海域使用面积和 GOP 变化趋势，不难发现，江苏省的 GOP 增长主要来自于海域资源要素投入量的大幅度增加，其海域开发利用经济效率并没有得到明显改善，而浙江省和上海市的海域开发利用经济效率则有所提升。由于上海市的海域开发利用经济效率远远高于浙江省和江苏省，因此，从海域开发利经济效率的相对差异来看，长三角地区 3 省（直辖市）间并没有明显变化。环渤海地区无论是海域使用面积还是 GOP 的差距都在不断拉大，且其海域使用面积增长较快的省（直辖市）与 GOP 增长较快的省（直辖市）并不一致，如天津市的海域使用面积增加最慢，但 GOP 的增长速度却居第二位；辽宁省的海域使用面积增长最快，远远高于同地区的其他省（直辖市），与长三角地区和珠三角地区的各省（直辖市、自治区）相比，也高出一大截，但 GOP 的增长却十分有限，甚至在 2014—2015 年间出现了 GOP 下降。从海域开发利用经济效率来看，环渤海地区的省际差异有明显拉大的趋势。对比三类地区的情况，不难发现，长三角地区和环渤海地区的省际差异仍然是中国海域开发利用经济效率地区差异的主要来源，但由于长三角地区的省际差异在 2007—2015 年间没有进一步拉大，而环渤海地区的省际差异明显加大，因此，从对总差异的贡献来看，长三角地区内部省际差异对总差异的贡献在减小，而环渤海地区在加大。

4 结论与建议

（1）中国海域开发利用经济效率的差异主要来自于三类地区内部的省际差异，但三类地区间的差异对总差异的贡献亦在不断增加。因此，国家在对海域资源进行管理的时候，应以地区为单位，将重点放在如何缩小地区内的海域开发利用经济效率省际差异上。对于应由国务院审批的用海项目，适当降低同类地区海域开发利用经济效率较低地区的审批通过率，同时加大对各省（直辖市、自治区）尤其是海域开发利用经济效率低于所在地区平均水平的省（直辖市、自治区）自行审批用海项目的审查，若存在低效用海的情况，及时叫停审批流程。

（2）三类地区间的差异对总差异的贡献正逐渐加大，虽然仍不是总差异的主要来源，但也不容忽视。在审批不同地区用海项目时，也应将该地区的海域开发利用经济效率纳入考量，并适当进行平衡，尤其要严格控制环渤海地区用海规模的扩张。2007—2015 年间中国海域开发利用经济效率地区间差异对总差异贡献增加的最主要原因就在于环渤海地区海域使用面积的极速扩张，暂停审批环渤海地区的用海项目，在对环渤海地区现有用海项目海域开发利用经济效率进行充分评估后再重新开放环渤海地区新增用海项目的审批将更有利于环渤海地区海域开发利用经济效率的提升和三类地区间海域开发利用经济效率差异的的缩小。

（3）限定各沿海省（直辖市、自治区）的年度用海审批指标额，大多数省（直辖市、自治区）海域开发利用面积的迅速增加都来自于地方审批用海项目，因此借鉴中国土地管理中的新增建设用地指标调控措施，设置各具有海域使用审批权政府的年度最大审批额将有利于防止海域使用面积的无序扩张和海域低效利用。

参考文献

［1］ Nathan Associates. Gross product originating from ocean-related activities［R］.Washington DC：Bureau of Economic Analysis,1974.

［2］ Morrissey K. Cathal O'Donoghue.The role of the marine sector in the Irish national economy：An input-output analysis［J］.Marine Policy,2013,37：230-238.

［3］ Morrissey K. Using secondary data to examine economic trends in a subset of sectors in the English marine economy：2003—2011［J］.Marine Policy,2014,50：135-141.

［4］ Kildow J T, Mcllgorm A. The importance of estimating the contribution of the oceans to national economies［J］.Marine Policy,2010,34：367-374.

［5］ Pontecorvo G, Wilkinson M, Anderson R, et al. Contribution of the ocean sector to the U.S. economy［J］.Science,1980,208(4447)：1000-1006.

［6］ Zhao Rui,Hynes Stephen, He Guangshun.Defining and qualifying China's ocean economy［J］.Marine Policy,2014,43：164-173.

［7］ Jiang Xuzhao,Liu Tieying,Su Chiwei.China's marine economy and regional development［J］.Marine Policy,2014,50：227-237.

［8］ Luger M. The economic value of the coastal zone［J］.Environmental Systems,1991,21(4)：278-301.

［9］ Kildow J T, Colgan C, Scorse J. State of the U.S. Ocean and Coastal Economies 2009［M/OL］. https://www.miis.edu/media/view/8901/original/NOEP_Book_FINAL.pdf,2009.

［10］ Colgan C.Economic growth trends in the Gulf of Maine Littoral［C］.Townsend D. The Gulf of Maine as an Estuarine System. Washington DC：NOAA Office of Estuarine Programs，1992.

[11] Kildow J T, Colgan C S. The California Ocean Economy 1990—2000［R］. Sacramento, CA：Agency for Natural Resources，2004.

[12] Donahue Institute.An Assessment of the Coastal and Marine Economies of Massachusetts Report 1［R］. Amherst，MA：University of Massachusetts，2006.

[13] Henry Mark S, Barkley, et al. The Contribution of the Coast to the South Carolina Economy：Agriculture［R］.Clemson, SC：Clemson University Regional Economic Development Laboratory，2002.

[14] Kildow J T, Colgan C, Pendleton L. The changing ocean and coastal economies of the U-nited States Gulf of Mexico［C］.Cato J. The Gulf of Mexico：Origins，Waters, and Biota. Texas：Texas A&M University Press，2009.

[15] 赵昕,井枭婧.海洋经济发展与宏观经济增长的关联机制研究［J］.中国渔业经济, 2013,31(1):81-85.

[16] Cunningham Steven R Lott, et al. Mystic Seaport：Economic Contributions from Continuing Operations［R］. Storrs，CT：Connecticut Center for Economic Analysis，1994.

[17] 赵昕,郭恺莹.基于 GRA-DEA 混合模型的沿海地区海洋经济效率分析与评价［J］.海洋经济,2012,2(5):5-10.

[18] 赵昕,彭勇,丁黎黎.中国沿海地区海洋经济效率的空间格局及影响因素分析［J］.云南师范大学学报,2016,48(5):112-120.

[19] 赵昕,彭勇,丁黎黎.中国海洋绿色经济效率的时空演变及影响因素［J］.湖南农业大学学报(社会科学版),2016,48(5):112-120.

[20] 赵林,张宇硕,焦新颖,等.基于 SBM 和 Malmquist 生产率指数的中国海洋经济效率评价研究［J］.资源科学,2016,38(3):0461-0475.

[21] 王双.我国海洋经济的区域特征分析及其发展对策［J］.经济地理,2012,32(6): 80-84.

[22] 狄乾斌,刘欣欣,曹可.中国海洋经济发展的时空差异及其动态变化研究［J］.经济地理,2013,33(12):1413-1420.

[23] 张耀光,王国力,刘锴,等.中国区域海洋经济差异特征及海洋经济类型区划分［J］.经济地理,2015,35(9):87-95.

[24] 盖美,刘丹丹,曲本亮.中国沿海地区绿色海洋经济效率的时空差异及影响因素分析［J］.生态经济,2016,32(12):97-103.

[25] 董夏,韩增林.中国区域海洋经济差异演化研究[J].资源开发与市场,2013,29(5): 482-485.

[26] 胡祖光.基尼系数理论最佳值及其简易计算公式研究[J].经济研究,2004(9):60-69.

[27] 谭荣,曲福田,郭忠兴.中国耕地非农化对经济增长贡献的地区差异分析[J].长江流域人口资源与环境,2005,14(3):277-281.

[28] Song Weiling,He Guangshun,McIlgorm A. From behind the Great Wall：The development of statistics on the marine economy in China[J].Marine Policy,2013,39:120-127.

作者简介：

钟海玥,女,管理学博士,浙江海洋大学经济与管理学院讲师,主要从事海洋资源开发利用、海洋经济与管理等方面的研究。

"向海经济" 研究若干问题的思考

雷仲敏[1]，李载驰[1]

（青岛科技大学 经济与管理学院，山东 青岛 266100）

摘要： 向海经济作为我国涉海经济的一个全新概念，其一经提出便引起国内海洋经济学界和相关政策研究部门的关注。通过对相关文献检索，对向海经济及其与现有涉海经济概念进行了辨析，从空间关系上对不同涉海经济形态进行了界定，对习近平总书记关于海洋发展思想的表述和形成脉络进行了梳理，对向海经济提出的历史背景、科学内涵、学科属性和政策模型进行了初步探索。

关键词： 向海经济；海洋强国；陆海统筹；区域协调

"向海经济"是习近平总书记2017年4月19日视察广西北海时提出的一个涉海经济新概念。这一概念一经提出，便引起国内海洋经济学界和相关政策研究部门的关注和热议，有关地区和部门从规划、政策和行动方案等层面也开始了积极探索及总体布局的实践。然而，究竟什么是"向海经济"，如何科学解释"向海经济"的核心内涵，如何梳理"向海经济"与现有涉海经济概念之间的关系，如何在国家有关部门已经出台的海洋经济政策框架下界定"向海经济"的政策边界，如何在"一带一路"和海洋强国战略深入推进背景下正确把握"向海经济"的时代背景，以科学指导有关部门"向海经济"的政策实践，并进而回答当前各级政府在推进"向海经济"各项实际工作中面临的困惑。本文拟在梳理国内学界各方面观点的基础上，对"向海经济"研究的上述问题给予粗浅探讨。

1 概念辨析

1.1 "向海经济"的概念解读

1.1.1 文献检索

通过对知网进行"向海"和"向海经济"等主题关键词的检索，可以发现相关文献涉及的期刊115篇，媒体报道928篇，硕士论文3篇。其中，媒体宣传性文章占多数，学术性、政策性研究的文献并不多见，相关文献分布详见图1。这表明，迄今"向海经济"的研究尚未引起学界乃至政策研究部门的关注，其学术意义和政策价值亟待探索。

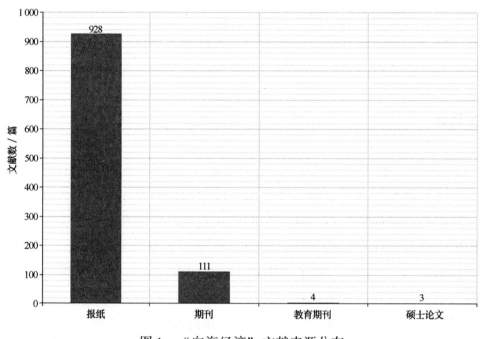

图1 "向海经济"文献来源分布

对主题词检索结果的学科领域进行分析，可以发现，相关研究成果主要集中于经济体制改革领域，同时还涉猎中国政治与国家政治、海洋科学、工业经济等领域（图2）。

由于媒体报道性文章学术研究性不强，本文仅对其中的115篇期刊文献进行了分析。从期刊论文发表的年度趋势可以看出，"向海"的提法最早出现于

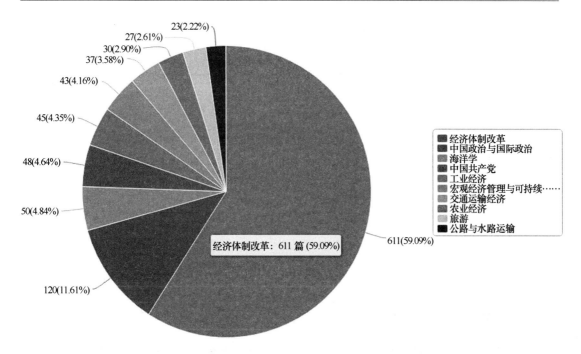

图2　"向海经济"研究成果学科领域分布

1983年，此后陆续出现在相关文献中，并在2013年达到顶峰，但此后文献趋于沉寂。直到2017年，"向海经济"相关文献的研究才再次增加（图3）。

对115篇期刊文献进行其他关键词的词频分析，发现论文中，与之伴随出现频率最高的4个关键词分别为：海洋经济、经济发展、国家战略和沿海经济带。这表明，学界对"向海经济"的研究主要围绕海洋经济、沿海经济等展开，研究的重点区域为辽宁、福建、海南、广西等沿海经济带（图4）。

1.1.2　观点综述

文献检索表明，"向海经济"的研究成果不仅极为薄弱，而且其基本内涵及政策边界使用也十分模糊。有代表性的观点主要有以下几方面。

1）以综合交通为载体、以区域经济一体化发展为形态的内陆通海发展说

媒体对"向海经济"提法①以2009年8月30日国务院批复的《中国图们江区域合作开发规划纲要以长吉图为开发开放先导区》为标志，2012年4月

――――――――――

① 2013年9月5日，华夏经纬网。

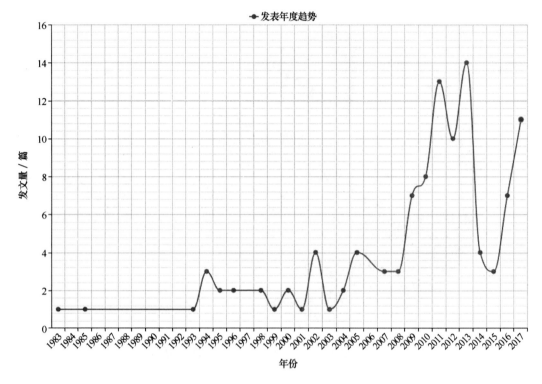

图3 "向海经济"文献数量曲线

13日《中国图们江区域（珲春）国际合作示范区》正式获批后，提出以珲春为开放窗口，长春、吉林两市为腹地，实现长吉图一体化发展，加速内陆老工业基地实现"向海经济"转型。

随后以2012年12月1日世界第一条穿越高寒地区的高速铁路——哈尔滨至大连客运专线正式通车运行，有专家①认为东北经济板块整体上有望从旧有的内陆腹地变身为近海经济区，哈大高铁加速推动东北形成"向海经济"。

2）将陆域空间向海洋空间延伸发展的资源财富拓展说

陈耀②认为，"向海经济"意味着沿海区域要面向海洋发展，重视海洋资源的利用，向海洋要资源、要财富。而依托港口群构建"大进大出"的临港产业集群，比如发展大型海洋装备、深海生物技术转化、海洋资源开发利用等

---

① 2012年12月3日，中国金融信息网。
② 2017年4月21日，21世纪经济报道。

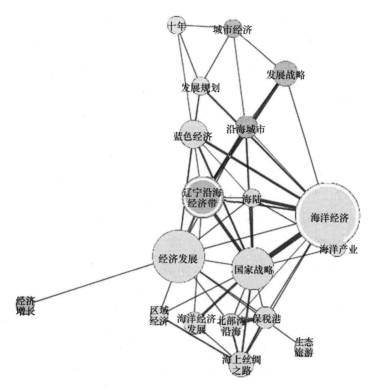

图4 "向海经济"研究关联词词频分析

海洋经济，都是探索"向海经济"的有效形式。

王钰鑫[1]指出：打造好"向海经济"，就是要推动沿海区域面向海洋发展，提升海洋经济在经济社会发展中的地位，发挥海洋经济对推动经济持续健康发展，维护国家主权、安全、发展利益的重要作用。并提出应从大力推进港口建设、努力发展好海洋产业、全力保护海洋生态环境、着力为写好21世纪海上丝绸之路新篇章贡献广西元素等4个方面的重点。

邓世缘[2]认为："向海"意指面向海洋，"经济"则指价值创造。向海经济，即为向海要资源、要财富、要发展。向海要资源，意味着合理开发利用海洋资源，大力发展海洋产业。向海要财富，意味着充分利用地区港口优势，开辟跨海交易渠道。向海要发展，意味着以面向海洋为着眼点，深化开放发展

---

[1] 2017年5月16日，广西日报。

[2] 《广西经济》2017年第5期。

理念。

蒋和生①认为：打造好"向海经济"，就是要将发展步伐从沿海区域迈向更深更远的海洋，提升海洋经济在经济社会发展中的地位，发挥海洋经济对推动经济持续健康发展和维护国家主权、安全、发展利益的重要作用。"向海经济"是孕育新产业、引领新增长的广阔空间；"向海经济"是满足资源需求、破解发展"瓶颈"的崭新领域；打造"向海经济"是实现经济转型升级、可持续发展的必然选择。

梅新育②认为：打造"向海经济"是"一带一路"发展中的新思维、新视野、新路径。"向海经济"意味着重视海洋空间的利用，向海洋要资源、要财富，与"向陆（陆桥）经济"相呼应，应"向海"为先、"向陆"为继。

朱坚真③在比较海洋经济示范区、向海经济、海洋中心城市等概念的基础上，认为："向海经济"是一个总体的导向和发展方向，鼓励沿海区域面向海洋发展，提升海洋经济在经济社会发展中的地位，发挥海洋经济对推动经济持续健康发展，维护国家主权、安全、发展利益的重要作用。

3）推动海洋经济走向开放型经济发展模式的拓展说

韩立民④对"向海经济"从 3 个方面进行解析："向海经济"是相对于"陆地经济"而言的，"向海经济"是相对于内向型、内循环经济而言的，"向海经济"突出了海上交通运输的重要地位。基于这 3 个特征，他认为："向海经济"是以海洋交通运输和海上国际航运通道为主要支撑，以"海上丝绸之路"为重要纽带，以海上国际贸易及国际经济技术合作为主要目的，充分利用国际、国内两种资源和两种市场的开放型经济发展模式。它不仅丰富了传统海洋经济概念的内涵，也从空间维度上拓展了海洋经济的外延。

还有文献⑤构建了"向海经济"发展的模式框架，认为："向海经济"的基础是港口，必须建设智能高效的港口，发展港口经济；"向海经济"的支柱是海洋产业，需要提高海洋开发能力，让海洋经济成为新的增长点；"向海经

---

① 2017 年 9 月 22 日，广西日报。
② 《中国远洋海运》2017 年第 5 期。
③ 2017-07-24，《财经》。
④ 2017 年 9 月 12 日，人民网。
⑤ 2017-05-08，学习中国。

济"的保障是海洋生态，必须维护海洋再生产能力；"向海经济"的实现途径是建设"21 世纪海上丝绸之路"。

1.2 相关涉海经济概念的比较

目前，学界与"向海经济"相关的涉海经济概念主要有：海洋经济、蓝色经济、沿海经济、临海经济、海岸带经济、港口经济、渔业经济、海（航）运经济、远洋经济、湾区经济等。在这些概念中，规划和政策层面亟待需要厘清的是"向海经济"与海洋经济、蓝色经济、沿海经济、港口经济、海岸带经济等概念的关系。

1.2.1 基本概念梳理

1）海洋经济（Marine Economy）

现代海洋经济包括为开发海洋资源和依赖海洋空间而进行的生产活动以及直接或间接为开发海洋资源及空间的相关服务性产业活动，围绕这些产业活动而形成的经济集合均被视为现代海洋经济范畴。主要包括海洋渔业、海洋交通运输业、海洋船舶工业、海盐业、海洋油气业、滨海旅游业、海洋服务业等。

《中华人民共和国国家标准：海洋及相关产业分类（GB/T 20794—2006）》[①] 参考联合国统计署编制的《全部经济活动的国际标准产业分类》（1989 年修订，第三版，简称：ISIC/Rev.3），将海洋经济涉及的产业划分为两大类 29 个小类，A 类海洋产业有 22 个小类，包括海洋渔业、海洋油气业、海洋矿业、海洋盐业、海洋船舶工业、海洋化工业、海洋生物医药业、海洋工程建筑业、海洋电力业、海水利用业、海洋交通运输业、滨海旅游业、海洋信息服务业、海洋环境监测预报服务、海洋保险与社会保障业、海洋科学研究、海洋技术服务业、海洋地质勘查业、海洋环境保护业、海洋教育、海洋管理、海洋社会团体与国际组织；B 类海洋相关产业有 6 个小类，包括：海洋农林业、海洋设备制造业、涉海产品及材料制造业、涉海建筑与安装业、海洋批发与零售业、涉海服务业。

美国海洋经济涉及六大行业，分别是海洋生物资源业、海洋建筑业、海洋矿业、海洋船舶修造业、滨海旅游与休闲业、海洋交通运输业。

---

① 《中华人民共和国国家标准：海洋及相关产业分，中国标准出版社，2007 年 4 月 1 日。

2）蓝色经济（The Blue Economy）

一种定义将其等同于海洋经济。另一种定义认为：蓝色经济是在海洋科技、海洋经济与海洋文化发展到一定阶段而出现的社会经济现象，它以海洋经济为主题，是以海带陆，以陆促海，海陆结合，海陆统筹为特色的区域经济。蓝色经济区便是依托海洋资源，以劳动地域分工为基础形成的、以海洋产业为主要支撑的地理区域，是涵盖了自然生态、社会经济、科技文化诸多因素的复合功能区。

3）沿海经济（Coastal Economy）

沿海经济又称临海经济，是以临港、涉海的海洋产业为特征，以科学开发海洋资源与保护生态环境为导向，以区域优势产业为特色，以经济、文化、社会、生态协调发展为前提，具有较强综合竞争力的区域经济形态。以此为特色的空间功能区，称之为沿海（临海）经济区、沿海（临海）经济带等。

4）港口经济（Port Economy）

从区域经济的角度来看，港口经济是利用港口优势所形成的区域经济。既包括了港口区，也包括了依托港口而发展的区域。因此，港口经济是利用港口的节点区域优势，以港口为窗口，以临港区域为中心，以一定的腹地为依托，形成与港口功能密切相关的经济活动。既是以港航及相关产业为核心的产业经济，又是以港口为中心、港口城市为载体、综合运输体系为动脉、港口相关产业为支撑、海陆腹地为依托，由港航、临港工业、商贸、旅游等相关产业有机结合而形成的一种区域经济。

5）海岸带经济（Littoral Belt Economy）

海岸带经济是基于海洋资源空间利用而产生的经济活动，是自海岸线向陆地延伸 15 km，向海洋延伸 15 km 之间的区域经济。海岸带经济在空间上包括沿海经济和海洋经济重合的部分以及部分海洋经济。海岸带经济主要依托陆地和海洋空间资源的有效结合。美国海洋经济规划办①对海岸的界定中，其海岸带由近岸、靠岸的海岸带县和不靠岸的海岸带县 3 部分组成的。联邦政府批准的海岸带管理规划中的 445 个县郡中所发生的经济活动均定义为海岸带经济。其主要呈现 3 个主要特点：①经济规模巨大，有力推动着美国经济发展；②主

---

① 2014 年 3 月，美国蒙特雷国际研究院蓝色经济中心《2014 年海洋与海岸带经济报告》。

要是城市经济，其分布随城市中心而发生变化；③过去主要以制造业为主，现在主体是服务业。

1.2.2　相关概念辨析

应该看到，上述涉海经济形态已被国家和相关地区在经济发展的实践中普遍采纳应用，并进入了国家、地区及相关职能部门经济发展战略、区域综合规划、产业发展政策、空间合理布局等一系列规范性法规文件中。然而，长期以来，由于这些概念相互之间的联系及区别并没有得到足够的关注与重视，学界在这一问题上也是众说纷纭，各持己见，致使决策部门在编制规划、制定政策、部署工作时难以统一认识，从而不仅影响了相关决策的政策效应，也导致不同部门的规划政策出现严重的相互掣肘现象。

本文在梳理上述概念的基础上，对上述5种涉海经济形态从空间关系上进行了界定（图5）。

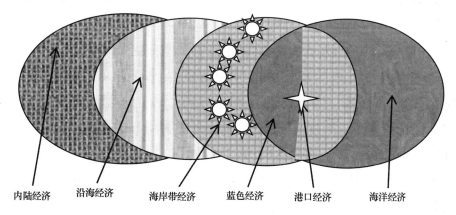

内陆经济　　沿海经济　　海岸带经济　　蓝色经济　　港口经济　　海洋经济

图5　不同涉海经济概念的关系比较

对上述6类涉海的经济形态从狭义的角度可以简单解释为：内陆经济——与海无关的陆域经济；沿海经济——临海发展的区域经济；海岸带经济——依海傍岸的城镇经济；蓝色经济——陆海统筹的区域经济；港口经济——海运交通发展的陆域功能区经济；海洋经济——与陆无关的海域经济。

2 科学内涵

2.1 语义辨析

对"向海经济"概念加以科学完整的解读，首先可从汉字语义学的角度进行辨析。

从汉字语义学的角度来看：海洋经济强调的是自然资源在空间上的溯源性，体现了自然资源在海洋这一特定空间上的开发利用。蓝色经济强调了陆海统筹，但其体现的是一种陆海功能双向多维、融合开发的区域发展价值观。沿海经济强调的是以海为边界的客观环绕性和滨临性，突出了海洋对地区经济发展的影响，体现在如何利用依托海洋优势形成临海发展的陆域经济。海岸带经济突出了对海岸线功能的开发利用，但其岸线利用在陆海空间上被局限在有限的边界范围内。港口经济强调了在特定的海岸线自然地理条件下对海陆交通运输功能的综合利用性，一定意义上突出了向海的功能，激活了特定空间内的产业融合，但其影响被局限在有限的功能范围和空间区划。

把"向海经济"与上述相关涉海经济概念进行语义比较可以发现，"向海"突出强调的是以海为方向的目标、导向、通达，隐含着更为强烈的指向性、主动性和追求性，在战略规划层面具有更为明显的政策引领性和要素驱动性。显然，"向海经济"所隐含的方向通达性、目标指向性、支点依存性以及在规划决策行为中的主动性和追求性是上述任何一个概念都难以充分体现和准确表达的。

2.2 思想脉络

对"向海经济"概念加以科学完整的解读，还应当从习近平关于海洋发展思想的完整表述和脉络形成进行梳理。习近平海洋发展思想的形成大体可划分为两个阶段。

（1）地方工作阶段。即在福建和浙江两个沿海省份工作期间所发表的关于海洋发展的有关思想和做出的工作部署。

早在 1994 年，习近平[①]便提出建设"海上福州"的战略思路，指出：沿

---

① 2017 年 7 月 20 日，福建日报。

海是我们辽阔的地域，是扩大对外开放的优势所在，我们切不可忽略了这一优势，也不能搞成单一的开发，而是通过综合开发，形成大产业优势。他还指出："海上福州"的总体布局是以海岛建设为依托，以海岸带开发为重点，以海洋的综合利用为突破口，全面提高综合开发的经济效益和社会效益。海洋开发既要做海岸的文章，也要做海上的文章，既要做海面的文章，又要做海底的文章，促进海岛建设从基础开发向功能开发方向转变，抓好养殖业、捕捞业、海运业、加工业 4 个重点，带动海岸开发总体水平的提高。

2002 年，习近平①进一步提出：要使海洋国土观念深植在全体公民尤其是各级决策者的意识之中，实现从狭隘的陆域国土空间思想转变为海陆一体的国土空间思想。2003 年，习近平②在舟山调研发展海洋经济、加快海岛建设的情况时指出，浙江是海洋大省，陆海比例超过一比二；舟山是海洋大市，渔、港、景等海洋资源极为丰富，做好海洋经济这篇大文章是长远的战略任务。2006 年，习近平再次到舟山进行调研时强调，发展海洋经济，绝不能以牺牲海洋生态环境为代价，不能走先污染后治理的路子，一定要坚持开发与保护并举的方针，全面促进海洋经济可持续发展。

（2）到中央工作以后，特别是党的十八大以来，习近平③统筹国内国际两个大局，高度重视海洋事业的发展，就加强国家海洋事务管理，推动我国海洋强国建设，作出一系列重要论述。回应了世界对我国海洋发展的关切，解决了当前我国海洋领域面临的主权、安全和发展等核心重大现实问题。为把我国建设成为海洋经济发达、海洋科技先进、海洋生态健康、海洋安全稳定、海洋管控有力的新型海洋强国，作出一系列重要论述，并形成了完整的思想体系。

习近平④在 2013 年中共中央政治局第八次集体学习时发表的讲话系统表述这一思想。他指出，21 世纪，人类进入了大规模开发利用海洋的时期。海洋在国家经济发展格局和对外开放中的作用更加重要，在维护国家主权、安全、发展利益中的地位更加突出，在国家生态文明建设中的角色更加显著，在国际政治、经济、军事、科技竞争中的战略地位也明显上升。并从扎实推进海

---

① 《求是》，2017-09-01。

② 2015-06-01，浙江在线。

③ 《求是》，2017-09-01。

④ 2013 年 7 月 31 日，新华网。

洋强国建设，提高海洋资源开发能力，着力推动海洋经济向质量效益型转变；保护海洋生态环境，着力推动海洋开发方式向循环利用型转变；发展海洋科学技术，着力推动海洋科技向创新引领型转变；维护国家海洋权益，着力推动海洋维权向统筹兼顾型转变 4 个方面进行了详细论述。

2.3 时代背景及地缘意义

由上述论述我们可以清晰地看到，习近平总书记无论是在地方工作期间还是到中央工作以后，对海洋经济的内涵和外延都有着清晰的理解和准确表述。但为什么唯独在广西北海考察时提出了"向海经济"这一命题，并特别强调①"向海之路是一个国家发展的重要途径"，"要打造好向海经济，写好 21 世纪海上丝路新篇章"这一观点。这一概念的提出是否有着更为深刻的战略背景和特殊的地缘意义。对此，本文试从以下 5 个方面加以解析。

2.3.1 国家海洋强国战略②

党的十八大报告明确提出：提高海洋资源开发能力，发展海洋经济，保护海洋生态环境，坚决维护国家海洋权益，建设海洋强国。当今世界，海洋越来越明显地显示出在资源、环境、空间和战略方面得天独厚的优势，人类进入了大规模开发利用海洋的时期。海洋已成为人类生存与发展的新空间，成为影响国家战略安全的重要因素。海洋强国战略已成为我国海洋利益的最高选择。

实施海洋强国战略，必须把发达的海洋经济作为建设海洋强国的重要支撑。通过提高海洋开发能力，扩大海洋开发领域，让海洋经济成为新的增长点，努力使海洋产业成为国民经济的支柱产业。必须全力把海洋生态文明建设纳入海洋开发总布局之中，坚持开发和保护并重、污染防治和生态修复并举，科学合理开发利用海洋资源，维护海洋自然再生产能力。必须大力发展海洋高新技术，依靠科技进步和创新，努力突破制约海洋经济发展和海洋生态保护的科技"瓶颈"。必须维护国家海洋权益，坚持维护国家主权、安全、发展利益相统一，维护海洋权益和提升综合国力相匹配。

---

① 新华社，2017-04-21。
② 2013 年 7 月 31 日，新华社。

2.3.2 国家"一带一路"愿景与行动[①]

国家有关部门联合发布的《推动共建丝绸之路经济带和21世纪海上丝绸之路的愿景与行动》提出：共建"一带一路"致力于亚、欧、非大陆及附近海洋的互联互通，建立和加强沿线各国互联互通伙伴关系，构建全方位、多层次、复合型的互联互通网络，实现沿线各国多元、自主、平衡、可持续的发展。根据"一带一路"走向，陆上依托国际大通道，以沿线中心城市为支撑，以重点经贸产业园区为合作平台，共同打造新亚欧大陆桥、中蒙俄、中国—中亚—西亚、中国—中南半岛等国际经济合作走廊；海上以重点港口为节点，共同建设通畅安全高效的运输大通道。

2.3.3 中国—东盟全面经济合作

2002年，中国和东盟10国共同签署了《中国—东盟全面经济合作框架协议》。根据该《框架协议》，中国—东盟自贸区包括货物贸易、服务贸易、投资和经济合作等内容。其中货物贸易是自贸区的核心内容，除涉及国家安全、人类健康、公共道德、文化艺术保护等WTO允许例外的产品以及少数敏感产品外，其他全部产品的关税和贸易限制措施都应逐步取消。中国—东盟自由贸易区是我国与WTO成员建立的第一个自由贸易区，它将是世界上人口最多的自由贸易区，也将是发展中国家组成的最大的自由贸易区。《框架协议》是中国—东盟自贸区的法律基础，共16个条款，确定了自贸区的基本架构。

2.3.4 广西独特的战略区位

广西具有与东盟国家陆海相邻的独特优势，是加快北部湾经济区和珠江—西江经济带开放发展，构建面向东盟区域的国际通道，打造西南、中南地区开放发展新的战略支点，形成21世纪海上丝绸之路与丝绸之路经济带有机衔接的重要门户。广西发展[②]应释放"海"的潜力，激发"江"的活力，做足"边"的文章，全力实施开放带动战略，夯实提升中国—东盟开放平台，构建全方位开放发展新格局。

[①] 2015年3月28日，中华人民共和国外交部。
[②] 《人民日报》，2017年5月9日。

2.3.5　北部湾经济圈的特殊区位

广西北部湾经济区地处华南经济圈、西南经济圈和东盟经济圈的结合部，是中国与东盟、泛北部湾经济合作、大湄公河次区域合作、中越"两廊一圈"合作、泛珠三角合作、西南合作等多区域合作的交汇点。是我国沿海地区规划布局新的现代化港口群、产业群和建设高质量宜居城市的重要区域。

北部湾经济区功能定位是：立足北部湾、服务"三南"（西南、华南和中南）、沟通东中西、面向东南亚，充分发挥连接多区域的重要通道、交流桥梁和合作平台作用，以开放合作促开发建设，努力建成中国—东盟开放合作的物流基地、商贸基地、加工制造基地和信息交流中心，成为带动支撑西部大开发的战略高地、西南中南地区开放发展新的战略支点、21世纪海上丝绸之路和丝绸之路经济带有机衔接的重要国际区域经济合作区。

2.4　内涵解读

2.4.1　基本属性

通过上述3个方面的比较梳理，我们可以看到："向海经济"在语义功能上有着特定的概念含义，具有其他涉海经济概念难以替代的唯一性；"向海经济"是习近平海洋发展思想的新表达，承载和体现了国家关于海洋发展的战略意图和政策走向；"向海经济"反映了广西特殊的区位特征，是对广西"国际通道、战略支点、重要门户"三大战略定位从经济发展模式上给予的科学表述。

应当看到，在传统的涉海经济研究中，内陆经济与海洋经济的通达性被人为割裂开来，研究海洋经济几乎从不考虑与内陆经济的关系；沿海地区的各类经济活动从规划和政策层面被局限在特定的空间和区域范围内；海洋经济活动被认为是远离内陆、局限于海洋资源开发和空间利用的行为；海岸带所特有的、具有国家主权屏障的功能性平台，或成为有关行政部门孤立的边界"栅栏"，或成为特定地域在局部范围所垄断的有限资源。

迄今为止，尚没有可以把陆海连结通道、海洋陆基支点、开放门户平台这些跨区域发展的关键经济要素，纳入到一个特定的经济发展模式下进行科学定义的概念。尚没有从空间结构上研究陆海经济要素如何优化配置，并在实践层面构架起既能将这些要素实现效率最大化，又能确保帕累托最优的经济体系。

而"向海经济"研究无疑填补了这一空白。

2.4.2　科学定义

从现有文献中关于"向海经济"这一概念的解读来看，"通道说"的解读回答了跨区域经济发展中内陆与沿海的连结问题，但其仅仅将"向海经济"简单解释为只要实现了内陆与沿海的通达，其经济系统便可实现"向海化"。"财富说"的解读回答了向海发展的目的性问题，但其基本分析框架无疑属于海洋经济研究的范畴，这不仅模糊了两者之间的科学内涵和研究边界，也难以从政策层面给予正确的指导。"拓展说"的概括具有一定的合理性，但其表述的内涵和研究边界或较为模糊，或与海洋经济存在较为明显的交叉。

基于"向海经济"的上述基本属性，本文把"向海经济"（Seaward Economy）的核心内涵表述为："海为方向、陆为基点；以海引陆、由陆及海；海陆贯通、陆海统筹"。

海为方向，陆为基点。"向海经济"是陆海两大经济系统交汇融合发展的杠杆，这一杠杆的着力方向无疑是海洋，而能够支撑杠杆发力的基点则在岸线。因此，发展"向海经济"的关键是建设支撑杠杆的陆基支点。只有借助并放大各类陆基支点的能量，才能双向撬动陆海经济系统的各类要素资源，实现资源配置的最优化。

以海引陆，由陆及海。"向海经济"是陆海两大经济系统交互运行的动力转换器，可有效激活并放大陆海两大经济系统的动力转换机制。即海洋经济是陆域经济向海发展的原动力，而陆域经济则是海洋经济发展的最终归宿点。两大经济体系的动力结构借助"向海经济"运行机制提供了转换功能，实现了既可互为支撑，又可相互转换。可见，"向海经济"发展的重点是培育陆海经济之间动力双向转换的功能机制。

海陆贯通，陆海统筹。"向海经济"是连结陆海两大经济系统空间关系的通行器，只有借助"向海经济"载体构建起要素双向流动的传输链条，才能实现陆海两大经济系统的价值创造。因此，发展"向海经济"的重要任务就是通过基础设施的再造，优化陆海之间的空间结构，借助通道和功能区的点轴极化效益，统筹陆海之间的空间功能及其连结方式，实现空间结构的最优化。

上述内涵的基本逻辑关系可以简单表述为：以临海陆基支点构建市场要素

集聚整合的载体平台，以开放性门户实现陆海经济功能的动力转换，以海陆贯通的交通基础设施优化陆海之间的空间连接方式。即：载体平台建设是关键，开放性门户是保障，经济带联通为支撑。

由此可以看到，所谓"向海经济"，就是在面向全球化、发展外向型经济的背景下，借助滨海优质的岸线、港口、湾区等自然地理资源，建设可整合海洋经济和陆域经济两类不同要素的载体平台和政策平台，激活陆海之间生产要素双向流通的动力机制，依托可通达海域空间和陆域腹地的运输通道，形成双向辐射的扇轴状经济形态，从而将海洋经济和陆域经济的核心要素有机融合，形成具有"两栖"转换功能的经济运行体系，是促进内陆与沿海地区统筹协调发展的区域经济发展新模式。

2.4.3 学科属性

从经济政策学的角度来看，由于"向海经济"以激发地缘区位优势、承载国家战略为使命，因而，在政策层面表现出更为明显的规划引领、目标导向、功能承载、行为主动和措施多样。

从产业经济学的角度来看，"向海经济"是一种以陆海通达所支撑、以功能载体所表现、以政策依存为保障的经济发展模式，是将陆海通达的交通基础设施、陆海一体的功能性平台、陆海互通的政策门户等关键要素连结为一体的产业生态系统，即：更加需要连结内外的陆海通道，更强调面向远海的陆基支点，更突出对外开放的门户平台。

从区域经济学的角度看，"向海经济"表现出以连接陆海经济活动为传导的通达性，以服务海洋经济活动为对象目标的支撑性，以沟通海内外经济联系为功能的开放性。

可见，"向海经济"研究既需要区域经济（包括城市经济、海岸带经济、港口经济、园区经济等）理论为其空间结构的形成及其优化提供基本概念和方法，也需要产业经济学（包括海洋经济、交通运输经济、国际贸易等）理论为其相关产业的成长提供路径和模型，更需要经济政策学（包括经济战略、发展规划、生态经济、平台经济等）理论为发展和实践提供研究框架和指南。"向海经济"研究具有多学科、多领域、跨空间的复合交叉研究特征。

3　政策模型

3.1　"向海经济"运行的系统结构分析

"向海经济"运行系统是由海陆空间范围内相互联系和相互作用的若干经济要素结合而成、具有特定功能的有机整体。是一个具有整体性、层次性、开放性、能级性、多样性和差异协同性的非均衡系统和自耦合系统。与其他经济系统的特质比较，"向海经济"运行系统具有如下特征。

3.1.1　海陆经济系统相交运行的整体性

"向海经济"是由海洋经济系统和陆域经济系统交叉结合而形成的复合经济系统，这种交叉结合不仅包括了内陆经济与涉海经济的交叉，甚至还涉及国际经济和跨区域多边合作关系。这就需要研究这些经济要素之间的联系是如何形成的，如何解剖其联结方式、运行机制的内在逻辑，如何看待作为"向海经济"的整体与不同板块之间的经济利益联系，如何处理不同经济要素在功能上的独立性与"向海经济"在整体功能的不可分割性，进而使之产生"1+1>2"的系统放大效应。由此可见，"向海经济"研究更需要系统论的思维，更需要从经济系统的整体性出发，从全局着手，发挥经济系统整体的特定功能和效益。

3.1.2　"向海经济"系统运行的多层次性

这种多层次性主要是指"向海经济"各要素之间在空间边界、功能影响、辐射范围等方面客观存在着一定的层级关系。不同层次的经济要素既有共同的运行规律，又有各自的运行特点。它们之间既相互联系又相互区别。因此，在进行"向海经济"的多层次决策时，既要考虑总体目标，又要考虑各层次的目标，既要考虑统一性，又要考虑相对的独立性。

3.1.3　"向海经济"系统的结构动态性

"向海经济"系统的结构不仅包括各要素之间在运行机制上相互联系和相互作用的结合方式，还包括其空间形态上的组合关系和连接形态。它既反映了"向海经济"系统中各要素之间的比例关系、排列顺序和组合方式，更揭示了这些要素在空间上的组织构架、功能布局及相互逻辑。"向海经济"系统的结构具有一定的非均衡不对称性，需要在动态演进过程中进行不断地调整，才能在动态平衡中实现最优，使"向海经济"系统具有较强的生命力。

3.1.4 "向海经济"系统的开放性

"向海经济"系统是一个动态的开放系统，是在与其他经济系统不断进行物质、能量、信息交换的过程中发展起来的。这种开放性既受到区域范围内自然地理、生态环境、资源禀赋等自然环境的制约，又受到市场条件、功能保障、经济体制和政策导向等社会经济环境的影响，还受到国际市场环境、多边贸易关系等方面的约束。只有保持"向海经济"系统的开放性才能使其充满生机和活力。

3.1.5 "向海经济"系统具有成长的阶段性

所谓经济系统的成长性，指用新增要素替代经济系统原有要素，使经济系统不断提高其总体功能。当科技进步、经济发展、资源环境等发生变化时，原有经济系统就必须进行必要的调整，保留或新增适应性强的积极因素，使经济系统的总体功能更加适应自然规律和经济规律。通过在经济系统注入新的生命力，使经济系统能够向更高阶段的发展和演进。

3.2 "向海经济"规划的"扇轴"发展模型

"向海经济"系统的上述特征使其可在国家和区域发展的战略层面承载起某些特定的功能，而"扇轴型"模式无疑是实施向海发展战略最重要的政策模型。

"扇轴型"发展模式的理论和实践渊源可以追溯到我国20世纪80年代实施的"两个扇面"战略，即以沿海14个开放城市为基点，通过构建对外引进和对内辐射两个扇面，把对外引进和对内联合、把沿海发展和内地开发结合起来，从而有效地解决我国区域发展的东西关系问题。其中，对外引进就是要把国外的先进技术、设备和先进的经营管理方式引进来，加以吸收、消化、创新，并向内地转移；对内辐射即对内联合，是把内地的原料、初级产品经过加工，再打入国际市场，进而通过体制上的改革创新，要素资源的大进大出，迅速融入全球市场体系。

当前，我国经济社会发展已步入到一个全新的时代，社会主要矛盾已经转化为人民日益增长的美好生活需求和不平衡不充分的发展之间的矛盾。我国经济发展正处在由小康向全面小康阶段迈进的历史阶段，国内外发展基础和发展环境已经发生和正在发生着深刻变化，前40年发展所形成的以市场换技术、以土地换投资、以要素驱动为特征的资源环境消耗型增长模式面临着严峻的挑战，我国对外开放和对内发展亟待进行新的战略转型。

党的十九大报告明确指出：我国经济已由高速增长阶段转向高质量发展阶段，正处在转变发展方式、优化经济结构、转换增长动力的攻关期。建立更加有效的区域协调发展新机制，加强创新能力开放合作，形成陆海内外联动、东西双向互济的开放格局。优化区域开放布局。探索建设自由贸易港。形成面向全球的贸易、投融资、生产、服务网络，加快培育国际经济合作和竞争新优势。坚持陆海统筹，加快建设海洋强国。

可见，在实现我国由小康向全面小康阶段以及迈向基本实现社会主义现代化的战略目标进程中，有效发挥沿海地区中心城市体制机制灵活、产业基础良好、人力资源荟萃、基础设施完备等 40 年积累的战略优势，通过全面实施向海发展战略，构建"向海经济"发展的新扇轴模式，使其继续承载起链接国内外两大扇面的战略功能，在进一步强化扇轴功能建设的同时，从根本上提升和再造两大扇面运行的机制，有效集成和整合两大扇面流动的核心要素，培育双向辐射的扇轴状经济形态，形成具有"两栖"转换功能的经济运行体系。

"向海经济"发展的扇轴模型如图 6 所示。

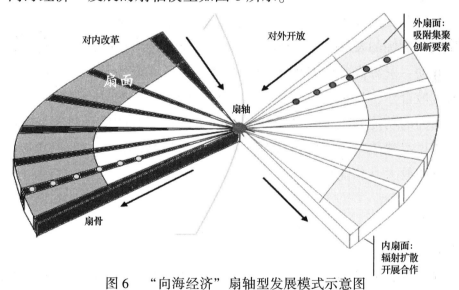

图 6　"向海经济"扇轴型发展模式示意图

实施"向海经济"发展"扇轴型"模式的核心是培育路基支点的战略平台、强化国内外合作，基础是完善机制体制，重点是进行人才、技术、制度、管理等要素的提升，关键是政府职能的转变和效能的提高。具体而言，就是应当继续强化并有效发挥沿海开放城市的体制优势，进一步赋予其可融合两个扇面对接的制度创新功能，提升其在国家新一轮战略转型和"一带一路"愿景中的功能分工，通过"两大扇面"战略来整合陆海之间、国家之间的经济发展资源，培育优势产业集群，打造产业发展载体，建设产业成长平台，完善城市支撑功能，创新产业运行体制机制。

实施"向海经济"发展"扇轴型"模式的关键核心是再造扇轴功能，城市作为承载"两大扇面"战略的扇轴，需充分发挥好各类功能平台如港口、出口加工区、保税区、自贸港区以及各类大宗商品交易所等对生产要素的整合集成功能，将国内外人才、技术、产业、信息、文化、教育等要素资源，整合到以企业为主体的经济发展体系中，通过产业转移、产业延伸和产业技术对接，形成战略合作，带动扇面辐射区域的共同发展。

实施"向海经济"发展"扇轴型"模式的重点是培育建设生产要素流动传输的扇骨，形成向内或向外的传输通道，承载起传导驱动的功能。其重要任务就是全面布局和展开两大扇面，包括对外开放和对内辐射"两个扇面"，其中，对外扇面的功能包括吸附集聚功能和对外扩散功能两个方面：一方面通过对外吸附，集聚全球范围内以人、才、物、信息等多种创新要素，并通过自身的创新载体为其提供更好的发展和利用平台；另一方面通过对外扩散，促进经济要素有序自由流动、资源高效配置和市场深度融合，开展更大范围、更高水平、更深层次的区域合作，打造开放、包容、均衡、普惠的区域经济合作架构。

对内扇面的功能为吸引集聚功能，即广泛并有针对性地开展区域经济合作与交流，通过组建战略合作联盟等开展业务合作和港口合作，以更直接、更全面的方式发挥放大其功能作用。

作者简介：

雷仲敏，男，青岛科技大学教授，博士生导师。主要从事能源可持续发展、区域经济发展等方面的教学与科研工作，出版学术著作30余部，发表论文150余篇。先后有30余项科研成果获省部级以上奖励，有20余项成果先后获国务院、国家有关部委及相关省、市的领导批复和采纳应用。

海洋领域中供给侧结构性改革思考

张坤理[1]，郭佩芳[2*]

（1. 中国海洋大学 海洋与大气学院，山东 青岛 266100；

2. 中国海洋大学 海洋与大气学院，山东 青岛 266100）

摘要： 在中国经济发展进入新常态背景下，国家大力推动供给侧结构性改革，转变海洋经济发展理念，本文把海洋领域的"供给侧"分为人化供给侧、管理供给侧和市场供给侧 3 个"侧"，构成一个"供给侧链"；海洋领域"需求侧"也分为管理需求侧、产业需求侧和社会需求侧，由此构成一个需求侧链。在"供给侧"与"需求侧"之间分为人海界面、管理界面和市场界面。并分析了各个供给侧的供给结构上存在的问题和提出相应的解决建议。

关键词： 供给侧结构性改革；海洋产业；海洋管理

改革开放 40 多年来，我国稳定解决了十几亿人口的温饱问题，经济从供给不足发展到产能过剩。根据我国经济发展的新问题，2015 年 11 月 10 日，习近平总书记在中央财经领导小组第十一次会议上首次提出"供给侧改革"问题，此后党中央和国务院连续部署"供给侧结构性改革"，掀开了我国经济发展深层次问题的盖子，揭开经济领域结构性改革，推动经济持续健康发展的划时代序幕。

在中国共产党第十九次全国代表大会上，习近平总书记对中国特色社会主义在新时期的发展，给出了战略定位，指出：中国特色社会主义进入新时代，我国社会主要矛盾已经转化为人民日益增长的美好生活需要与不平衡不充分的发展之间的矛盾，并给出了解决这一矛盾的方法与途径。

中央从我国经济领域的供需不平衡矛盾入手，相继发现和提出了我国社会存在的人民日益增长的美好生活需要和不平衡不充分的发展之间的这一主要矛盾；从"供给侧结构性改革"这一经济治理药方开始，到提出解决新时期我国社会主要矛盾的方法与途径：必须坚持以人民为中心的发展思想，不断促进人民的全面发展、全体人民共同富裕。要在继续推动发展的基础上，着力解决好发展不平衡不充分问题，大力提升发展质量和效益，更好地满足人民在经济、政治、文化、社会、生态等方面日益增长的需要，更好地推动人民的全面发展和社会全面进步。从这两件事我们可以看到：这两件事一脉相承、密切相关：供给侧问题是社会主要矛盾在经济领域中的一个缩影；"供给侧结构性改革"是解决我国新时期主要矛盾的第一个战役，是目前的主攻方向。

那么，在这个新的历史起点上，在海洋领域我们应该认识我国社会主要矛盾，在海洋领域、在海洋管理领域落实中央的"供给侧结构性改革"，也就是解决海洋领域中"人民日益增长的美好生活需要和不平衡不充分的发展之间的矛盾"中海洋开发与管理的问题。

1　供给侧结构性改革

所谓"供给侧"，即供给方面。国民经济的平稳发展取决于经济中需求和供给的相对平衡。"供给侧改革"是自 2015 年年底以来，中央针对我国积极发展的形势，做出的战略性的积极部署，将对我国经济和产业产生重大影响。

1.1　供给侧结构性改革的任务

2015 年 11 月 10 日，习近平总书记在中央财经领导小组第十一次会议上讲话，首次提出"供给侧改革"。次日李克强总理主持召开国务院常务会议，部署以消费升级促进产业升级，培育形成新供给新动力扩大内需。11 月 17 日，李克强总理又在"十三五"《规划纲要》编制工作会议上强调关于供给侧和需求侧两端改革，促进产业升级。同年 12 月，中央经济工作会议召开，强调要着力推进供给侧结构性改革，推动经济持续健康发展。习近平总书记提出要实施相互配合的五大政策支柱：即宏观政策要稳、产业政策要准、微观政策要活、改革政策要实、社会政策要托底，并提出"抓好去产能、去库存、去杠杆、降成本、补短板五大任务"[2]。

1.2　供给侧理论

"供给侧"理论认为：国民经济的平稳发展取决于经济中需求和供给的相对平衡。供给的范围和水平取决于社会生产力的发展水平和一切影响社会生产总量的因素。我国的"供给侧改革"主要是"供给侧结构性改革"，即：供给侧+结构性+改革。"供给侧结构性改革"旨在调整经济结构，使要素实现最优配置，提升经济增长的质量和数量。[3]。

习近平总书记2016年在省部级主要领导干部学习贯彻党的十八届五中全会精神专题研讨班上讲话指出：供给侧结构性改革，重点是解放和发展社会生产力，用改革的办法推进结构调整，减少无效和低端供给，扩大有效和中高端供给，增强供给结构对需求变化的适应性和灵活性，提高全要素生产率。供给侧结构性改革，既强调供给又关注需求，既突出发展社会生产力又注重完善生产关系，既发挥市场在资源配置中的决定性作用又更好地发挥政府作用，既着眼当前又立足长远。从政治经济学的角度看，供给侧结构性改革的根本，是使我国供给能力更好地满足广大人民日益增长、不断升级和个性化的物质文化和生态环境需要，从而实现社会主义生产目的。

1.3　海洋领域的供给侧结构性改革该怎么办

在2017年3月11日全国海域管理工作会议上，石青峰副局长代表国家海洋局强调，我国现阶段的海域管理工作要：紧紧围绕建设海洋强国的总目标，以供给侧结构性改革为主线，以提高海洋事业发展的质量效益为中心，深化管理内涵，创新管理方式，全面提升海洋综合管控能力，大力推进海域资源配置市场化建设，促进海域资源的集约节约利用，为沿海经济社会发展提供有力保障。要重点做好4个方面的海域管理工作：一是完善顶层设计，加强海域资源宏观调控；二是健全制度体系，实现海域资源保值增值；三是践行生态用海，加快建设美丽海洋；四是创新管理手段，提升海域综合管理能力。[4]

21世纪是海洋世纪，我国是海洋大国，在21世纪到来之初，中央做出了建设海洋强国战略部署。习主席在考察山东时说：建设海洋强国，必须进一步关心海洋、认识海洋、经略海洋。海洋经济的发展前途无量。

海洋经济是我国国民经济的重要组成部分和重要支柱，是海洋强国建设的重要组成部分。经济领域的"供给侧结构性"问题必然也在海洋经济和海洋领域有所体现，"供给侧结构性改革"必然深刻影响到海洋经济领域和海洋领域。海洋领域的"供给侧结构性改革"，不仅涉及经济领域，而且涉及自然领域和管理领域，即：海洋领域的"供给侧改革"贯穿从海洋自然系统、国家海洋战略规划、海洋产业结构和海洋产品结构的各个层面，体现在"供给侧结构"的不同"供给侧"面上。

2 海洋领域供给侧结构分析

为了分析海洋领域的"供给侧结构"问题，我们从海洋产品，沿着海洋产品供应、海洋产业结构、海洋战略规划体系，到海洋自然系统这一海洋领域"供给线"，采用"面包切片"的方式，进行多层次"切片"分析，分析其"供给侧结构"中的"界面"及其问题。

2.1 市场供需界面

在海洋领域供给系统最终端的"需求侧"是海洋性消费品，如海洋食品、海洋旅游消费、海洋货运、海洋地产等，与此对应的"供给侧"则是海洋性产业，在这两个"侧"的中间则形成了一个"供需界面"，我们可称为"市场供需界面"。海洋产业生产的产品，通过这个"市场供需界面"，成为海洋性商品供给市场，以实现产业供给与社会需求的平衡（图1）。

市场界面

图 1　市场界面示意图

在海洋领域最终端需求是海洋性消费品。社会最终端需求侧海洋产品主要有：海洋食品、海洋旅游产品、海洋气候产品、海洋物流产品、海洋地产和海洋矿产资源等"硬性"海洋性产品和海洋科技成果、海洋人才、海洋服务等"软性"海洋性产品。海洋市场最终端的供给侧则是为"需求侧"提供商品的海洋产业：海洋渔业产业（捕捞、养殖、加工、外贸、物流产业）、海洋旅游产业（景观产业、旅游产业、物流产业）、海洋物流产业（港口、船队、疏港）、海洋地产和海洋矿产业（石油、天然气、矿砂、可燃冰、热液矿床、多金属结核体、海水利用）以及海洋科学技术业、海洋教育业、海洋服务业等。

这个市场供需界面的任务，就是调整海洋产品与海洋产业的"相对平衡"。

2.2　管理供需界面

再沿着"供给线"上溯。

海洋产业是海洋企业申请，海洋管理部门按照我国和地方有关海洋规划、发改委按照国家和地方有关行业发展规划和经济发展规划等，经过立项、论证、审批等一系列行政管理（包括海洋行政管理）环节而发展起来的。

站在基础海洋管理，即海洋行政管理的地位看，海洋规划和海洋法律是其管理的依据和标准，海洋企业、海洋产业是管理的法人客体，海洋环境、海洋资源和海洋生态是其管理的自然客体。从海洋管理的角度看，海洋行政管理只是海洋管理的执行者，而不是创造者。海洋规划、海洋法律是国家，或者地方政府给海洋行政管理部门的"管理供给"，而海洋行政管理部门及其所依据的海洋规划、海洋法律则是国家或地方政府的"需求侧"及其"管理需求"。

那么，相对于这个"需求侧"及其"管理需求"，"供给侧"及其"供给"又是什么呢？

我们知道，一个国家和地方的海洋发展依赖于各种海洋规划、海洋法律的支持和引导，如海洋领域的时间发展计划、空间布局区划和行业发展规划，涉海法律等，这些海洋规划勾画出各种海洋产业的发展、规模和布局：海洋渔业产业（捕捞、养殖、加工、渔业物流产业），海洋旅游产业（景观产业、旅游产业、旅游物流产业），海洋空间利用业（住房、围填海、污水排放、垃圾排放、污染物储存），海洋物流产业（港口、船队、疏港），海洋矿产业（石油、天然气、矿砂、可燃冰、热液矿床、多金属结核体、海水提取物利用），海水利用业（海水淡化、工业利用、城市利用），给人们发展海洋、使用海洋、造福人类提供了海洋产业指导和海洋行业发展。这些海洋法律法规，如：海洋环境法律、海洋资源法律、海岸带法律、海洋物权法律、海洋执法条例、海洋保护法律、海洋保护区法律等，也为人们遵守海洋开发秩序、保护海洋、利用海洋提供了必要的约束和保障。

这些海洋法规和海洋法律的制定，是国家或地方根据其发展战略、海洋自然基础、海洋发展基础、海洋安全环境、海洋边缘政治以及海洋在其发展中的地位与作用等制定出来的，也就是根据其海洋发展战略制定出来的。因此，如果说海洋规划、海洋法律是"需求侧"及其"管理需求"，那么可以说国家或地方的"海洋发展战略"就成为"供给侧"及其"管理供给"，而这两侧之间的"界面"我们可以称之为"管理界面"。

国家或地方通过"管理界面"，把其"海洋战略"，根据基础海洋管理的管理方式及其需求，通过一定的方式、方法，制定出海洋规划、海洋区划、海洋计划和海洋法律，以其平衡、协调"管理界面"两侧的供给与需求（图2）。

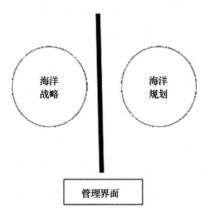

图 2　海洋管理界面示意图

海洋"管理界面"的需求侧（海洋规划、海洋区划、海洋计划和海洋法规）与海洋"市场界面"的供给侧（海洋产业、海洋行业），通过基础海洋管理相衔接。基础海洋管理者依据其法定职权和职能、海洋管理的理论和技术，根据海洋规划、海洋区划、海洋计划和海洋法规的要求，为"市场界面"供给侧的海洋开发主体（海洋产业和海洋企业）的发展提供申请、评价、论证、审批和督查等基础海洋管理服务，并对其进行调整和约束，确定了人们开发使用海洋和保护海洋的小格局和大细节，构造了从"管理界面"的"需求侧"产品到"市场界面"的"供给侧"需求的桥梁。

这个"海洋管理界面"的任务就是：把确定海洋承载标准和海洋承载力；改革生产关系、发展生产力；研究海洋发展问题、制定海洋发展规划（产业发展规划、空间发展规划）等海洋上层建筑领域中的东西，通过政府指导下的市场调剂（研究市场需求和供给关系，调整产业结构）、改革海洋生产关系（社会分配）、提高海洋生产力（科学技术）、完善海洋生态法律法规、确定合理的生态成本，达到与经济基础领域中的海洋产业项目（海洋产品前）、海洋产业和海洋经济的"相对平衡"。

2.3　人化供需界面

我们再沿着"供给线"上溯。

在海洋"供给侧系统"的最上端"供给侧"是"海洋自然系统"，其成分就是海水及其中的生物、其上的空气、其下的底壳，及其周围的海岸。海洋自然系统是指最原始、最自然的海洋，也叫"自在自然海洋"。我们应该注意的是，我们实际上的"海洋自然系统"，早已经不是"海洋自在自然系统"，而是人类干预过、影响下的"海洋自然系统"，或者应该称之为"海洋（人化）自然系统"。

"管理界面""供给侧"的海洋战略是海洋战略制定者，基于其海洋战略要素，即："海洋自然系统"的认识和判断、海洋战略环境、地缘政治和国内外海洋发展状况等，根据其战略意志制定出来的。这里的对"海洋自然系统"的认识和判断可称之为"海洋意识系统"，主要包括海洋资源意识、海洋环境意识、海洋生态意识。这里的国内外海洋发展状况主要包括海洋文化、海洋教育、海洋科学等"海洋认知系统"和海洋技术、海洋经济等"海洋利用系统"以及海上力量、海洋政治、海洋管理等"海洋管控系统"等的发展状况。这些海洋意识系统、海洋认知系统、海洋利用系统和海洋管控系统以及海洋战略环境、地缘政治，均与自然系统相对立，可以称之为"海洋社会系统"。

在人类开发使用海洋的过程中，人们基于对海洋自然系统（不一定正确）的认识，形成了自己的海洋价值观和海洋意识，产生和形成了以海洋意识系统、海洋认知系统、海洋利用系统和海洋管控系统的海洋社会系统，制定了自己的海洋战略，以指导海洋事业和海洋产业，调整人与海洋的关系。

在"海洋自然系统"和"海洋社会系统"之间的界面是海洋自然和海洋社会相互影响、相互作用的界面，我们可以称之为"人海界面"（图3）。

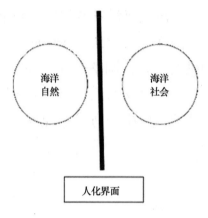

图3　人化界面示意图

这个"人海界面"的任务是调整海洋自然系统"供给侧"供给要素与海洋社会系统"需求侧"需求要素的"相对平衡"。

2.4　海洋领域供给侧结构

海洋领域供给侧结构如图4所示。

人化界面到管理界面之间（从人化界面的需求侧：海洋社会，到管理界面的供给侧：海洋战略）属高层海洋管理范畴，其任务是海洋战略的管理，调整社会对海洋的期望值、价值观、标准阈，制定海洋战略、海洋法律。

管理界面到市场界面（从管理界面的需求侧：海洋规划，到市场界面的供给侧：海洋产业）属基础海洋管理范畴，其任务是海洋行政管理，调整海洋规划与和海洋产业的关系，负责和用产业、海洋企业和海洋项目的申请、立项、论证、评价、审批和监督。

生产界面到人化界面（从市场界面的需求侧：海洋产品，到人化界面的供给侧：海洋自然）属人化海洋教育范畴，其任务是教育和反思，发展海洋文化、重塑海洋道德、提高海洋意识，崇尚反馈海洋行为。

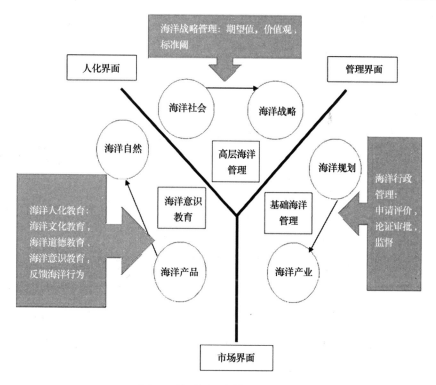

图 4 海洋领域供给侧结构

3 海洋领域供给侧结构性改革案例讨论

多年来，我国海洋事业、海洋经济得到了较快发展，但仍然存在很多亟待解决的深层次问题，需要通过"供给侧结构性改革"来解决。

3.1 市场界面的供给侧案例分析

市场界面的"供给侧"是指基础海洋管理及其依据国家或地方的规划、区划、计划法律法规等，指导、推动、审核、批准的海洋产业和海洋行业。

改革开放以来，市场界面的供给侧：诸多海洋产业得到了很大发展，但也存在海洋产（商）品供给不充分、不平衡的问题。我们下面从航运产业、围填海、渔业等方面来讨论"市场供需界面"中供给侧结构性改革面临的问题与相应对策。

就像前面的分析，海洋管理界面的"供给侧"是指高层海洋管理及其依据海洋社会系统所制定的"海洋发展战略"。

3.1.1 港口供给侧案例分析

1）港口需求侧问题

我国一些地方仍在沿袭过去的发展思路，通过大规模港口建设（旧动能）吸引产业、发展经济的老路，导致出现一些结构性问题，如：局部区域散货、油品等货种码头能力相对过剩，同质化竞争较为激烈、大型码头分布不合理、码头能力结构不（科学）匹配[7]。

从地理位置上，广州、深圳、惠州、东莞、珠海、中山等港口同处于珠三角水域，彼此间隔距离平均不足50海里，区域港口布局密集，实际港口供给能力富余，加上外部市场环境的萎缩，供过于求的问题日趋严重[8]。

招商局集团总裁助理、原交通部综合规划司司长董学博认为：煤炭码头目前最大的问题是：北方下水码头和南方接线码头能力不匹配。目前，北方大型码头专业化程度很高，5万吨级以上比重达到72.3%，而南方多为小码头，5万吨级以上只占到27.1%[9]。

大连海事大学港口与航运研究所所长孙光圻称：2005年前我国集装箱港口效率一直在100%以上，到2009年港口效率仅为64.72%。按照这样的趋势，2015年我国港口集装箱的效率仅为44%，集装箱港口存在产能过剩的风险。从国际上来看，200 km以内不应有同等规模的港口，但我国沿海却是平均50 km就有一个1 000吨级以上规模的大港口[10]。

上海国际航运中心港口研究室副主任赵楠告诉《经济参考报》记者，近两年来，各地开始大力兴建码头，许多中小码头加速发展，小码头的出现会使本就竞争激烈的区域内港口竞争进一步加剧。然而，从目前我国港口通过能力发展现状来看，仍然存在结构性失衡情况，不同区域不同货种码头通过能力存在不平衡现象，码头能力过剩或能力不足现象不能一概而论。

2）港口供给侧问题

我们知道修建港口需要海洋优质岸线水深资源、良好的泊稳条件、优良的筑港陆地条件等自然环境条件，匹配的货运腹地、足够的客货集散量等区域经济条件，可依托的城市、国家或地方的支持等政府和社会条件，允许和支持的规划、区划、计划、法律和政策等政策性条件，还需要企业的经济实力、产业的积极推动。这些都构成了港口的"供给侧"的供给要素。其中，涉及有关规划要素主要有：国家或地方发展规划、海洋功能区划、海洋主体功能区规划、行业发展规划、城市发展规划等。

从我国港口产品的结构性过剩问题可以看出，我国或地方在港口"供给侧"有关规划和审批中，对港口建设的供给出现了问题，因为任何一个规划和审批都对港口的立项、审批和建设，都起到"一票否决"的作用。

3.1.2 围填海供给侧案例分析

1）围填海需求侧问题

2018 年 1 月 16 日，国家海洋督察组向河北、海南反馈围填海专项督察情况，认为：河北存在的问题为填海造地逾 3 万 hm^2，空置率达 68%；围海养殖用海约 1.8 万 hm^2，取得海域使用权面积仅 27%；在国家级自然保护区核心区搞旅游开发和围海养殖。海南存在的问题为：围填海活动服务于旅游房地产业；用"土政策"代替国家政策；化整为零、分散审批，未经核准即开工建设。[13]

据不完全统计，我国围填海获得的土地利用率不到四成，这不仅没能带动当地实体经济发展，反而损害了其他海洋资源的利用，也造成了海洋生态环境的极大破坏。个别地方未能统筹处理当前与长远、局部与全局的管辖，管理不严、盲目和过度的围填海活动在一定程度上破坏了海洋资源环境，也影响到国家宏观调控政策的有效实施。

为什么围填海造地的利用率不足四成？其主要原因为：①围填海造地（特别是集约围填海）的"供给者"大多为政府，没有摸准围填海造地需求者的需求脉搏；②围填海造地"供给者"所提供的土地是在大幅加价之后的土地，造地需求者不需要如此昂贵的土地；③围填海造地"供给者""低价围填，高价出让，鲸吞惊人利润"，对于造地的需求盲目地过于乐观，错误地认为围填海造地是"皇帝的女儿不愁嫁"，围填者大包大揽、高举猛打、大手大脚、过度围填、先填后卖。借国家"集约围填海"政策之际，过度围填，以至于完成围填晒地皮、无人用，造成"围填海土地"的"产品积压、库存过剩"。

2）围填海供给侧问题[18]

我国当代围填海始于 20 世纪 50 年代，据有关研究表明，到 20 世纪末，全国围填海的面积约 120 万 hm^2，主要经历了以下 3 次围填海高潮：第一次是中华人民共和国成立初期的围海晒盐，形成了沿海地区四大盐场，其中长芦盐场、海南莺歌海盐场就是这一时期围海建设的；第二次是 20 世纪 60 年代中期至 70 年代的围海造田，形成了大量的农业土地，为我国的粮食生产和经济建设做出了重要贡献；第三次是 20 世纪 80—90 年代开始的围海养殖热潮，使我国成为世界第一养殖大国。自 20 世纪末开始的第四次围填海高潮主要以港口、临海型工业园区、沿海经济带建设为主。

按照国务院批准同意的《海洋督察方案》，2017 年，国家海洋局组建了第一批国家海洋督察组，并于当年下半年分别进驻辽宁、河北、江苏、福建、广西、海南开展了第一批以围填海专项督察为重点的海洋督察，重点查摆、解决围填海管理方面存在的"失序、失度、失衡"等问题。督查认为：6 省（自治区）存在的共性和突出问题主要集中在：①节约集约利用海域资源的要求贯彻不够彻底。部分地区脱离实际需求盲目填海，填而未用、长期空置，个别项目违规改变围填海用途，用于房地产开发，浪费海洋资源，损害生态环境。②违法审批，监管失位。有些地方从资源环境监管部门到投资核准部门，从综合管理部门到具体审批单位，责任不落实、履职不到位问题突出；违反海洋功能区划审批项目，化整为零和分散审批等问题频发；基层执法部门对于政府主导的未批先填项目制止难、查处难、执行难普遍存在；违法填海罚款由地方财政代缴，或者先收缴再返还给违法企业，行政处罚流于形式。③近岸海域污染防治不力。陆源入海污染源底数不清，局部海域污染依然严重；排查出的各类陆源入海污染源，与沿海各省报送入海排污口数量差距巨大。

在这里，我们不分析"围填海"的利弊得失，仅按照"供给侧"理论，分析一下"围填海"这个"需求侧"特殊产品对应的"供给侧"问题。除"围填海"督查组分析的以上普遍存在的 3 个管理问题之外，还应该有规划、区划、计划和政策等方面的"供给"要素问题。我们知道：实现"围填海"工程需要较多的规划、政策和政府推动力的支持运作。无论是前 3 次围填海浪潮，还是第四次围填海浪潮，大规模的围填海工程几乎无不存在政府这个"居手"的"推动"作用，如果不是"供给侧"的规划、区划、计划和政策等这个"温床"、"鼓励"的存在，不是政府这个"居手"推动作用的存在，仅靠民间、市场和社会，哪里能有如此大的作为？

3.1.3　海洋渔业供给侧案例分析

改革开放以来，在国家各级政府的领导和推动下，我国海洋水产业得到了很大发展，但也存在一些问题[12]。

（1）廉价海洋水产品养殖过盛。2017年《中国渔业统计年鉴》显示：2016年贝类产量高达1 420.75万t，占据海水养殖总产量的72.37%；藻类产量216.93万t，比例占到了11.05%[12]。在市场上低质量（低价、低龄）水产品成为市场主力。

（2）高质量名优水产品供应不足。部分高质量名优产品供应不足，如大黄鱼、鲈鱼、军曹鱼、中国对虾、青蟹等名优产品养殖比例较低、海捕的几乎绝迹、市场占有不足、价格高。

（3）海洋水产品供给以粗加工后的初级产品为主。据2017年《中国渔业统计年鉴》显示，2016年仅水产冷冻品产量（1 376.49万t）就占据水产品加工量（1 718.41万t）的80.10%。海洋渔业价格仅停留在初级产品加工上。

（4）以小黄鱼开捕低龄为主要特征的海洋渔业结构。研究认为：20世纪50—60年代小黄鱼群体组成由1～10龄以上组成，至80年代降至1～5龄，90年代以来进一步缩小到1～3龄甚至1～2龄，反映出小黄鱼在不断持续开发利用中，年龄结构越趋简单，并从90年代以来长期处于低龄化的状态中。近20年来，在开捕年龄为4～5月龄和高捕捞强度的持续状况下，通常会导致世代周期缩短。

3.2　海洋管理界面的供给侧案例讨论

海洋管理是指涉海组织依法通过获取、处理和分析有关海洋的信息，对海洋事务决策、计划、组织、领导、控制等活动，是伴随着人类海洋开发活动展开与发展的一种管理活动，海洋管理可以分为广义和狭义两种[13]。

就像前面的分析，海洋管理界面的"供给侧"是指高层海洋管理及其依据海洋社会系统所制定的"海洋发展战略"。

3.2.1　海洋承载力及其标准问题分析

（1）海洋承载力的科学、合理计算问题。海洋承载力是指一个国家或地区的海洋资源、海洋环境和海洋生态的数量和质量，对该地区经济可持续发展的最大支撑，是经济可持续发展的重要体现。海洋承载力研究是一个复杂问题，研究者的结论也有较大差别。所以，海洋承载力还是一个值得深入研究的问题。海洋承载力的计算，即是一个科学理论问题，更是一个实践问题。如果我们的海洋科技知识和社会知识还不足以从理论上给出海洋承载力的方法，那么，我们完全从实践上去确定我们的海洋承载力。如果我们的海洋资源存量在下降，说明我们的海洋资源承载超量；海洋环境质量下降，说明我们的海洋环境承载超量；海洋生态下降，则说明我们海洋生态超量。多年来，我国近海海洋资源、环境和生态在不同程度的下降，充分说明我国近海承载超量。建议尽快调整我国国家和地方海洋承载力标准，从而调整我国海洋资源开发、海洋环境利用、海洋生态保护的结构、布局、发展速度与发展质量。

（2）对海洋承载标准问题。环境承载力的研究总体而言是从以下两个方面进行研究：第一是环境纳污能力的大小（这是一个计算方法问题）；第二是海洋所能承受的最大开发力度（这是一个环境、生态和海水质量标准问题）。海洋承载力的大小取决于海洋环境容量的大小，更受国家和地方对海洋的发展意愿、发展速度、发展方式的影响。海洋承载力不仅是一个技术问题，更是一个标准问题和政治问题，这就是海洋承载力标准问题。尽管大家对海洋承载力的研究结果不一，但大多意见认为海洋承载能力不断下降。2015年渤海海水水质海域[17]：劣4类占7.56%；4类占6.56%；3类占10.53%；不适宜渔业海域占24.65%。在现阶段实施监测的河口、海湾、滩涂湿地、珊瑚礁、红树林和海草床等海洋生态系统中，处于亚健康和不健康状态的海洋生态系统合计占比86%。海洋承载力下降意味着海洋纳污量已经超过了自净量、海洋资源开发量超过了海洋资源增量。在这样的不良海洋资源、海洋生态环境条件下，海洋承载力有余量意味着我们还可以继续安排项目、继续向海洋排污、继续围填海，其结果必然是海洋生态环境继续下降、海洋资源进一步匮乏，这与我们建设海洋强国、海洋生态文明是背道而驰的。实际上，海洋已经超承载，但人们的承载力计算还有盈余！说明人们在计算海洋承载力时所使用的海洋承载标准错了！这就是海洋承载标准选择问题：也就是选择"金山银山"，还是"绿水青山"问题；也就是选择"高铁"标准，还是"动车"标准、"绿皮车"标准、"牛车"标准。所以，我们不仅要建立科学合理的海洋承载力计算方法，还要正确、科学地选择我们的海洋承载标准。

3.2.2 海洋发展战略雷同问题

海洋发展战略是根据自己的历史发展基础，海洋资源、环境和生态现状，以及在国家战略与国家海洋战略中的位置所决定的，彼此之间是有差别和特色的。然而，全国沿海各地的海洋发展战略却少有特色，多有雷同[19-20]。

（1）海洋经济规划和海洋产业雷同问题。不少研究认为：我国各地海洋产业结构雷同、开发布局不够合理、海洋经济陷入同质化竞争、重复建设问题突出。沿海11个省、直辖市、自治区的海洋经济相关规划彼此：发展重心雷同，钢铁、石化成"标配"；港口建设"大干快上"，过剩风险隐现；围海造地收益高，"海域"财政隐现。

（2）海洋高等教育布局问题。在我国沿海11个省、市、自治区中几乎都建设有海洋大学。在沿海地区的综合性大学中，设有海洋学院的更多。在海洋大学和海洋学院中几乎都设有海洋科学专业。海洋大学、海洋学院、海洋科学专业的雷同建设，形成学校海洋高度教育"产能"过剩，教育"产品"过剩，毕业生的工作不对口。然而相对应的是：海洋工程、海洋技术专业的不足。海洋高等教育布局问题的危害在于：国家和地方高等海洋教育资源的浪费与缺失、青年学生青春年华的浪费与缺失、社会和家庭教育成本的浪费和缺失。

雷同的战略带来雷同的事业、雷同的产业、雷同的经济、雷同的结局，也必然带来海洋资源枯竭的雷同，海洋环境污染的雷同，海洋生态退化的雷同。

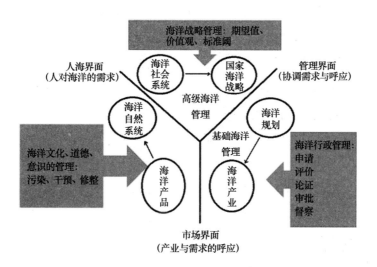

3.3　人化界面的供给侧问题分析

人化界面的"供给侧"是指人们基于对来源于市场界面海洋产品的不充分不平衡供应的梦醒惊悟，而升华的海洋人文精神（海洋文化、海洋道德、海洋意识）下的可持续发展的海洋人化自然。

3.3.1　人与海洋的关系分析

1）保护海洋就是保护我们人类自己

原始海洋的历史有 35 亿~20 亿年了，与现代海洋相近的海洋（古生代）也有大约 6 亿年了！但人类的历史才 300 万年左右，人类文明史更短，只有 6 000 年左右。相对于人类，海洋是永远的。

地球上的生物起源于海洋，海洋是生命的孕育和诞生之地。地球和海洋孕育了很多代的子女，人类是其中的一代中的一个。毫无疑问，人类是地球和海洋诸代儿女中最智慧、最强大的一个。但是，到可预见的未来，人类还不能摆脱地球和海洋而独立生存。

人类对海洋是必需的，非有不行！而海洋对人类并非必需，可有可无。海洋是地球上所有生命存在和发展的必要条件。生命只是海洋的充分条件，并不是必要条件。我们常说的：保护海洋，不止是保护海洋中的资源、环境和生态，更重要的是保护我们人类自己，包括我们的子孙后代。人类不应该、也不能破坏我们赖以生存的地球和海洋！污染海洋，就是污染自己；损害海洋，就是损害自己。保护海洋，就是保护人类自己，就是延长人类存续的寿命。

2）海洋是人类永远的母亲

我们常说：海洋是人类的母亲，但这还不够。

在人类和生物的母子关系中，母亲对子女的养育过程并非存在于母亲的完整一生。在子女的婴幼时期，必须依赖于母亲的哺育。但随着儿女的长大和独立，也就不再需要母亲的哺育。特别是当母亲年老体弱时，则需要儿女的反哺。

而在海洋与人类的母子关系中，则完全不是这样。在人类未诞生之前，海洋就早已存在；在人类发展过程中，海洋一直存在；在人类灭亡之后，海洋还会继续存在。在地球和海洋的生命过程中，人类的生命历程只是短短一瞬。

如果说，海洋是人类的母亲，那么，相对于海洋母亲来说，人类永远只是褴褛中的婴儿，不可能脱离海洋的哺育。

我们应该这样说：海洋是人类永远的母亲，人类只是海洋襁褓中的婴儿；我们永远不能脱离海洋的滋养和养育。

海洋是人类永远的母亲，我们不应该有丝毫的亵渎和不敬！但是，多少年来，我们人类自大地以为自己多么了不起，对海洋母亲开始了不尊重，甚至亵渎！我们一个手向海洋要资源、要利用、要好处，但另一个手却把我们产生的废物、垃圾、污染物扔向海洋，甚至把一些人类制造的、海洋不能降解的毒品（农药、放射性燃料等）扔到海洋里，去毒害海洋母亲的肌体和脸面！我们亵渎了我们的海洋母亲。

退一万步讲，如果我们不能像对待母那样来对待海洋，那么至少，我们要像对待朋友那样对待海洋。

3.3.2　人使用海洋的道德讨论

海洋中有丰富的水资源、水溶物质资源、生物资源、海底矿物资源，还有取之不尽、用之不竭的可再生能源。海洋还具有浩瀚的空间资源。海洋的丰富资源为人类提供了优质的居住、生活、生产和交通环境。但是，这些都是有条件的：不能影响海洋的本源，不能影响海洋的健康，不能影响海洋的自在。

多年来，随着人类海洋生产力的提高，人类干预海洋、影响海洋、奴役海洋的能力也有了很大提高。我们的肆无忌惮地捕捞和对环境的破坏，使得海洋生态退化严重，甚至一些物种濒临灭绝；我们干预了陆海相互作用、干预了径流入海的自在模式，导致一些海域的海水成分变异（溶解硅的减少）、海水营养成分变异（富营养化），也导致了一些海区海洋植物（如赤潮、绿潮等）和海洋动物（水母）的暴发。

海洋的财富，取之有道则无穷无尽，取之无道则有穷有尽。

3.3.3　人使用海洋的强度讨论

海洋给予了地球上的生命，维持着地球上的生命。没有海洋，就不会有人类。没有健康的海洋，就不会有健康的人类。所以，人类使用海洋的强度大小，决定了人类发展的质量和人类寿命的长短。如果人类能够在海洋生态健康条件下，可持续发展地使用海洋，人类可从海洋中持续不断地获得资源；如果人类过度使用海洋，让海洋生态状况不断下降，物种不断减少，甚至灭绝，那么，海洋的生态系统将崩溃，就不能为人类提供所需要的服务和食物供给。

我们的海洋优质资源匮乏的势头不减、海洋环境污染的状况还没有得到遏制、海洋生态退化的状况还没有得到有效好转。这些都说明，我们使用海洋的强度大了，给海洋的负担过了。

海洋决定了人类的命运，也决定了中国的未来。我们现在和以后使用海洋的强度必须降下来，必须持续保证海洋生态的健康状况和可持续地运转。

4 海洋领域供给侧结构性改革的建议

综上所述，海洋领域中的"供给侧"改革，不是一个"侧面"的改革问题，而是正像中央所部署的那样，是一个"供给侧结构性"改革问题，至少包含了"市场供给侧"、"管理供给侧"和"人化界面"。

我们面对海洋领域"供给侧结构性改革"，我们认为：

（1）由于海洋系统的"供给侧结构性"问题不是单一问题，而是一个系统问题，亦即"海洋供给侧结构性系统"问题。因此，其改革也必然是"海洋供给侧结构性系统"改革问题。

（2）改革"人化界面"的海洋供给，提高自然海洋供给质量。①改革海洋承载标准，亦即《海水水质标准 GB 3097—1997》《海洋生物质量GB 18421—2001》和《海洋沉积物质量（GB 18668—2002）》的修改和完善。②修改和完善海洋法律法规，提高污染成本，提高海洋违法成本；调整海洋生产关系，平衡海洋利益分配；提高海洋公共性产品数量和利益水平，减小个体性产品数量和利益水平；充分体现海洋国有、全民所有的初心，平衡全民和个体的利益。③依据海洋生态文明和海洋强国战略，按照人民日益增长的美好生活需要确定和提高我们海洋承载标准，提高海水水质、海洋生物和海洋沉积物供给标准，降低海洋生态破坏和海洋环境污染的限值标准。

（3）改革"管理界面"的海洋供给，降低海洋发展速度，提高海洋承载标准。调整海洋发展战略结构，制定新时期的海洋发展战略，降低海洋经济发展速度，提供海洋经济发展质量；加大海洋恢复力度，优化海洋发展结构。在新的海洋承载标准条件下，研究海洋承载力理论和计算方法，在海洋生态文明和海洋强国建设的前提下，科学合理地计算确定我们的海洋开发建设内容、数量和质量，确定海洋资源开发容量、海洋环境容量、海洋生态损失容量；确定我们合理的海水水质标准、渔业捕捞种类及其数量和质量；确定合理的养殖空间规划、养殖数量及其质量。

（4）改革"市场界面"的海洋供给，推进"新旧动能转换"战略和新时期社会基本矛盾的解决。调整、修改和平衡海洋行业发展规划、海洋空间规划、海洋发展计划等，在海洋生态文明和海洋强国建设前提下，为达到满足和平衡人们对海洋系统日益增长产业和产品的美好需求的目标，向海洋产业提供适宜、协调的各种海洋规划。促进传统海洋渔业转型升级，推进深远水海洋牧场建设；提高海洋科技创新和转化，加强海洋核心竞争力，大力发展海洋新兴产业；鼓励新型产业创新驱动示范项目，建设各地新旧动能转换经济示范区；加强海洋产业国际合作。改进海洋环境影响评价和海域使用论证工作，修改污染物"增量"评价方法，实施污染物"绝对量"评价方法和标准，保住"绿水青山"的最后一道"关口"。

（5）港口供给侧结构性改革相应对策：①增加高质量大型海港码头海域供给，保障充足的大吨位国家货船的需求；②大幅压缩小码头海域供给，减少部分低质、低效的小型码头供给；③优化珠三角港口海域供给；④优化调整集装箱码头海域供给。

（6）海洋渔业供给侧结构性改革的相应对策：①调整水产品养殖空间布局，大幅压缩近海、近岸海水养殖；大力发展深水、远水海水养殖，鼓励综合养殖和立体养殖，限制单一养殖和平面养殖。②注重养殖品种结构调整，积极推广高质量名优养殖品种。一方面依托于养殖地的自然环境和气候条件，引进适合当地养殖的名优品种；另一方面依托现代化的生物技术，提高科研成果的转化率。③高标准、高效率地发展海洋渔业深加工。加快渔业加工企业陈旧设备更新换代，高标准、高效发展海洋渔业深加工，健全水产品市场体系。④修改、完善《中华人民共和国渔业法》，健全渔业管理体制。修改、完善《中华人民共和国渔业法》，对渔业资源影响巨大、深远的捕捞要素，如可捕类业品种、鱼类年龄、鱼类长度等做出具体规定，以提高捕捞渔业的质量。对入海陆源污染物和海源污染物做出更为严格的限制，限制的程度随污染物绝对含量的增加而增加，以提高海洋生态和海洋渔业的生成质量。坚持"统一领导，分级管理"的原则，形成从中央到地方的高效管理体系。

5 结语

本文论证了海洋领域的"供给侧系统"的结构性改革问题，把海洋领域的"供给侧"分为人化供给侧、管理供给侧和市场供给侧，形成一个完整闭合的海洋领域供给侧结构性系统；在各供给侧与需求侧之间分别设为人化界面、管理界面和市场界面。通过海洋供给侧系统问题分析，浅析了港口产业、围填海、渔业，海洋承载力、海洋发展战略雷同，人海关系、海洋道德、使用海洋强度等有关供给侧结构性问题及其对策建议。

参考文献

［1］ 习近平. 从生活领域加强优质供给［EB/OL］. 新华网 http://www.xinhuanet.com/fortune/2016-01/27/c_128673404.htm

［2］ 五大政策支柱，个人图书馆.

［3］ 贾康，张斌. 供给侧改革：现实挑战、国际经验借鉴与路径选择［J］. 价格理论与实践，2016，（3）：5-9.

［4］ 全面提升海洋综合管控能力［EB/OL］. 天津市海洋局.http://www.tjoa.gov.cn/content.aspx？id=619077556404.

［5］ 经济行业分类，GB/T 4754—2002［S］.

［6］ 海洋经济统计分类与代码，HY/T 052—1999［S］.

［7］ 港口能力过剩——呼唤供给侧改革跟进［EB/OL］. 中国经济网,http://www.ce.cn/xwzx/gnsz/gdxw/201703/28/t20170328_21469974.shtml.

［8］ 宋雷，曾艳英. 珠三角港口物流一体化整合模式研究［J］. 物流科技，2011，34：66-68.

［9］ 董学博. 应从四大货种分析港口产能过剩问题［EB/OL］. 财经网,http://www.caijing.com.cn/2011-05-23/110726536.html.

［10］ 多地争建"亿吨大港"未来港口产能过剩或加剧"［EB/OL］. 中国产业经济信息网,http://www.cinic.org.cn/site951/cjyj/2014-03-27/728588.shtml.

［11］ 最严格制度严把用海生态闸门. 海洋局落实《围填海管控办法》出实招［EB/OL］. 江苏省海洋与渔业局.http://jsof.jiangsu.gov.cn/art/2017/10/19/art_47689_5942666.html.

［12］ 郭云峰，赵文武. 2017 中国渔业统计年鉴［M］. 北京：中国农业出版社，2017.

［13］　中央环保督察组向辽宁反馈意见：纵容违法围海、填海行为致海洋生态破坏问题突出，2017-07-31 11：25：23.来源：新京报即时新闻(北京).

［14］　龚虹波.海洋政策与海洋管理概论［M］.北京：海洋出版社，2015.

［15］　袁道伟，于永梅，张燕，等.海域使用论证与海洋环境影响评价若干问题探讨［J］.海洋开发与管理，2015（12）：16-19.

［16］　严利平.小黄鱼生物学特征与资源数量的演变［J］.海洋渔业，2014(10).

［17］　2015年中国海洋环境状况公报.

［18］　李文君，于青松.我国围填海历史、现状与管理政策概述.

［19］　徐韵韵，孙琦峰.我国海洋经济陷入同质化竞争.

［20］　曹忠祥.我国海洋经济发展的现状、问题与对策.

作者简介：

郭佩芳，物理海洋学博士，中国海洋大学教授，博士生导师，从事海洋管理和物理海洋学的教学与研究。

极地资源开发利用浅谈

陈红霞[1]，王本洪[2]

（1. 自然资源部第一海洋研究所，山东 青岛 266061

2. 海洋环境专项办公室，北京 100081）

摘要： 鉴于极地在气候、资源和潜在的开发利用前景，本文在给出极区界定范围的基础上，分别对南极、北极的开发利用现状及其发展趋势进行了概述，并对北极的军事价值开发利用的历史、现状及其趋势进行了综合分析。为了维护我国的极地权益，提出了积极推进"雪龙探极"重大工程、加强极地科学研究，在南、北两极分别向美国和德国学习，尊重北极原住民权利，在世界舞台上广交朋友，维护国家的安全与经济利益等具体建议。

关键词： 极地；气候；资源；开发利用；"雪龙探极"

极地和深海同属于全球公域范畴。对全球公域的投入和一个国家的经济、科技、国家安全战略和国民意识紧密相关。我国在这一方面正成为后起之秀，并通过国际合作和独立自主两条渠道加快自身能力建设，在维护国家利益的同时携手有关国家为全球公域安全贡献力量。

我国对极区的经略和利用的愿景代表和反映了多数国家的共同利益诉求，又有利于我国作为负责任大国形象的强化，同时为实现我国"第二个100年目标"提供必要的支撑。

正如我国在量子通信和深海科考等方面取得的重大进展一样，我国近年来在极地海洋领域也颇有建树，并朝着极地强国稳步迈进。回顾极地考察30多年的工作，我们已经建立了完整的极地考察研究工作平台和体系，深入而广泛地开展了科考研究工作，取得了一批具有重要影响的科技成果。

南、北两极因其特殊的地理环境，在全球气候变化中起着极其重要的作用。极区还拥有丰富的资源和潜在的开发利用前景，我国积极开展的极地资源潜力调查与环境观测是研究和应对全球气候变化、开发利用极地资源、参与国际治理的重要基础，对建立长期、系统和网络化的综合观测与应用服务系统具有重大的科学和现实意义。

1　极区的范围

1.1　北极地区

北极地区究竟以何为界，环北极国家的标准也不统一，不过一般人习惯于从地理学角度出发，将北极圈作为北极地区的界线。即北极地区指的是66°34′N（北极圈）以北的广大区域。包括极区北冰洋及其周围的亚洲、欧洲和北美洲北部的永久冻土区，总面积为 2 100 万 km²，约占地球总面积的1/25。

在学术界，有学者以最热月份10℃等温线作为北极地区的南界，这一边界与北极树木线大致对应。这样计算总面积约 2 700 万 km²，其中陆地近 1 200 万 km²，海域面积逾 1 500 万 km²。

在涉及的海洋范围上，后者除了包括在北极圈内的大加拿大海盆和欧亚海盆这两大海盆区，从阿拉斯加到格陵兰岛的波弗特海和林肯海以及从斯匹次卑尔根至西伯利亚的巴伦支海、喀拉海、拉普捷夫海、东西伯利亚海、楚科奇海等边缘海，还包括北极圈外的太平洋最北的边缘海——白令海和大西洋西北侧的拉布拉多海。

1.2　南极地区

南极在地理概念上指的是66°34′S（南极圈）以南的广大区域。

而按照国际上通行的概念，60°S 以南的地区称为南极，它是南大洋及其岛屿和南极大陆的总称。除了南极大陆外，60°S 以南的海域基本上也是南极的冰区。

南大洋也叫南冰洋或南极海，是国际水文地理组织于 2000 年确定其为一个独立的大洋，成为世界第五个大洋，也是世界上唯一完全环绕地球却未被大陆分割的大洋。

南大洋是围绕南极洲的海洋，是 50°S 以南的印度洋、大西洋和 55°—62°S 间的太平洋的海域。但在学术界依旧有人认为依据大洋应有其对应的中洋脊而不承认南冰洋这一称谓。

2 南极开发利用现状及其发展趋势

南极地区资源种类丰富、蕴藏量高，且有些资源是南极独有的或者在全球都是占有绝对优势的，如矿产资源和油气资源、海洋生物资源、淡水资源、南极特种微生物资源。

尽管在 1991 年达成的《南极环境保护议定书》中禁止了南极的矿产资源活动 50 年，但有些国家在"科学考察与环境保护"的名义下，一直在从事着矿产资源的考察与勘探活动。在科学考察研究的平台上，以南极资源为目的的调查活动一刻也没停止过，潜在的资源纷争不仅始终存在着，而且显得更为复杂、隐蔽、尖锐，表现形式更加科学化、外交化和法律化。当前一种新的趋势值得注意，那就是各国争先恐后地提出设立"南极特别保护区"的问题。

实际上，早在 18 世纪布韦、凯尔盖朗和库克等对南极的探险时代至 19 世纪的贸易时代，这一时期南极活动的主要驱动力就是捕获海豹和鲸以谋取商业利益。捕猎者们的贪婪使南极海豹濒于灭绝。

继贸易时代之后，南极的扩张时代包含了人类南极探险史上最为光辉的篇章，继而引出了某些国家对南极领土要求的话题。

从 20 世纪 40 年代以后，人类的南极活动进入了以对南极的科学研究占首要地位为重点的科学时代。这一时期南极探险活动均由有关政府资助，并受其常设机构的管理。

从 70 年代中期开始，人类的南极活动逐渐从纯科学的研究向资源开发和利用的研究过渡。这并不意味着南极科学时代的结束，而是意味着各国对南极的科学研究更注重于南极自然资源的勘探和开发。

例如，美国国家科学基金会会长斯劳特于 1978 年在国会有关南极资源开发的听证会上明确表示："我们最感兴趣的方面是海洋资源和矿物资源。我们的科学计划在很大程度上是针对这些特定问题的。"对相当多的国家来说，其南极政策和考察计划的重点多与南极的资源探索有关，甚至对某些国家而言，南极考察相当于资源考察。

虽然目前对南极陆地矿产和油气资源的开发和利用尚未开展,《南极海豹保护公约》全面禁止了在南极地区对海豹的捕杀,但对以鲸、磷虾为主的南极海洋资源的开发却一直在继续,对南极洲旅游资源的开发正呈现为勃发之势。

鲸资源开发。鲸的种类较多,对南极鲸的捕捞主要针对的是须鲸亚目鲸,如蓝鲸、长须鲸、抹香鲸,座头鲸、鳁鲸;1961/1962 年度世界最高年捕获量达 6.6 万余头。20 世纪 60 年代的主要捕鲸国家有日本、英国、挪威、苏联和荷兰。南极海区是远洋捕鲸的主要作业海域。

为保护濒临灭绝的鲸类资源,1946 年在华盛顿由 15 国政府签署了《国际捕鲸公约》,1948 年 7 月公约生效。1979 年第 31 届国际捕鲸委员会会议决定无限期禁止捕鲸工船在南极作业,并将印度洋划为保护区。1982 年第 34 届委员会又通过决议从 1986 年开始暂时性禁止商业捕鲸,并于 1994 年又建立了南大洋鲸类保护区。中国于 1980 年 9 月在《国际捕鲸公约》上签字。国际捕鲸委员会已有 38 个成员国。

然而从 1986 年以来,日本、挪威等一些国家利用了 IWC 决议的漏洞,打着“科学捕鲸”的旗号,绕过国际公约,每年捕杀了至少 25 000 头鲸或海豚,其中 95%以上是日本捕杀的。日本在 2007 年重新开始捕鲸活动,南极地区是其捕杀的重点范围。日本也是当今唯一在南极开展大规模捕杀鲸的国家;国际社会对此表示谴责。2014 年 3 月,海牙国际法院判决禁止日本在南极海域进行科研捕鲸。日本水产厅 2015 年 11 月知会国际捕鲸委员会,称日本将恢复在南极海域捕鲸活动。

磷虾资源开发。南极磷虾通常指的是南极大磷虾,是地球上数量最大、繁衍最成功的单种生物资源之一。在南极生态系统中,仅南极磷虾这一种就足以维持以它为饵料的鲸、海豹、企鹅的生存和繁衍。根据最新估计,南极磷虾的生物量为 6.5 亿~10.0 亿 t,因其巨大的生物量和潜在的渔业资源,以及在南极生态系中的特殊地位而日益受到人们的注意。

由于世界性传统渔业资源的逐渐衰竭,200 海里专属经济区的提出,使国际水域中的巨大南极磷虾资源备受远洋渔业发达国家的关注。苏联是最早(1970 年)进行磷虾商业性捕捞开发的国家。随着苏联的解体,俄罗斯与乌克兰接替苏联的磷虾渔业。1993 年后俄罗斯放弃磷虾生产作业。继苏联之后,日本是第二个从事南极磷虾商业性开发的国家,并迅速成为磷虾的主要生产国。此后，先后有近 20 个国家和地区对南极大磷虾进行试捕和商业性开发。目前尚有韩国、智利、波兰、日本、俄罗斯、乌克兰、美国、韩国、瓦努阿图、挪威和中国在从事磷虾捕捞。

在严格履行国际公约的基础上，2010 年我国开始对在南极以磷虾为主的海洋生物资源开发利用，至 2012 年短短两年内作业渔船从 2010 年的 2 艘增加到 5 艘，产量从 0.18 万 t 增加到 1.6 万 t；探捕调查时间从 23 d 延长到 157 d，开展生产从夏季生产延长到春、夏、秋 3 个季节；探捕站点从 93 个扩大到 107 个，探捕调查总面积增加了 2 万平方海里；在产品上已经由单一的冻虾发展到冻虾、虾粉、虾肉、虾膏等系列加工产品。

旅游资源开发。南极以其原始的冰原景观、独特的生物资源、奇特的天文现象吸引了众多旅游者的目光。《南极条约》冻结了南极领土争端、暂停了矿产资源开发，南极旅游成为继科学研究之后，人类和平利用南极的主要方式。1991 年国际南极旅游业者协会成立以后，建立了南极旅游行业标准，对了国际南极旅游市场开展了自律性协调管理。

早在 20 世纪五六十年代，南极旅游就已拉开帷幕，到 21 世纪初，南极旅游人数已经超过了科学考察人数。能不能开展南极旅游，国际上总体已经走过了争论阶段，逐步进入成熟有序的阶段，深度开发资源、积极发展极地旅游经济。根据国际南极旅游业者协会统计，2013—2014 年度，中国登陆南极的游客人数已达 3 367 人（占全球登陆南极总人数的比例为 9%），仅次于美国（33%）和澳大利亚（11%）。

当前国际社会积极开发南极旅游资源。在旅游线路上，开发了东线、西线、中线登陆线路，有海基、空基观光、探索了极点之旅和亚南极岛屿行等。在深度游特色产品上，有南极滑雪、攀冰、野营、探穴、潜水以及冰海划舟等不同项目。

继 2015 年中国首架极地科考飞机在南极成功试飞后，2017 年 12 月 16 日晚，一架搭载着 22 名中国乘客的海南航空公务机平安着陆在南极洲狼牙机场 2 500 m 跑道上，实现了中国商用飞机首次飞抵南极洲。此前从香港出发，经 15 h 飞行抵达南非开普敦补给，再经过 5.5 h 的飞行后降落在南极的冰雪跑道上，开创了由中国航空飞机运载乘客平安飞抵南极的新历史。

3 北极开发利用现状及其发展趋势

同南极地区一样，北极地区蕴藏着丰富的石油、天然气、矿物、渔业资源、旅游资源和生物资源。全球未开发的天然气储藏大约有30%埋在北极冰川下，而原油储藏则占13%。此外，北极地区还有富饶的林业资源以及镍、铅、锌、铜、钴、金、银、金刚石等矿产资源。据估计，北极地区煤炭储量高达1万亿t，占全球煤炭储量1/4。除了上述矿产资源外，北极渔业资源也相当丰富，在过去几十年中，北极每年的渔业产量约为600万t；这里是地球上尚未大规模商业捕捞的少数海域之一。

此外，北极被厚厚的冰川覆盖，这里丰富的淡水资源对水资源日益匮乏的人类来说，价值更是不言而喻，而且北极的淡水资源开发和利用比起南极来有着先天的优势。除此之外，与南极地区不同的是，北极具有航道资源。随着全球气候变暖以及北极冰川范围的逐渐缩减，北极潜藏的地缘战略价值也日益凸显。一旦北极冰川融化殆尽，到时在北极将出现连接大西洋和太平洋的海上航线。

除了上述"看得见"的资源与利益之外，北极地区的战略位置更是兵家必争之地。而这"无形"的资源是不能被分享的。

北极的地缘政治和治理环境与南极相比有很大差异，北极地区既包括了北极点周边的公海区域，也包括北冰洋沿岸国家领土以及其主张的领海、专属经济区、大陆架等领域。事实上，环北极的主要国家已达成协议，决定不通过任何有关北极的类似《南极条约》的新文件，因此以"南极模式"解决北极问题并不太现实。此外，北极地区还存在着公海海域，根据《联合国海洋法公约》，这部分的资源属于全人类共有。鉴于人类在史前阶段就已经在北极地区生产生活，对北极资源的开发利用也一直没有间断过。

北极油气资源。北极地区的油气资源可分为海底和沿岸大陆架/岛屿/陆地两部分，当前主要开发的是陆地地区俄罗斯的蒂曼–伯朝拉盆地、西西伯利亚盆地、美国的阿拉斯加盆地等。

2008年，美国地质调查局发布了首个北极圈以北整个海域潜在烃类/油气储量综合测评报告。其结论是，广袤的北极大陆架很可能蕴藏着地球上最多的未开采的石油资源。根据这一评估，北极蕴藏着大约22%的世界上迄今潜在的技术可采的油气资源，其中 13% 为潜在的石油，30% 为潜在的天然气，20% 为潜在液态天然气。这意味着在北极圈以北的 25 个潜在的蕴藏着碳氢化合物的地区，拥有约 900 亿桶潜在技术可采的石油，47 万亿 m^3 技术可采天然气和 440 亿桶技术可采液态天然气。这些资源的 84% 蕴藏在海洋中，且有 7 亿 km^2 的储层位于水深 500 m 以下的海域。

北极地区估计拥有约 4 120 亿桶油当量的未探明油气资源，北极深水地区估计有 400 亿桶油当量，其中 75% 被认为存在于以下 4 个区域：波弗特海-加拿大盆地、西格陵兰—东加拿大、东格陵兰和东巴伦支海盆地。开发这些地区的石油在经济上是一个挑战，开发的对象至少要有 5 亿~10 亿桶潜在可采石油资源量。

分解到国家层面，俄罗斯拥有北极油气资源的 58%。仅西伯利亚西部大陆架的油气资源量即占北极总资源量的 32%，俄罗斯位于北极的其他地区的油气资源占北极总资源的 26%，剩下的 42% 资源量中，阿拉斯加约占 18%，格陵兰岛约占 12%，北极地区其他国家含挪威，共占 12%。

从 1920 年在加拿大 Norman Wells 钻下第一口陆上油井至今，北极油气开发已有 90 多年的历史。北极海上油气勘探开发起步较晚且主要集中在浅水地区。

目前，北极大陆架共发现大型油气田近 60 个，北极地区油气日产量约为 800 万桶油当量，累计产油约 400 亿桶，天然气 1 100 万亿立方英尺，产油区主要集中在俄罗斯和美国的阿拉斯加，其中俄罗斯北极海域占 2/3 以上。近年来北极油气开发逐步呈现出两个趋势：一是油气勘探开发正向海上迈进。2011 年北极海上新钻探井 13 口，创 1986 年以来新高。二是战略联盟已成为国际石油公司在北极开展油气合作的主要模式。

2017 年 12 月 8 日，被誉为"北极圈上的能源明珠"的中俄能源合作重大项目——亚马尔液化天然气项目正式投产，这一项目是目前全球在北极地区开展的最大液化天然气工程，属于世界特大型天然气勘探开发、液化、运输、销售一体化项目。待 2019 年亚马尔液化天然气项目全部建成后，该项目每年将向中国稳定供应 400 万 t 液化天然气。

北极煤炭资源。北极的煤炭开发主要在北极沿岸的陆地上进行。斯瓦尔巴群岛煤炭资源蕴藏丰富，20 世纪初就开始有人开采斯瓦尔巴群岛的煤矿，是迄今最重要的商业矿产资源所在地，并形成了数个永久聚居地。北美的阿拉斯加（4 000 亿 t）和北亚的西伯利亚地区（7 000 亿 t）煤矿蕴藏最大、品质最好，且已经有了多年的开采历史。俄罗斯伯朝拉煤田为卫国战争期间迅速发展起来的炼焦煤基地，产量已达 3 000 万 t 以上；其他俄罗斯煤矿开采区域还有西西伯利亚、索西文-萨列哈尔德、通古斯、泰梅尔、勒拿、吉良卡、库兹涅茨克、雅库莎和远东区域。美国阿拉斯加库克湾盆地煤炭资源的局部开采早已开始，预计对煤炭和煤层气资源的大规模勘探开发，不久将会展开。

北极矿产资源。和煤炭开采一样，北极的土地及其资源分属各国，北极的矿产资源开采并不受限制，且很早就有开采的记录，其中还有享誉世界的芬诺斯堪的亚和科拉半岛大铁矿。在阿拉斯加来诺金矿区，1880—1943 年已生产了 108.5 t 黄金。西特卡附近的奇察哥夫矿曾产金 24.8 t。格林克里克银矿是全美最大的潜在银矿，1988 年开发后，生产能力为日处理 1 000 t 矿石。北极还有世界上最大的铜-镍-钚复合矿基地之一的诺里尔斯克矿产基地、价值 111 亿美元（1983 年价）的阿拉斯加红狗世界级大矿。除上述矿产资源外，这里还储有铀和钍等放射性元素，称为战略性矿产资源。如威尔士王子岛上的盐夹矿就蕴藏有 28.5 万 t 钍矿石。

北极渔业资源。北极海域的海水温度常年较低，鱼的种类和资源量相对其他洋区较少，主要渔场集中在东北大西洋。根据对联合国粮农组织统计数据的分析，北极地区捕捞量在 1976 年达到最大值 1 510 万 t，年平均捕捞量约为 1 108 万 t。北极渔业主要捕捞国家为挪威、英国、丹麦和加拿大等，大部分为环北极国家。挪威的海洋捕捞量年均值最大，达 222 万 t。

北极航道资源。数百年来，航海者们一直梦想取道常年冰封的梦想。近年来随着气候变暖、全球温度升高，北极海冰融化加快，北极航道的前景愈发光明，相比于绕道苏伊士运河或巴拿马运河的传统航线，通过北极航道连接西欧、东亚与北美的航线可缩短 25%~40% 的航程航期。

北极航道 2009 年从试航转入正式通航，两艘德国商船实现了从韩国釜山到达荷兰的航行，这也是商船首次穿越东北航道，2010 年有 4 艘船舶通过，2011 年增长到 34 艘，2013 年增长到 71 艘，2014 年增长到 92 艘，2015 年增长到 220 艘，2016 年增长到 297 艘。2013 年由挪威开往日本的两艘液化天然气（LNG）船，是北极航道首次出现的 LNG 运输船。

2012 年中国第五次北极科学考察期间，我国考察队应冰岛政府的邀请，考察船"雪龙"号首次穿越东北航道，成为我国第一艘穿越东北航道的船舶，开辟了我国北极考察的新航道与新领域。

2013 年中国中远集团"永盛"轮首次穿越东北航道，东北航道上的中国商船逐步增多；2014 年加拿大"努那维克"轮首次穿越西北航道抵达中国营口；2016 年中远航运已有 4 艘船舶顺利穿越北极东北航道；2017 年有 5 艘中国货轮航行北极，第八次北极考察期间"雪龙"号首次穿越西北航道。因此，中国已成为北极航道的最大潜在客户。

2018 年 1 月 26 日，国务院新闻办公室发布了《中国的北极政策白皮书》。白皮书对外宣布：中国愿依托北极航道的开发利用，与各方共建"冰上丝绸之路"。时隔不到 3 个月，中国人民大学重阳金融研究院发布了中国智库首份"冰上丝绸之路"研究报告《去欧洲，向北走：中俄共建"冰上丝绸之路"支点港口研究》，以支点港口为切入点，探究这块白色苦寒之地与中国之间的联系。

根据 2017 年 11 月梅德韦杰夫访华期间的信息，"冰上丝绸之路"具体指的是西起西北欧北部海域，东到符拉迪沃斯托克（海参崴），途经巴伦支海、喀拉海、拉普捷夫海、新西伯利亚海和白令海峡，连接东北亚与西欧最短的海上航线。

对中国来说，从大连港出发到荷兰鹿特丹港，如果绕道马六甲海峡、苏伊士运河需要航行 10 730 n mile，36 d，如果经由北极东北航线，只需要航行 7 800 n mile 余，27 d，节省了 9 d。

对日本来说，从横滨到鹿特丹，传统航线 12 500 n mile，耗时 33 d，如果经由北极东北航线，只需要航行 7 300 n mile，20 d，节省了 13 d。

对俄罗斯来说，从符拉迪沃斯托克到摩尔曼斯克，走南方航线要走 12 840 n mile，40 d，如果经由北极东北航线，则只需要航行约 7 070 n mile，20 d，节省了 20 d。

北极航线的开通，对俄罗斯具有极其重要的意义，它把俄罗斯的原料基地与东亚（中国、日本、韩国）巨大的消费市场连接了起来，不仅大大地提升了俄罗斯的经济，而且促进了俄罗斯北极大陆架油气资源的开发、造船业的发展和北极地区基础设施的建设。一旦西北航道和东北航道开通，将成为联络东北亚和西欧，联络北美洲东西海岸的最短航线，不仅能节约大约40%的运输成本，还能成为苏伊士运河、巴拿马运河、马六甲海峡的替代选择。有望构成一个包括俄罗斯、北美、欧洲、东亚的环北极经济圈，这将深入影响世界经济、贸易和地缘政治格局。

其他如鲸、地热、淡水、旅游等北极地区海洋和陆地的资源也一直有开发利用。

4　北极的军事价值开发利用现状及其趋势

随着人们对北极的了解不断增多，日益发现北极的价值不仅仅体现在科学研究、气候环境和各类资源上，北极地区还有着无可替代的军事战略价值，正成为各国科技水平、军事实力和综合国力激烈较量的重要舞台。

除了军事战略价值外，鉴于极地所具有的独特地理环境，其在战术、战役方面也有着非常重要的价值，同时也是军事设备和活动无可替代的极区实验室。随着全球变暖，北极的战略地位越来越重要，北极的军事化趋势也越来越明显。

作为第一次世界大战的产物，《斯匹次卑尔根群岛条约》使得挪威获得北极圈内群岛的主权，签约国有权在此捕鱼、打猎、科考。中国1925年加入这个条约。

随着航空时代替代大航海时代，北极的独特位置使其成为世界的空权中心、战略威慑地，由于世界上主要的经济大国和军事强国都集中在北半球，而北极地区距离这些国家有着相同的最短距离，控制了北极地区就能够对其他大国进行有效的"瞰制"。北极是距离亚洲、欧洲、北美洲三大洲腹地空中最短的战略要地，这意味着在北极点及其附近地域部署的军事力量所发射的导弹及其他武器，或飞越北极点的飞行物，可以以最短的时间飞抵北半球各大国腹地。如果在北极地区部署射程为8 000 km的洲际导弹，基本上可以覆盖美、欧、中、俄等国战略腹地。同时，它意味着对方的预警时间被大大缩短。

第二次世界大战期间，北极国家分成两大阵营厮杀，北极的军事价值开始显现。为了支援苏联战场，盟军在北冰洋开辟了两条秘密航线：一条跨越挪威海和巴伦支海到达摩尔曼斯克，史称北极航线；另一条从美国阿拉斯加经白令海峡到达苏联远东地区。

　　"二战"结束，冷战开始。作为全球化目标的统一市场被两大阵营的对抗生硬切割，美、苏阵营隔狭窄的白令海峡对峙，北冰洋成为东西方军事对抗的前沿阵地和最先进武器的演练场。20世纪六七十年代，美苏双方在北冰洋沿岸布置了大量的陆基洲际导弹。为了解决陆基导弹发射场的隐蔽性问题，双方又研制了深井式导弹发射巢和可移动导弹发射器。而当这些设施刚装备完毕时，立刻又被更加灵活的舰载、机载导弹发射系统所取代。

　　在各种舰载机载导弹发射系统中，能够在全球海洋自由航行的核动力核潜艇具有无可比拟的巨大优越性。极地区域是潜艇的天然屏障，便于潜艇携带核武器潜藏水底并伺机采取进一步的军事行动。这里常常暴风雪肆虐、乌云翻滚，且超过70%的区域被厚达数米的海冰覆盖，挡住了卫星侦察与监视，水面反潜舰艇又无能为力。

　　北冰洋是核潜艇最佳的潜射基地。一旦核潜艇突破"冰帽"发射，导弹从北极发射到达美、苏（俄）腹地只需十几分钟，拦截的机会微乎其微。不仅美国和以英国为代表的欧洲把核潜艇部署在北冰洋底，并把核导弹对准了苏联的"脑门"，苏联也同样以此方式反制。

　　为此，美苏双方都在北冰洋沿岸建立的强大的高灵敏雷达网、截击导弹、战斗机群及侦察卫星构成的早期拦截系统，密切监视对方的行动。双方又几乎同时研制了对付对方弹道导弹核潜艇的攻击核潜艇，在冷战期间派出弹道导弹核潜艇到对方家门口值班。

　　在2007年俄罗斯北极点附近洋底插旗事件以来，北极地区的国际形势发生了剧烈变化。插旗事件后，北极五国战略性动作频频。先继演绎了众多的军事活动。

　　俄罗斯恢复了北冰洋空中和海上战略巡逻，并宣布组建北极军团。特别是普京2012年第三次当选俄罗斯总统以来，就开始加强俄罗斯在北极地区的军事存在。俄罗斯将成立北极司令部，计划2020年之前组建4个北极大队，建成50个机场。且俄罗斯将重新修缮冷战时期的军事设施。此外还频繁举行军事演习，提高在北极地区的作战能力。如2006年俄海军在北冰洋举行了20多次各类军事演习，并组织了战略核潜艇进行实弹演习。2007年，俄空军远程航空兵在北极地区举行大规模演习，在沃尔库塔的片博伊靶场发射了10多枚空地巡航导弹。2008年俄海军北方舰队"梁赞"号核潜艇顺利完成了在北极地区冰下的航行演练。

美国-联合多国争夺北极。自从以 720 万美元从俄罗斯手中买下阿拉斯加时，美国拥有了染指北极的重要跳板。随着冷战的结束，北极在美国战略规划中的地位明显下降。尽管美国先后于 1994 年和 2009 年发布《美国北极政策》等文件，但比起俄罗斯、加拿大等国家，美国对北极事务的重视程度和资源投入都"保持一种低姿态"。

自 2007 年俄罗斯插旗事件以来，美国正有步骤地增强其在北极的军事行动能力，包括试验新装备、加强人才储备及情报搜集工作等。在阿拉斯加，美国也早已建立了多个军事基地，以应对北极防务。美国海军还将在北极部署一支"大绿舰队"航母战斗群。美声称该航母采用核动力，舰载飞机采用生物燃料，不会对北极这片处女地造成任何污染。2016 年，美国总统奥巴马推动国会拨款支持破冰船领域的"关键投资"：投入 30 亿美元建造 3 艘新船。与俄罗斯大刀阔斧加大在北极军事投入不同的是，美国主要采取加强与加拿大、挪威等北极周边国家的协调与合作，共同对抗来自俄罗斯的压力。近年来，美国在北极地区参与的军事演习频度和规模不断提升，包括联合加拿大、挪威及其他北约国家共同开展的"联合勇士""冰点""寒冷反应"等演习。

其他国家。由于缺乏相关国际法、没有严格意义上的国际协调机制，环北极国家纷纷加强在北极的军事部署。北极周边的美国、加拿大、瑞典、丹麦、芬兰、冰岛、挪威、俄罗斯 8 国对北极虎视眈眈，相继宣布对邻近北极地区拥有主权，竞争向军事层面展开。

加拿大军队自 2001 年就开始对北极地区进行巡视，并在北极地区建立了两个军事基地。2007 年，加拿大宣布组建一支北极陆军兵团，以保卫加拿大在北极地区的领海与岛屿主权。

丹麦于 2009 年宣布组建北极联合指挥部，在格陵兰岛建立"图拉"空军基地，组建北极快速反应部队。

挪威紧随其后，将军事指挥部大本营移到北极圈，并从美国采购 F-35 战机以加强在北极的军事部署。

另外，丹麦、挪威和瑞典 3 国还准备组建由 3 国海军、空军组成的联合快速反应部队，以监视和威慑各国在北极地区的活动。

丹麦、挪威、英国、芬兰、瑞典等北约国家每年都举行代号"忠实之箭"

的演习，为介入北极冲突做好准备，英国甚至派出携带核武器的航母参加演习。

5 我国极地开发利用建议

依据《联合国海洋法公约》等国际条约和一般国际法，我国在南大洋和北冰洋公海等海域享有科研、航行、飞越、捕鱼、铺设海底电缆和管道等权利，在国际海底区域享有资源勘探和开发等权利。此外，我国作为《斯匹次卑尔根群岛条约》缔约国有权自由进出北极特定区域，并依法在该特定区域内平等享有开展科研以及从事生产和商业活动的权利，包括狩猎、捕鱼、采矿等。

随着我国国力的逐步增强和改革的日益深化，中国将在包括两极地区在内的整个国际事务中势必发挥越来越重要的作用，对极地的保护与利用做出越来越大的贡献。如何保护与开发利用极地是我们即将面临的现实课题。

在积极主张和维护国家利益、遵守国际条约公约的基础上，尊重北极地区国家根据国际法享有的主权、主权权利和管辖权，尊重北极原住民权利，鼓励同北极地区的民间往来；同时在世界舞台上广交朋友，维护国家的安全与经济利益。

我国可以向德国借鉴，通过强调和平、绿色、科技、可持续开发北极资源的必要性，以本国拥有的经济、科技、制度优势弥补作为非北极国家的身份劣势；深化与北极国家的合作，加强与各方互利合作，提升在北极事务中的话语权，与其他国家一起共同实现在北极的利益。

在南极方面，我国可以向美国借鉴，在积极维护《南极条约》的国际治理基本原则上，高举保护南极环境大旗，不断提高在南极的科学研究水平和基础能力，维持在南极积极和有影响的存在，充分发挥我国制度的优越性、政治上的生命力、经济上的活力、科技上的创新和文化上的吸引力，广泛支持我国在南极的国家利益。

国家"十三五"期间规划了"雪龙探极"重大工程，将围绕对极地的认知，提高科研能力；围绕南北极观测网建设，提升探索能力；围绕站船机建设，大力提升投送能力；围绕站、船相互之间通信系统建设，有效提高数据传输和实时监控能力；围绕应用系统建设，加强信息综合处理与应用能力。通过实施"雪龙探极"工程，可以加快我国极地基础设施布局，增强对极地的观测和认知能力，保障极地考察向纵深发展，进一步拓展我国在南北极活动的空间。

注：王本洪为本文共同第一作者。

作者简介：

陈红霞，男，山东聊城人，物理海洋学博士，研究员。主要从事极地海洋学和区域海洋学研究，在国内外学术期刊发表论文 70 余篇，出版专著 13 部，撰写科技报告 10 余部，主持和参与了 12 项规划材料的编写工作。